建设工程快速识图与诀窍丛书

建筑结构快速识图与诀窍

王　雷　主编

中国建筑工业出版社

图书在版编目（CIP）数据

建筑结构快速识图与诀窍/王雷主编．—北京：中国建筑工业出版社，2020.1
（建设工程快速识图与诀窍丛书）
ISBN 978-7-112-24751-6

Ⅰ．①建…　Ⅱ．①王…　Ⅲ．①建筑结构-建筑制图-识图　Ⅳ．①TU204

中国版本图书馆 CIP 数据核字（2020）第 022244 号

本书为通俗易懂的识图入门书。根据《房屋建筑制图统一标准》GB/T 50001—2017、《混凝土结构施工图平面整体表示方法制图规则和构造详图（现浇混凝土框架、剪力墙、梁、板）》16G101-1、《混凝土结构施工图平面整体表示方法制图规则和构造详图（现浇混凝土板式楼梯）》16G101-2、《混凝土结构施工图平面整体表示方法制图规则和构造详图（独立基础、条形基础、筏形基础、桩基础）》16G101-3、《装配式混凝土结构表示方法及示例（剪力墙结构）》15G107-1、《装配式混凝土结构连接节点构造（2015 年合订本）》15G310-1～2、《预制混凝土剪力墙外墙板》15G365-1、《预制混凝土剪力墙内墙板》15G365-2、《建筑结构制图标准》GB/T 50105—2010 等编写，主要介绍了结构施工图识图基础、钢筋混凝土结构施工图识图诀窍、装配式混凝土结构施工图识图诀窍、砌体结构施工图识图诀窍、结构施工图识图实例。本书详细讲解了最新制图标准、识图方法、步骤与诀窍，并配有丰富的识图实例，具有通俗易懂，逻辑性、系统性强，内容简明实用、重点突出等特点。对于造价人员，熟练识图才能做好后续的造价计算。

本书可供从事结构工程设计工作人员、造价人员、施工技术人员使用，可作为识图入门培训教材，也可供各院校师生参考使用。

责任编辑：郭　栋
责任校对：李欣慰

建设工程快速识图与诀窍丛书
建筑结构快速识图与诀窍
王　雷　主编
*
中国建筑工业出版社出版、发行（北京海淀三里河路 9 号）
各地新华书店、建筑书店经销
霸州市顺浩图文科技发展有限公司制版
北京圣夫亚美印刷有限公司印刷
*
开本：787×1092 毫米　1/16　印张：10½　字数：249 千字
2020 年 8 月第一版　　2020 年 8 月第一次印刷
定价：**35.00** 元
ISBN 978-7-112-24751-6
（35353）

《建筑结构快速识图与诀窍》编委会

主　编　王　雷

参　编（按姓氏笔画排序）

万　滨　王　旭　曲春光　张　彤　张　健

张吉娜　庞业周　侯乃军　郭朝勇

前言 | Preface

随着我国经济的快速发展，建筑行业获取到更为广阔的发展空间。结构设计作为建筑工程项目中的重要组成部分，设计效果的优劣程度直接影响着建筑整体的安全性和稳定性。而结构施工图是明确施工要素、施工数据信息、施工工艺技术以及材料、设备、工器具等信息的关键性图纸，是房屋建筑工程施工图中的重要组成部分。随着平法施工图的不断应用和普及，以及标准图集的不断完善和创新，使得工程施工一线所使用的结构施工图都采用平法表示。但是由于缺乏系统训练仍然达不到熟练掌握识读结构施工图的能力，给建筑从业人员带来了工作上的缺陷，为此，我们组织编写了这本书。对于造价人员，熟练识图才能做好后续的造价计算。通俗易懂是本书的特色。

本书根据《混凝土结构施工图平面整体表示方法制图规则和构造详图（现浇混凝土框架、剪力墙、梁、板）》16G101-1、《混凝土结构施工图平面整体表示方法制图规则和构造详图（现浇混凝土板式楼梯）》16G101-2、《混凝土结构施工图平面整体表示方法制图规则和构造详图（独立基础、条形基础、筏形基础、桩基础）》16G101-3、《装配式混凝土结构表示方法及示例（剪力墙结构）》15G107-1、《装配式混凝土结构连接节点构造（2015 年合订本）》15G310-1～2、《预制混凝土剪力墙外墙板》15G365-1、《预制混凝土剪力墙内墙板》15G365-2、《建筑结构制图标准》GB/T 50105—2010 等标准编写，主要介绍了结构施工图识图基础、钢筋混凝土结构施工图识图诀窍、装配式混凝土结构施工图识图诀窍、砌体结构施工图识图诀窍、结构施工图识图实例。本书详细讲解了最新制图标准、识图方法、步骤与诀窍，并配有丰富的识图实例，具有逻辑性、系统性强、内容简明实用、重点突出等特点。本书可供从事结构工程设计工作人员、造价人员、施工技术人员使用，也可供各院校师生参考使用。

由于编写经验、理论水平有限，难免有疏漏、不足之处，敬请读者批评指正。

目录 Contents

结构施工图识图基础

1.1 基本规定

1.1.1 图线与比例

（1）图线宽度 b 应按现行国际标准《房屋建筑制图统一标准》GB/T 50001—2017 中的有关规定选用。

（2）每个图样应根据复杂程度与比例大小，先选用适当基本线宽度 b，再选用相应的线宽。根据表达内容的层次，基本线宽 b 和线宽比可适当地增加或减少。

（3）建筑结构专业制图应选用表 1-1 所示的图线。

图线 **表 1-1**

名称		线型	线宽	一般用途
实线	粗	————	b	螺栓、钢筋线、结构平面图中的单线结构构件线，钢木支撑及系杆线，图名下横线、剖切线
	中粗	————	$0.7b$	结构平面图及详图中剖到或可见的墙身轮廓线、基础轮廓线、钢、木结构轮廓线、钢筋线
	中	————	$0.5b$	结构平面图及详图中剖到或可见的墙身轮廓线、基础轮廓线、可见的钢筋混凝土构件轮廓线、钢筋线
	细	————	$0.25b$	标注引出线、标高符号线、索引符号线、尺寸线
虚线	粗	--------	b	不可见的钢筋线、螺栓线、结构平面图中不可见的单线结构构件线及钢、木支撑线
	中粗	--------	$0.7b$	结构平面图中的不可见构件、墙身轮廓线及不可见钢、木结构构件线、不可见的钢筋线
	中	--------	$0.5b$	结构平面图中的不可见构件、墙身轮廓线及不可见钢、木结构构件线、不可见的钢筋线
	细	--------	$0.25b$	基础平面图中的管沟轮廓线、不可见的钢筋混凝土构件轮廓线

续表

名称		线型	线宽	一般用途
单点长画线	粗	——·——	b	柱间支撑、垂直支撑、设备基础轴线图中的中心线
	细	——·——	0.25b	定位轴线、对称线、中心线、重心线
双点长画线	粗	——··——	b	预应力钢筋线
	细	——··——	0.25b	原有结构轮廓线
折断线		——\/——	0.25b	断开界线
波浪线		～～～	0.25b	断开界线

（4）在同一张图纸中，相同比例的各图样，应选用相同的线宽组。

（5）绘图时根据图样的用途，被绘物体的复杂程度，应选用表 1-2 中的常用比例，特殊情况下也可选用可用比例。

比例 表 1-2

图名	常用比例	可用比例
结构平面图 基础平面图	1∶50,1∶100,1∶150	1∶60,1∶200
圈梁平面图、总图中管沟、地下设施等	1∶200,1∶500	1∶300
详图	1∶10,1∶20,1∶50	1∶5,1∶30,1∶25

（6）当构件的纵向、横向断面尺寸相差悬殊时，可在同一详图中的纵向、横向选用不同的比例绘制。轴线尺寸与构件尺寸也可选用不同的比例绘制。

1.1.2 常用构件代号

常用构件代号见表 1-3。

常用构件代号 表 1-3

序号	名称	代号	序号	名称	代号
1	板	B	13	梁	L
2	屋面板	WB	14	屋面梁	WL
3	空心板	KB	15	吊车梁	DL
4	槽形板	CB	16	单轨吊车梁	DDL
5	折板	ZB	17	轨道连接	DGL
6	密肋板	MB	18	车挡	CD
7	楼梯板	TB	19	圈梁	QL
8	盖板或沟盖板	GB	20	过梁	GL
9	挡雨板或檐口板	YB	21	连系梁	LL
10	吊车安全走道板	DB	22	基础梁	JL
11	墙板	QB	23	楼梯梁	TL
12	天沟板	TGB	24	框架梁	KL

续表

序号	名称	代号	序号	名称	代号
25	框支梁	KZL	40	挡土墙	DQ
26	屋面框架梁	WKL	41	地沟	DG
27	檩条	LT	42	柱间支撑	ZC
28	屋架	WJ	43	垂直支撑	CC
29	托架	TJ	44	水平支撑	SC
30	天窗架	CJ	45	梯	T
31	框架	KJ	46	雨篷	YP
32	刚架	GJ	47	阳台	YT
33	支架	ZJ	48	梁垫	LD
34	柱	Z	49	预埋件	M—
35	框架柱	KZ	50	天窗端壁	TD
36	构造柱	GZ	51	钢筋网	W
37	承台	CT	52	钢筋骨架	G
38	设备基础	SJ	53	基础	J
39	桩	ZH	54	暗柱	AZ

注：1. 预制混凝土构件、现浇混凝土构件、钢构件和木构件，一般可以采用本表中的构件代号。在绘图中，除混凝土构件可以不注明材料代号外，其他材料的构件可在构件代号前加注材料代号，并在图纸中加以说明。
2. 预应力混凝土构件的代号，应在构件代号前加注“Y”，如 Y-DL 表示预应力混凝土吊车梁。

1.1.3　文字注写构件表示方法

（1）当采用标准、通用图集中的构件时，应用该图集中的规定代号或型号注写。

（2）结构平面图应按图 1-1、图 1-2 的规定采用正投影法绘制，特殊情况下也可采用仰视投影绘制。

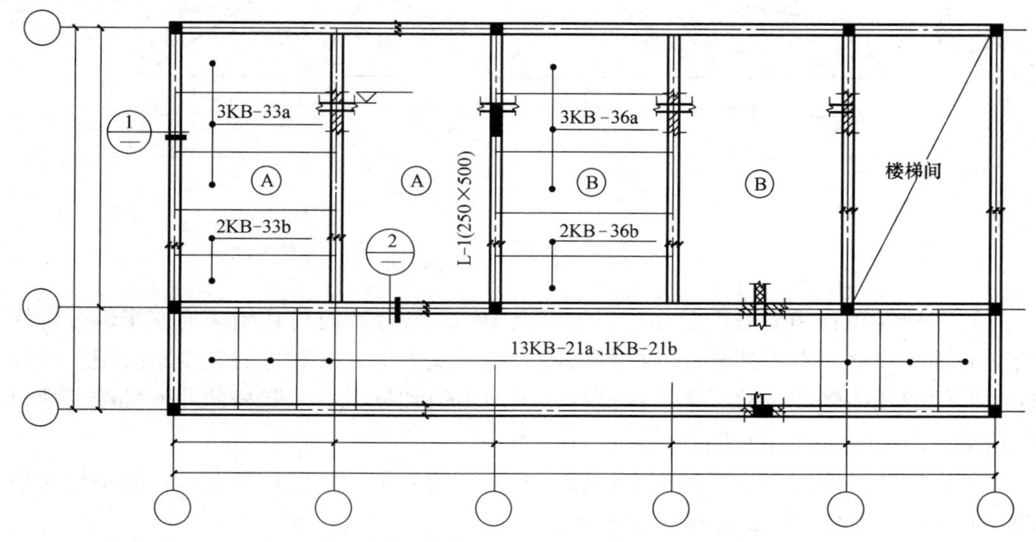

图 1-1　用正投影法绘制预制楼板结构平面图

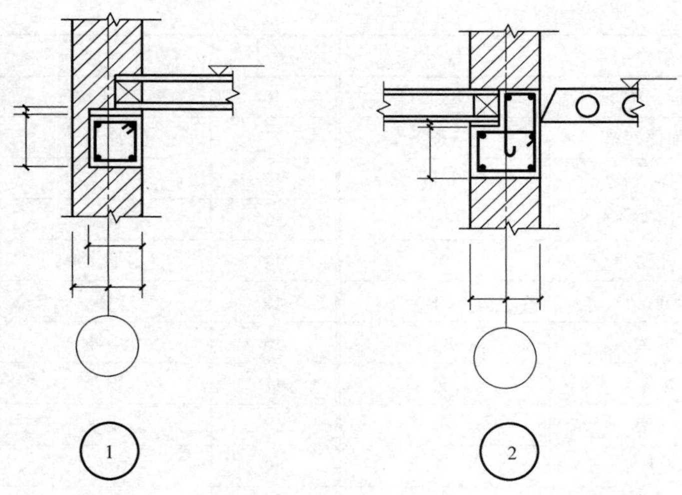

图 1-2 节点详图

（3）在结构平面图中，构件应采用轮廓线表示。当能用单线表示清楚时，也可用单线表示。定位轴线应与建筑平面图或总平面图一致，并标注结构标高。

（4）在结构平面图中，当若干部分相同时，可只绘制一部分，并用大写的拉丁字母（A、B、C、……）外加细实线圆圈表示相同部分的分类符号。分类符号圆圈直径为 8mm 或 10mm。其他相同部分仅标注分类符号。

（5）桁架式结构的几何尺寸图可用单线图表示。杆件的轴线长度尺寸应标注在构件的上方（图 1-3）。

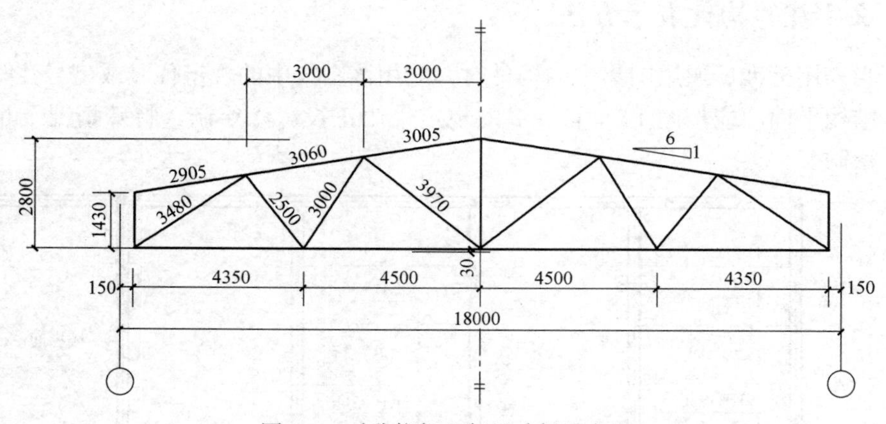

图 1-3 对称桁架几何尺寸标注方法

（6）在杆件布置和受力均对称的桁架单线图中，若需要时可在桁架的左半部分标注杆件的几何轴线尺寸，右半部分标注杆件的内力值和反力值；非对称的桁架单线图，可在上方标注杆件的几何轴线尺寸，下方标注杆件的内力值和反力值。竖杆的几何轴线尺寸可标注在左侧，内力值标注在右侧。

（7）在结构平面图中索引的剖视详图、断面详图应采用索引符号表示，其编号顺序宜按图 1-4 的规定进行编排，并符合下列规定：

1）外墙按顺时针方向从左下角开始编号；
2）内横墙从左至右，从上至下编号；
3）内纵墙从上至下，从左至右编号。

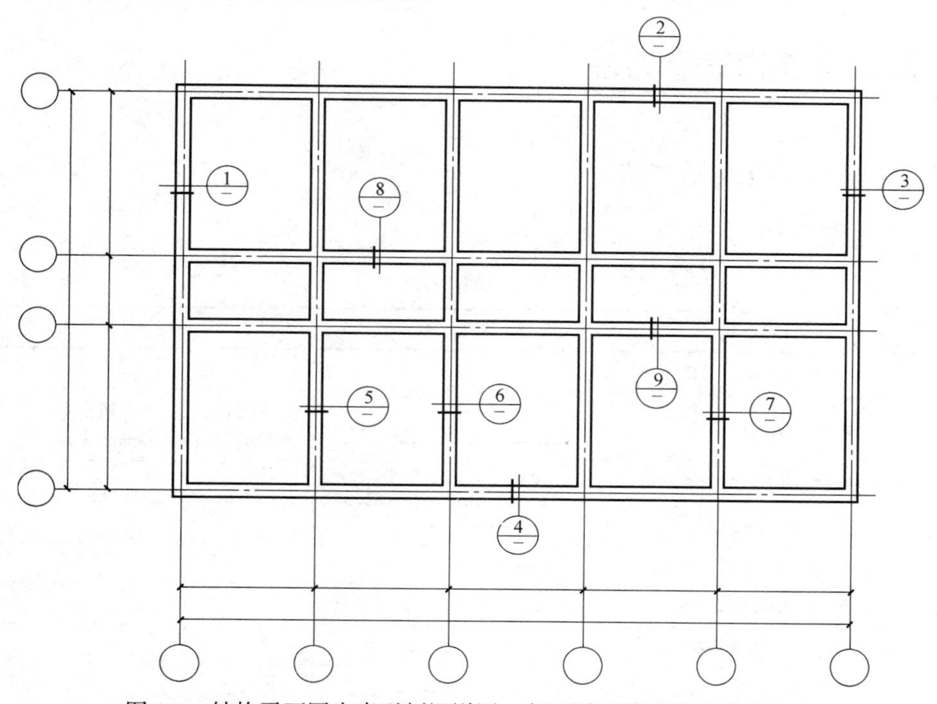

图 1-4　结构平面图中索引剖视详图、断面详图编号顺序表示方法

(8) 在结构平面图中的索引位置处，粗实线表示剖切位置，引出线所在一侧应为投射方向。

(9) 索引符号应由细实线绘制的直径为 8～10mm 的圆和水平直径线组成。

(10) 被索引出的详图应以详图符号表示，详图符号的圆应以直径为 14mm 的粗实线绘制。圆内的直径线为细实线。

(11) 被索引的图样与索引位置在同一张图纸内时，应按图 1-5 的规定进行编排。

(12) 详图与被索引的图样不在同一张图纸内时，应按图 1-6 的规定进行编排，索引符号和详图符号内的上半圆中注明详图编号，在下半圆中注明被索引的图纸编号。

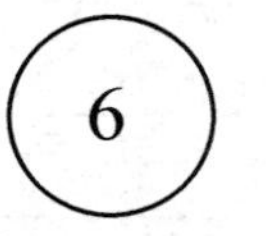

图 1-5　被索引图样在同一张图纸内的表示方法

图 1-6　详图和被索引图样不在同一张图纸内的表示方法

(13) 构件详图的纵向较长、重复较多时，可用折断线断开，适当省略重复部分。

(14) 图样的图名和标题栏内的图名应能准确表达图样、图纸构成的内容，做到简练、明确。

(15) 图纸上所有的文字、数字和符号等，应字体端正、排列整齐、清楚、正确，避免重叠。

（16）图样及说明中的汉字宜采用长仿宋体，图样下的文字高度不宜小于5mm，说明中的文字高度不宜小于3mm。

（17）拉丁字母、阿拉伯数字、罗马数字的高度，不应小于2.5mm。

1.2 混凝土结构表示方法

1.2.1 钢筋的一般表示方法

（1）普通钢筋的一般表示方法见表1-4。

普通钢筋 表1-4

序号	名称	图例	说明
1	钢筋横断面		—
2	无弯钩的钢筋端部		下图表示长、短钢筋投影重叠时，短钢筋的端部用45°斜画线表示
3	带半圆形弯钩的钢筋端部		—
4	带直钩的钢筋端部		—
5	带丝扣的钢筋端部		—
6	无弯钩的钢筋搭接		—
7	带半圆弯钩的钢筋搭接		—
8	带直钩的钢筋搭接		—
9	花篮螺栓钢筋接头		—
10	机械连接的钢筋接头		用文字说明机械连接的方式（或冷挤压或锥螺纹等）

（2）预应力钢筋的表示方法见表1-5。

预应力钢筋 表1-5

序号	名称	图例
1	预应力钢筋或钢绞线	
2	后张法预应力钢筋断面 无粘结预应力钢筋断面	
3	预应力钢筋断面	
4	张拉端锚具	
5	固定端锚具	
6	锚具的端视图	
7	可动连接件	
8	固定连接件	

（3）钢筋网片的表示方法见表 1-6。

钢筋网片 表 1-6

序号	名称	图例
1	一片钢筋网平面图	W-1
2	一行相同的钢筋网平面图	3W-1

注：用文字注明焊接网或绑扎网片。

（4）钢筋焊接接头的表示方法见表 1-7。

钢筋的焊接接头 表 1-7

序号	名称	接头形式	标注方法
1	单面焊接的钢筋接头		
2	双面焊接的钢筋接头		
3	用帮条单面焊接的钢筋接头		
4	用帮条双面焊接的钢筋接头		
5	接触对焊的钢筋接头（闪光焊、压力焊）		
6	坡口平焊的钢筋接头	60° b	60° b
7	坡口立焊的钢筋接头	b 45°	45° b
8	用角钢或扁钢做连接板焊接的钢筋接头		
9	钢筋或螺（锚）栓与钢板穿孔塞焊的接头		

（5）钢筋的画法见表 1-8。

钢筋画法 **表 1-8**

序号	说明	图例
1	在结构楼板中配置双层钢筋时，底层钢筋的弯钩应向上或向左，顶层钢筋的弯钩则向下或向右	(底层) (顶层)
2	钢筋混凝土墙体配双层钢筋时，在配筋立面图中，远面钢筋的弯钩应向上或向左，而近面钢筋的弯钩向下或向右（JM 为近面，YM 为远面）	JM YM JM YM JM YM JM YM
3	若在断面图中不能表达清楚的钢筋布置，应在断面图外增加钢筋大样图（如：钢筋混凝土墙、楼梯等）	
4	图中所表示的箍筋、环筋等若布置复杂时，可加画钢筋大样及说明	
5	每组相同的钢筋、箍筋或环筋，可用一根粗实线表示，同时用一两端带斜短画线的横穿细线，表示其钢筋及起止范围	

（6）钢筋在平面、立面、剖（断）面中的表示方法应符合下列规定：

1）钢筋在平面图中的配置应按图 1-7 所示的方法表示。当钢筋标注的位置不够时，

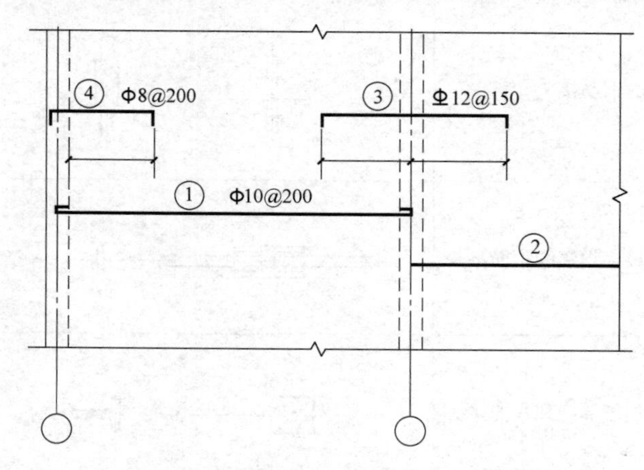

图 1-7 钢筋在楼板配筋图中的表示方法

可采用引出线标注。引出线标注钢筋的斜短画线应为中实线或细实线。

2）当构件布置较简单时，结构平面布置图可与板配筋平面图合并绘制。

3）平面图中的钢筋配置较复杂时，可按表 1-6 及图 1-8 的方法绘制。

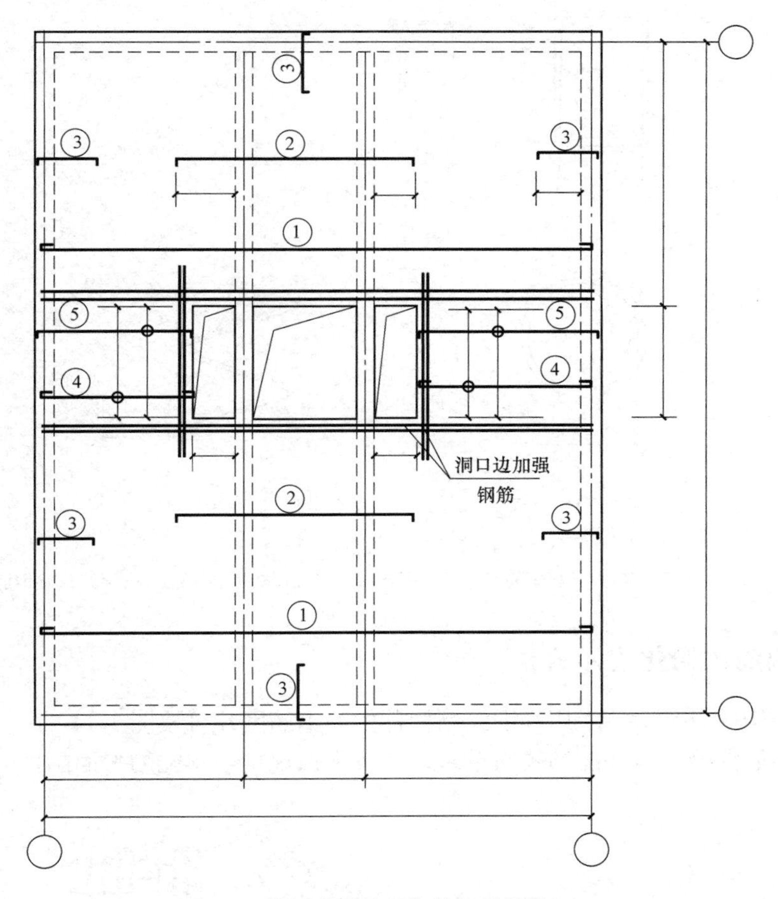

图 1-8　楼板配筋较复杂的表示方法

4）钢筋在梁纵断面、横断面图中的配置，应按图 1-9 所示的方法表示。

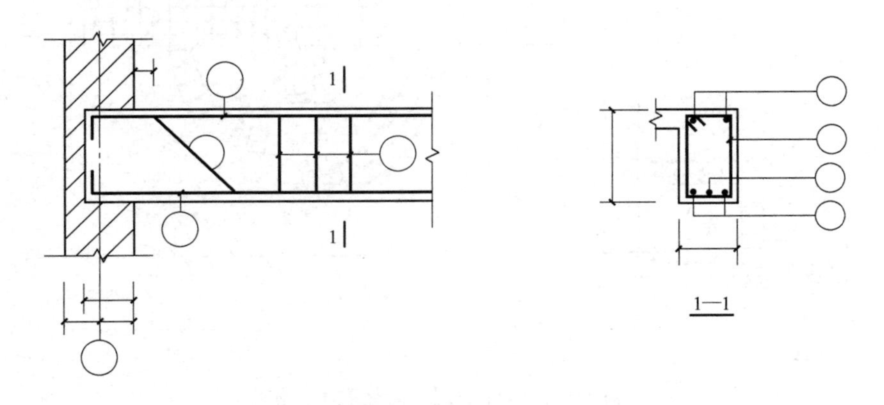

图 1-9　梁纵断面、横断面图中钢筋表示方法

5）构件配筋图中箍筋的长度尺寸，应指箍筋的里皮尺寸。弯起钢筋的高度尺寸应指钢筋的外皮尺寸（图 1-10）。

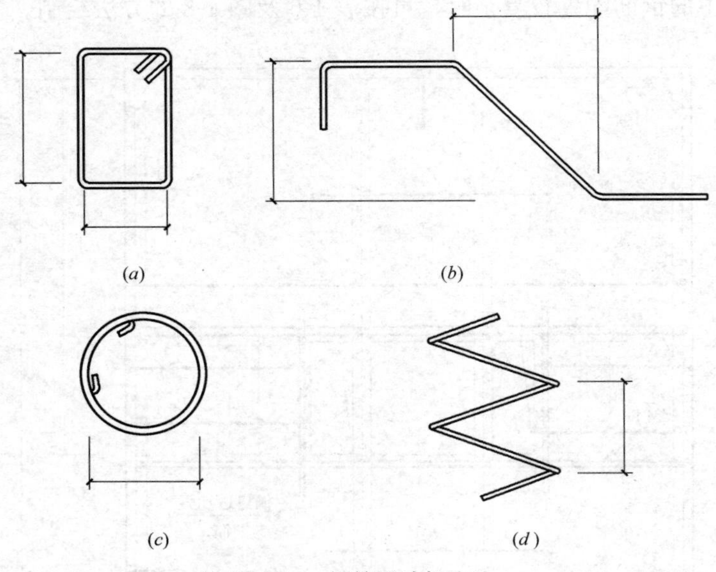

图 1-10 钢箍尺寸标注法

（a）箍筋尺寸标注图；（b）弯起钢筋尺寸标注图；（c）环形钢筋尺寸标注图；（d）螺旋钢筋尺寸标注图

1.2.2 钢筋的简化表示方法

（1）当构件对称时，采用详图绘制构件中的钢筋网片可按图 1-11 的一半或 1/4 表示。

（2）钢筋混凝土构件配筋较简单时，宜按下列规定绘制配筋平面图：

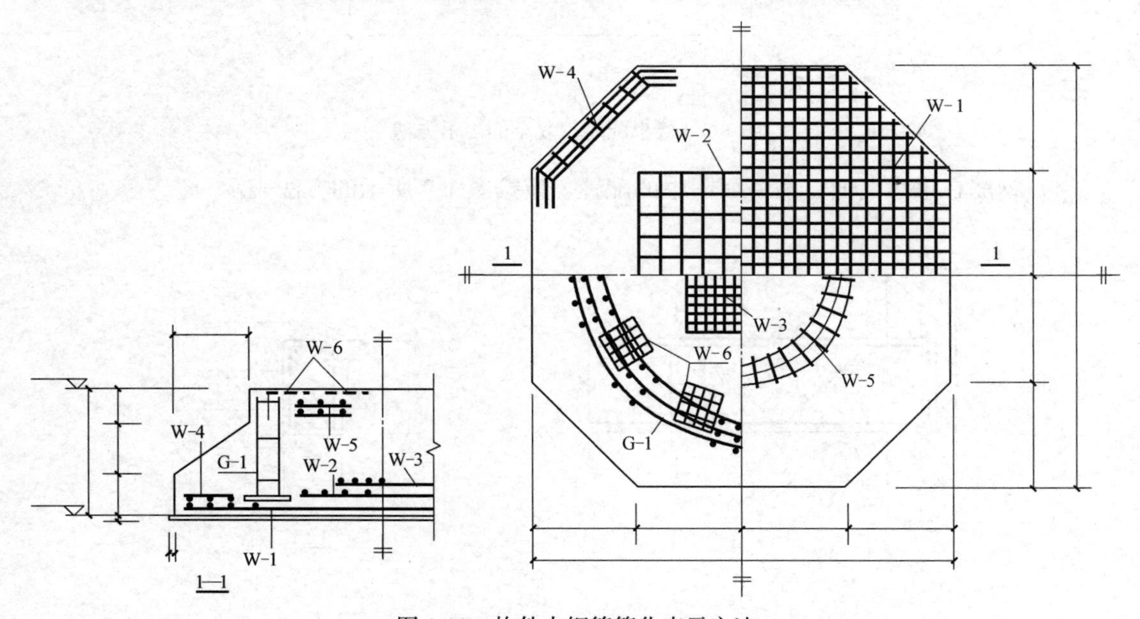

图 1-11 构件中钢筋简化表示方法

1）独立基础宜按图1-12（*a*）的规定在平面模板图左下角，绘出波浪线，绘出钢筋并标注钢筋的直径、间距等；

2）其他构件宜按图1-12（*b*）的规定在某一部位绘出波浪线，绘出钢筋并标注钢筋的直径、间距等；

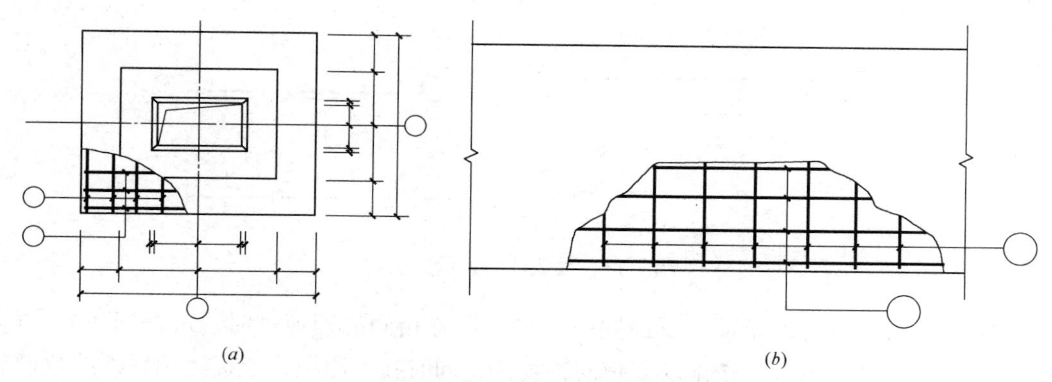

图1-12 构件配筋简化表示方法

（*a*）独立基础；（*b*）其他构件

3）对称的混凝土构件，宜按图1-13的规定在同一图样中一半表示模板，另一半表示配筋。

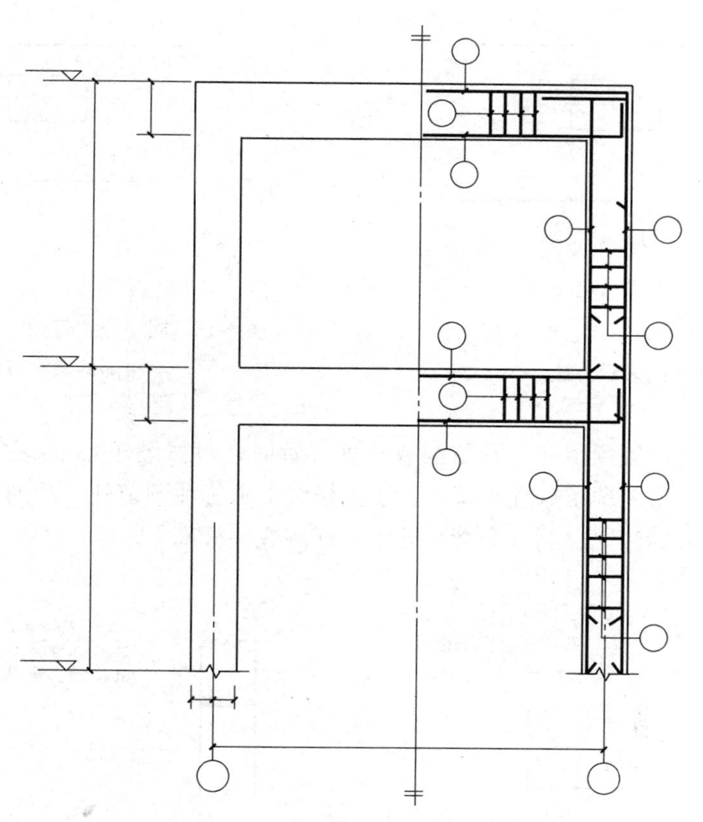

图1-13 构件配筋简化表示方法

1.2.3 预埋件、预留孔洞的表示方法

（1）在混凝土构件上设置预埋件时，可按图 1-14 的规定在平面图或立面图上表示。引出线指向预埋件，并标注预埋件的代号。

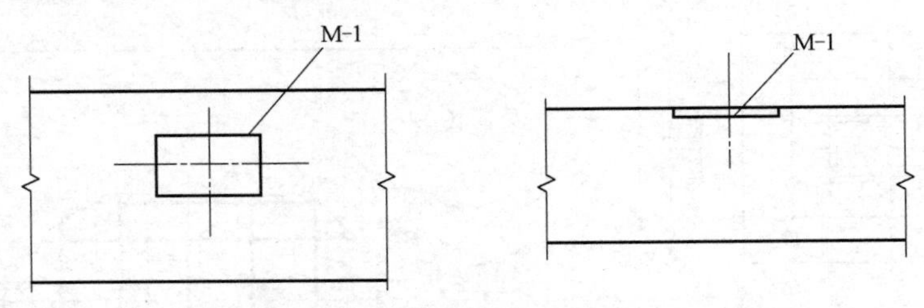

图 1-14 预埋件的表示方法

（2）在混凝土构件的正面、反面同一位置均设置相同的预埋件时，可按图 1-15 的规定，引出线为一条实线和一条虚线并指向预埋件，同时在引出横线上标注预埋件的数量及代号。

（3）在混凝土构件的正面、反面同一位置设置编号不同的预埋件时，可按图 1-16 的规定引一条实线和一条虚线并指向预埋件。引出横线上标注正面预埋件代号，引出横线下标注反面预埋件代号。

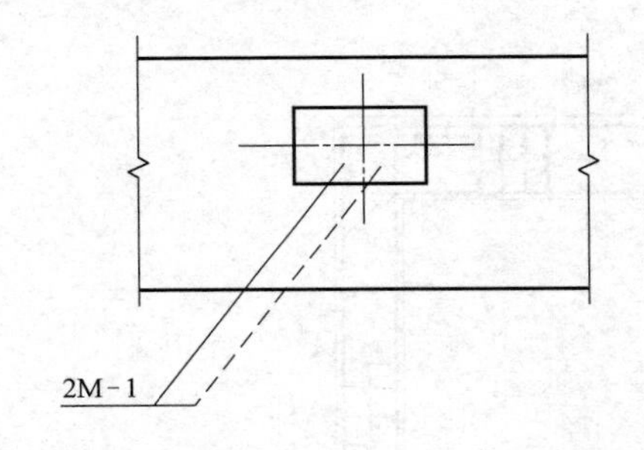

图 1-15 同一位置正面、反面预埋件相同的表示方法

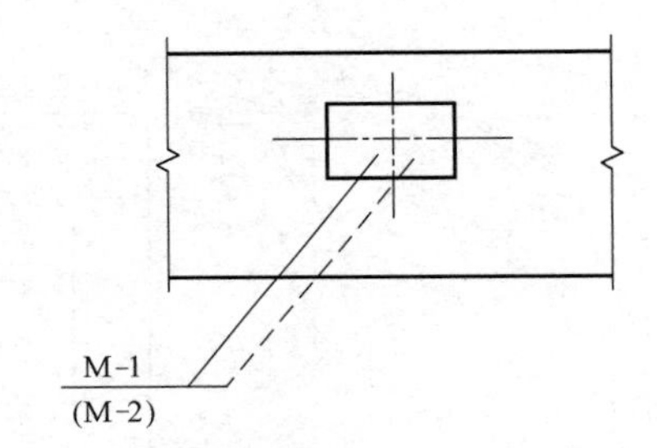

图 1-16 同一位置正面、反面预埋件不相同的表示方法

（4）在构件上设置预留孔、预留洞或预埋套管时，可按图 1-17 的规定在平面或断面图中表示。引出线指向预留（埋）位置，引出横线上方标注预留孔、洞的尺寸，预埋套管的外径。横线下方标注孔、洞（套管）的中心标高或底标高。

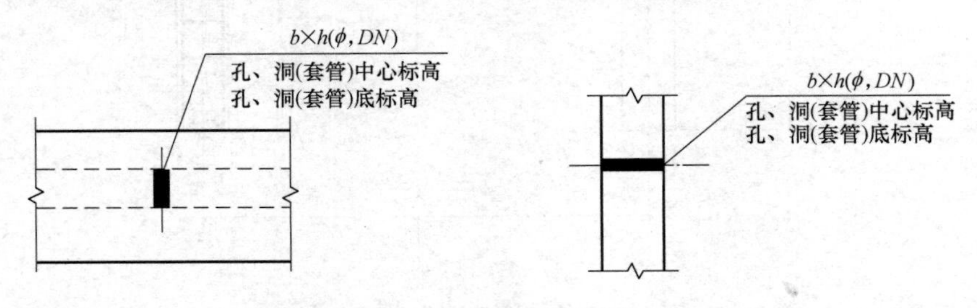

图 1-17 预留孔、预留洞及预埋套管的表示方法

1.3　木结构表示方法

1.3.1　常用木构件断面的表示方法

常用木构件断面的表示方法应符合表 1-9 中的规定。

常用木构件断面的表示方法　　表 1-9

序号	名称	图例	说明
1	圆木	ϕ或d	1. 木材的断面图均应画出横纹线或顺纹线 2. 立面图一般不画木纹线，但木键的立面图均须绘出木纹线
2	半圆木	1/2ϕ或d	
3	方木	$b\times h$	
4	木板	$b\times h$或h	

1.3.2　木构件连接的表示方法

木构件连接的表示方法应符合表 1-10 中的规定。

木构件连接的表示方法　　表 1-10

序号	名称	图例	说明
1	钉连接正面画法（看得见钉帽的）	$n\phi d\times L$	—
2	钉连接背面画法（看不见钉帽的）	$n\phi d\times L$	

续表

序号	名称	图例	说明
3	木螺钉连接正面画法（看得见钉帽的）	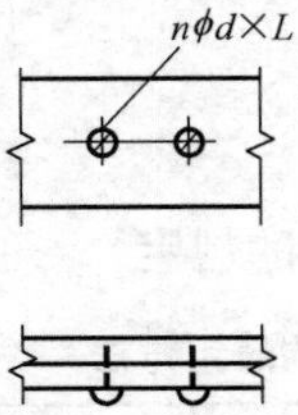 $n\phi d\times L$	
4	木螺钉连接背面画法（看不见钉帽的）	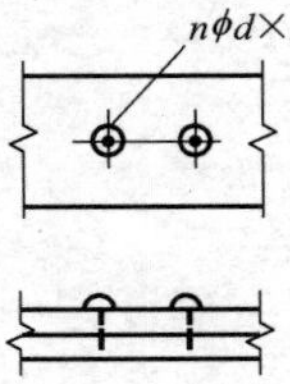 $n\phi d\times L$	—
5	杆件连接		仅用于单线图中
6	螺栓连接	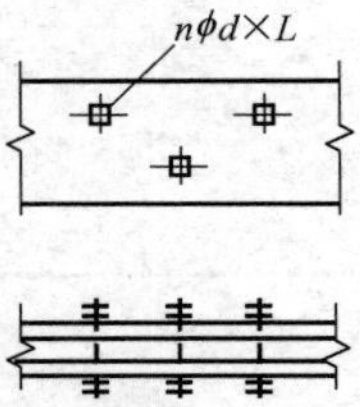 $n\phi d\times L$	1. 当采用双螺母时应加以注明 2. 当采用钢夹板时，可不画垫板线
7	齿连接	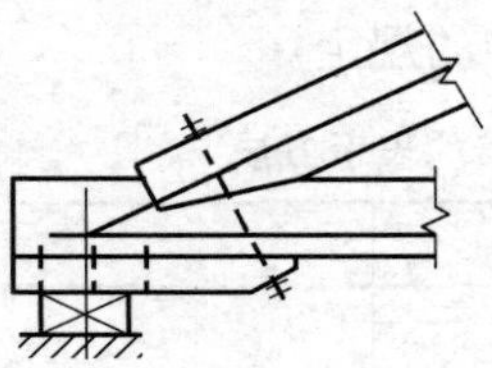 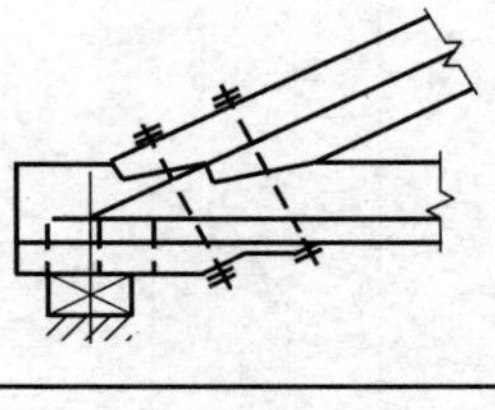	—

钢筋混凝土结构施工图识图诀窍

2.1 基础施工图

2.1.1 基础的类型

基础是建筑物最下部的组成部分，埋于地面以下，负责将建筑物的全部荷载传递给地基。基础作为建筑物的主要承重构件，要求坚固、稳定、耐久，还应具有防潮、防水、耐腐蚀等性能。基础的类型很多，划分方法也不尽相同。

1. 按基础的材料性能和受力特点划分

（1）刚性基础

指用砖、灰土、混凝土、三合土等抗压强度大而抗拉强度小的刚性材料做成的基础，常用的有砖基础、三合土基础、灰土基础、毛石基础、混凝土基础等。

1）砖基础。砖基础由砖和砂浆砌筑而成，其剖面一般为阶梯形，称为大放脚。大放脚的砌法有两皮一收和二一间隔收两种，每次收进 1/4 砖长（60mm）。砖基础如图 2-1 所示。

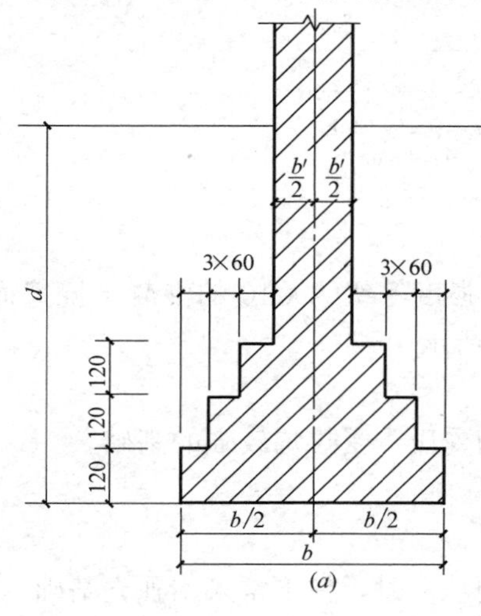

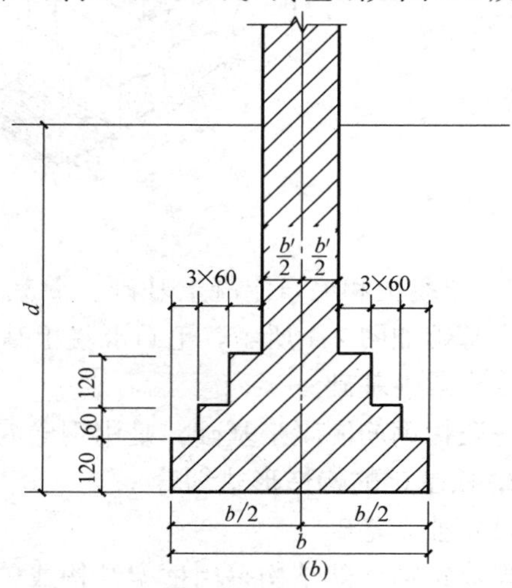

图 2-1 砖基础

2）三合土基础。三合土基础是由石灰、砂、碎砖（或碎石）按体积比 1∶2∶4～1∶3∶6 配制，加入适量水拌合而成。三合土基础如图 2-2（*a*）所示。

3）灰土基础。灰土基础是用石灰和黏上按体积比 3∶7 或 2∶8 混合而成。灰土基础如图 2-2（*b*）所示。

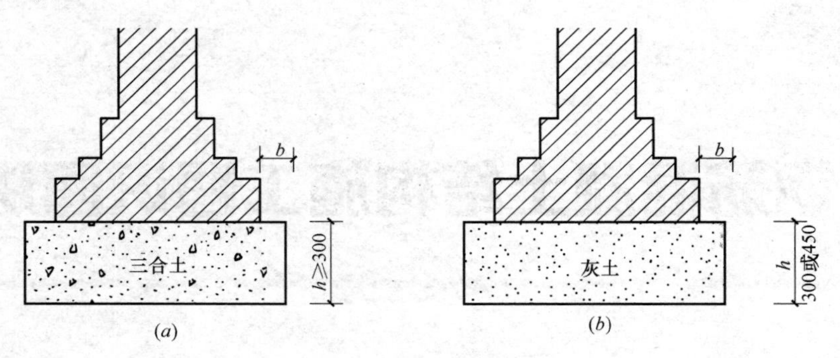

图 2-2 三合土、灰土基础

4）毛石基础。毛石基础是用毛石（未经加工整平的石料）砌筑而成。毛石基础如图 2-3 所示。

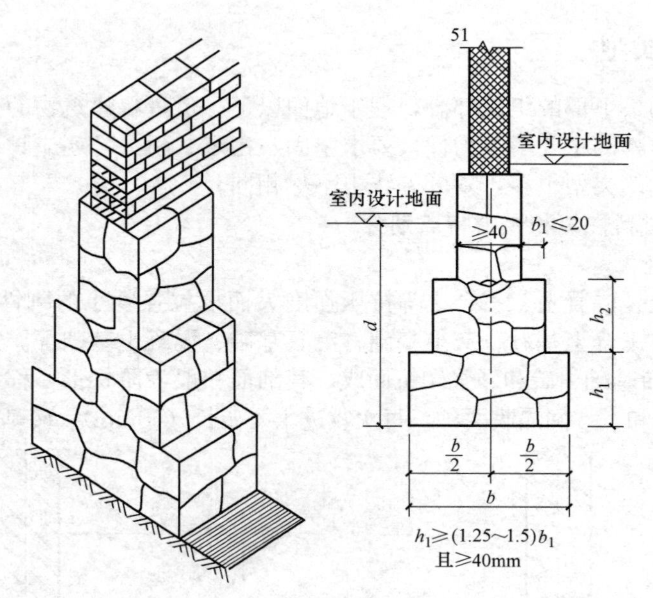

图 2-3 毛石基础

5）混凝土和毛石混凝土基础。混凝土基础常用强度等级为 C10 的混凝土浇捣而成。混凝土基础如图 2-4 所示，毛石混凝土基础如图 2-5 所示。

（2）柔性基础

一般指钢筋混凝土基础，是用钢筋混凝土制成的受压、受拉均较强的基础。

2. 按基础的构造形式划分

（1）独立基础

当建筑物上部结构采用框架结构或单层排架结构承重时，柱下常采用独立基础，独立基础是柱下基础的基本形式。独立基础通常有阶梯形和坡形（锥形）两种形式，如图 2-6（a）、（b）所示。

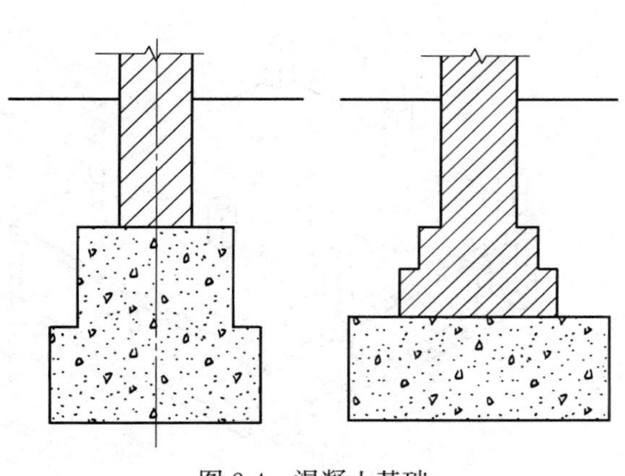
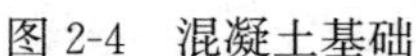

图 2-4　混凝土基础

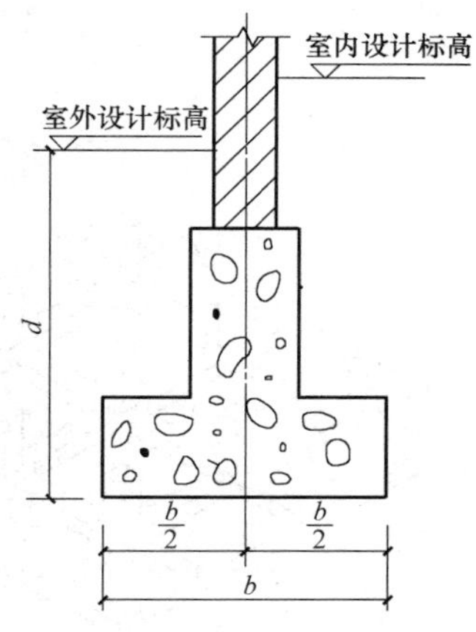

图 2-5　毛石混凝土基础

当柱采用预制构件时，则基础做成杯口形，然后将柱子插入并嵌固在杯口内，故称杯口独立基础，如图 2-6（c）所示。

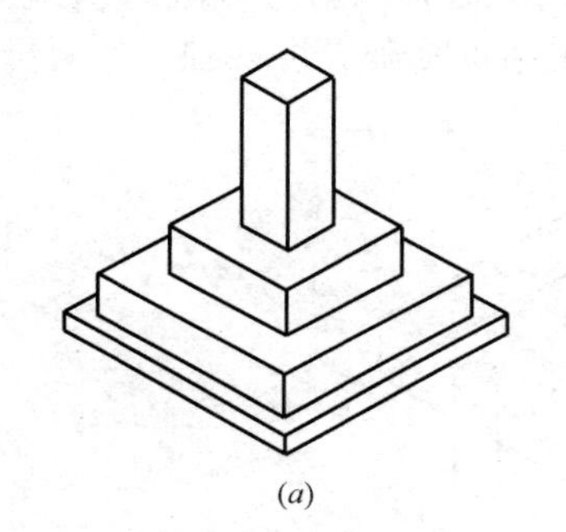
（a）

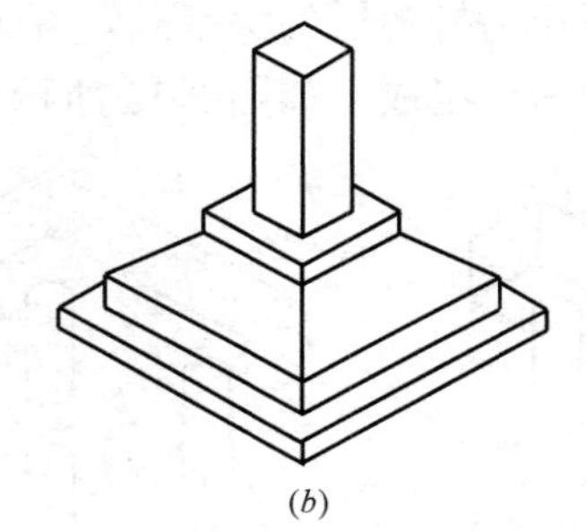
（b）

（c）

图 2-6　独立基础

（a）阶梯形独立基础；（b）坡形独立基础；（c）杯口独立基础

（2）条形基础

当建筑物上部结构采用墙承重时，基础沿墙身设置，多做成长条形。这类基础称为条形基础或带形基础，一般用于多层混合结构，如图 2-7 所示。

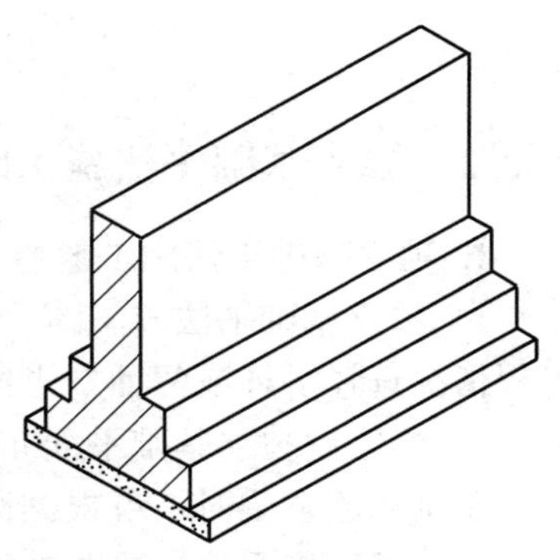

图 2-7　条形基础

（3）筏形基础

建筑物基础由整片的钢筋混凝土板组成，这样的基础称为筏形基础（又称满堂基础）。筏形基础常用于建筑物上部荷载大而地基又较弱的多层砌体结构、框架结构及剪力墙结构等的墙下和柱下。按其结构布置，分为平板式和梁板式两种，其受力特点与倒置的楼板相似，如图 2-8 所示。

（4）箱形基础

箱形基础是由钢筋混凝土底板、顶板和若干纵、横隔墙组成的整体结构，基础的中空部分可用作地下室（单层或多层）或地下停车库。箱形基础整体空间刚度大，整体性强，能抵抗地基的不均匀沉降，较适用于高层建筑或在软弱地基上建造的重型建筑物，如图2-9所示。

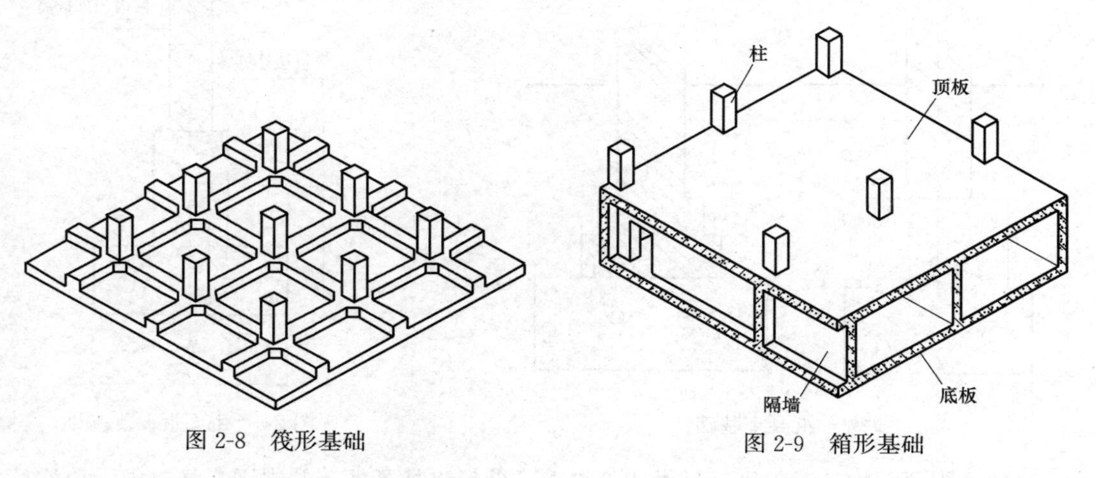

图 2-8 筏形基础

图 2-9 箱形基础

（5）桩基础

当浅层地基不能满足建筑物对地基承载力的要求，而又不适宜采取地基处理措施时，就要考虑以下部坚实土层或岩层作为持力层的深基础，可采用桩基础。桩基础一般由设置于土中的桩身和承接上部结构的承台组成，如图 2-10 所示。

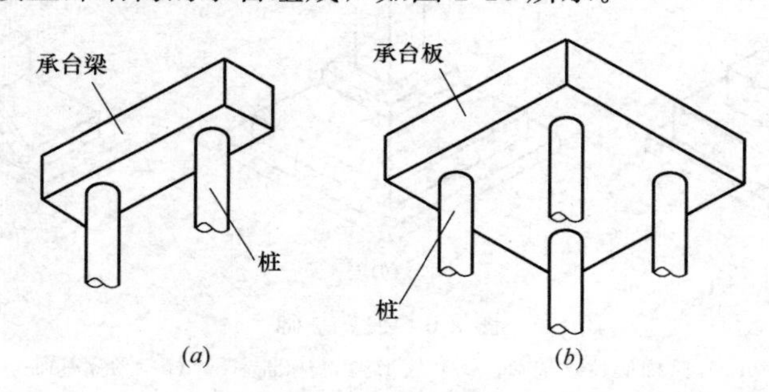

图 2-10 桩基础

（*a*）承台梁式桩基础；（*b*）承台板式桩基础

2.1.2 独立基础平法施工图识图

1. 独立基础平法施工图的表示方法

1）独立基础平法施工图，有平面注写与截面注写两种表达方式，设计者可根据具体工程情况选择一种或两种方式相结合，进行独立基础的施工图设计。

2）当绘制独立基础平面布置图时，应将独立基础平面与基础所支承的柱一起绘制。当设置基础连系梁时，可根据图面的疏密情况，将基础连系梁与基础平面布置图一起绘制，或将基础连系梁布置图单独绘制。

3）在独立基础平面布置图上，应标注基础定位尺寸；当独立基础的柱中心线或杯口中心线与建筑轴线不重合时，应标注其定位尺寸。编号相同且定位尺寸相同的基础，可仅选择一个进行标注。

2. 独立基础的平面注写方式

独立基础的平面注写方式，分为集中标注和原位标注两部分内容，如图 2-11 所示。

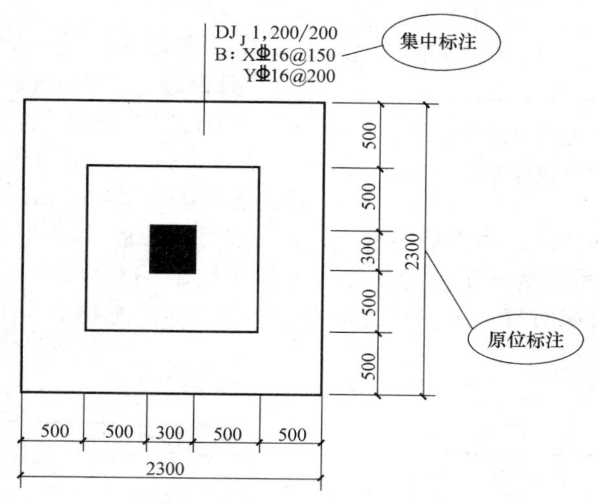

图 2-11　独立基础平面注写方式

普通独立基础和杯口独立基础的集中标注，系在基础平面图上集中引注：基础编号、截面竖向尺寸和配筋三项必注内容，以及基础底面标高（与基础底面基准标高不同时）和必要的文字注解两项选注内容。

素混凝土普通独立基础的集中标注，除无基础配筋内容外，均与钢筋混凝土普通独立基础相同。

钢筋混凝土和素混凝土独立基础的原位标注，系在基础平面布置图上标注独立基础的平面尺寸。

（1）集中标注

1）独立基础集中标注示意图。独立基础集中标注包括编号、截面竖向尺寸和配筋三项必注内容，如图 2-12 所示。

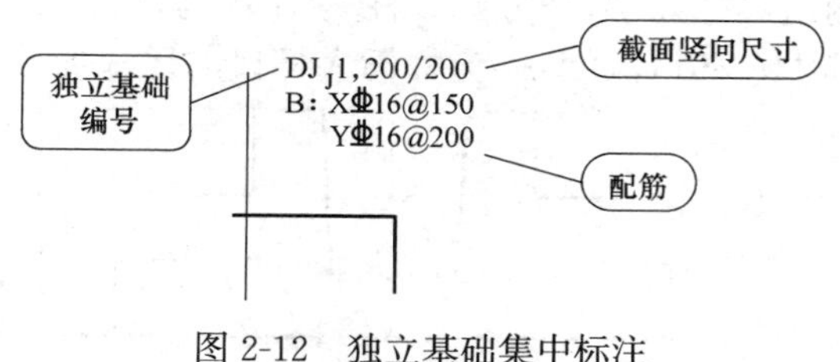

图 2-12　独立基础集中标注

2）独立基础编号见表 2-1。

独立基础编号　　表 2-1

类型	基础底板截面形状	代号	序号
普通独立基础	阶形	DJ_J	××
	坡形	DJ_P	××
杯口独立基础	阶形	BJ_J	××
	坡形	BJ_P	××

注：设计时应注意：当独立基础截面形状为坡形时，其坡面应采用能保证混凝土浇筑、振捣密实的较缓坡度；当采用较陡坡度时，应要求施工采用在基础顶部坡面加模板等措施，以确保独立基础的坡面浇筑成型、振捣密实。

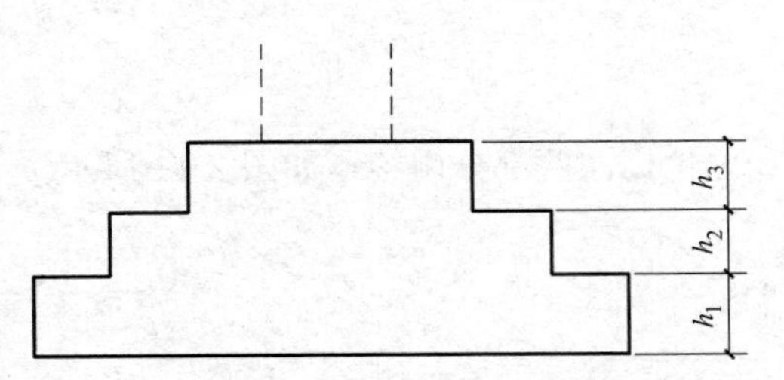

图 2-13 阶形截面普通独立基础竖向尺寸注写方式

3）独立基础截面竖向尺寸。下面按普通独立基础和杯口独立基础分别进行说明。

① 普通独立基础　注写 $h_1/h_2/\cdots\cdots$，具体标注为：

a. 当基础为阶形截面时，如图 2-13 所示。

【例 2-1】 当阶形截面普通独立基础 $DJ_J\times\times$ 的竖向尺寸注写为 400/300/300 时，表示 $h_1=400\text{mm}$、$h_2=300\text{mm}$、$h_3=300\text{mm}$，基础底板总高度为 1000mm。

上例及图 2-13 为三阶；当为更多阶时，各阶尺寸自下而上用“/”分隔顺写。当基础为单阶时，其竖向尺寸仅为一个且为基础总高度，如图 2-14 所示。

b. 当基础为坡形截面时，注写方式为“h_1/h_2”，如图 2-15 所示。

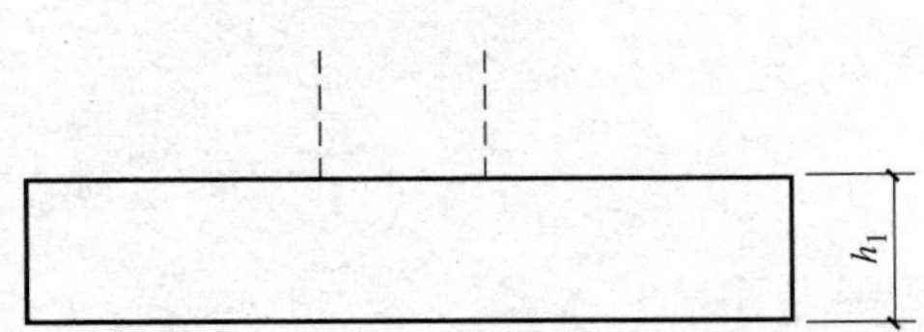

图 2-14 单阶普通独立基础竖向尺寸注写方式

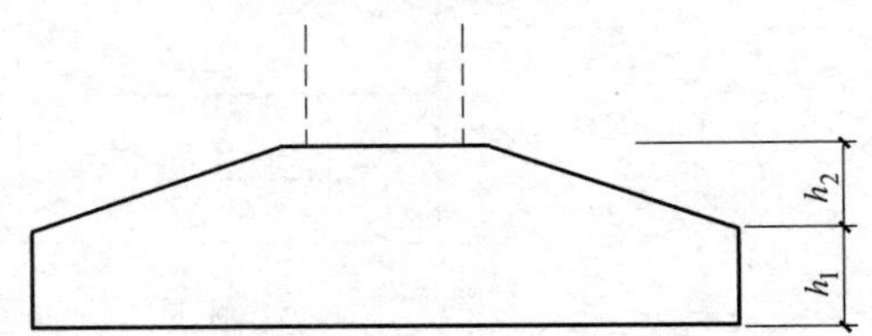

图 2-15 坡形截面普通独立基础竖向尺寸注写方式

【例 2-2】 当坡形截面普通独立基础 $DJ_P\times\times$ 的竖向尺寸注写为 350/300 时，表示 $h_1=350\text{mm}$、$h_2=300\text{mm}$，基础底板总高度为 650mm。

② 杯口独立基础

a. 当基础为阶形截面时，其竖向尺寸分两组，一组表达杯口内，另一组表达杯口外，两组尺寸以“,”分隔，注写方式为“a_0/a_1，$h_1/h_2/\cdots\cdots$”，如图 2-16 和图 2-17 所示。其中，杯口深度 a_0 为柱插入杯口的尺寸加 50mm。

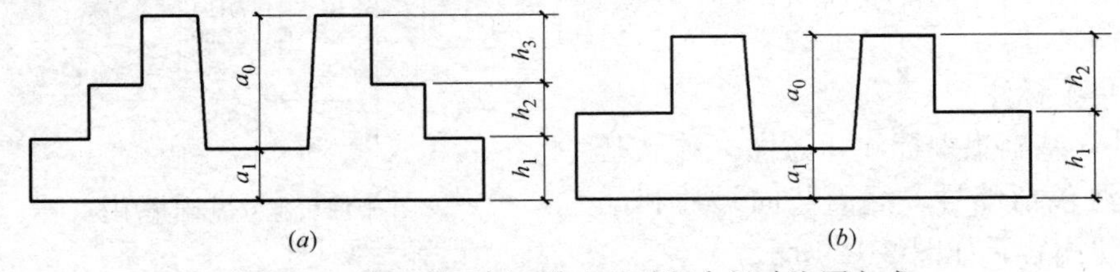

图 2-16 阶形截面杯口独立基础竖向尺寸注写方式

(a) 注写方式（一）；(b) 注写方式（二）

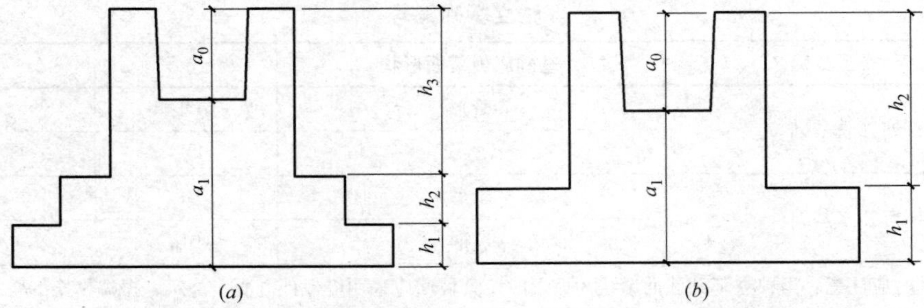

图 2-17 阶形截面高杯口独立基础竖向尺寸注写方式

(a) 注写方式（一）；(b) 注写方式（二）

b. 当基础为坡形截面时，注写方式为“a_0/a_1，$h_1/h_2/h_3/\cdots\cdots$”，如图 2-18 和图 2-19 所示。

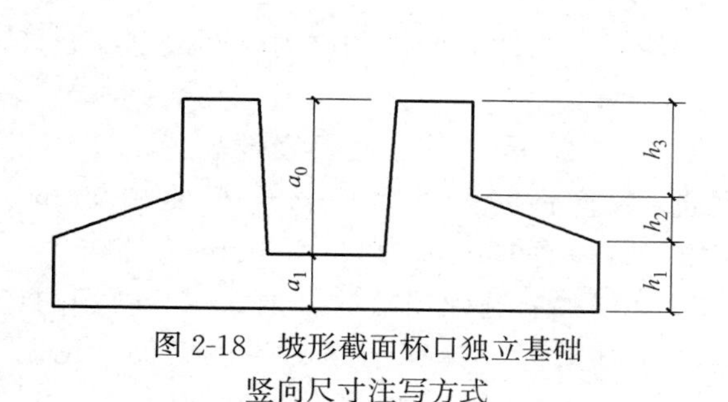

图 2-18 坡形截面杯口独立基础
竖向尺寸注写方式

图 2-19 坡形截面高杯口独立基础
竖向尺寸注写方式

4）独立基础编号及截面尺寸识图实例。独立基础的平法识图，是指根据平法施工图得出该基础的剖面形状尺寸，下面举例说明。

如图 2-20 所示，可看出该基础为阶形杯口基础，$a_0=1000$mm，$a_1=200$mm，$h_1=670$mm，$h_2=530$mm。再结合原位标注的平面尺寸从而识图得出该独立基础的剖面形状尺寸，如图 2-21 所示。

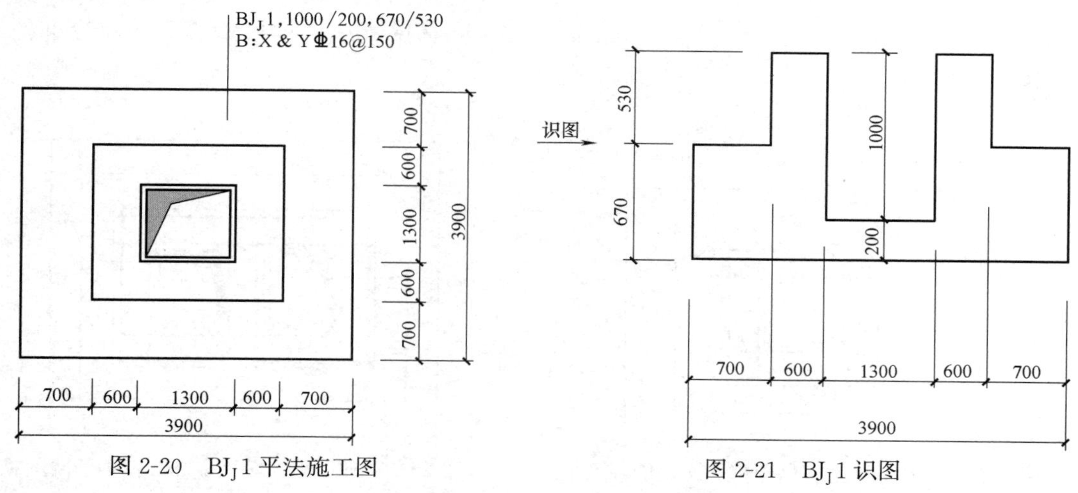

图 2-20 BJ_J1 平法施工图　　图 2-21 BJ_J1 识图

5）独立基础配筋。独立基础集中标注的第三项必注内容是配筋，如图 2-22 所示。独立基础的配筋有五种情况，如图 2-23 所示。

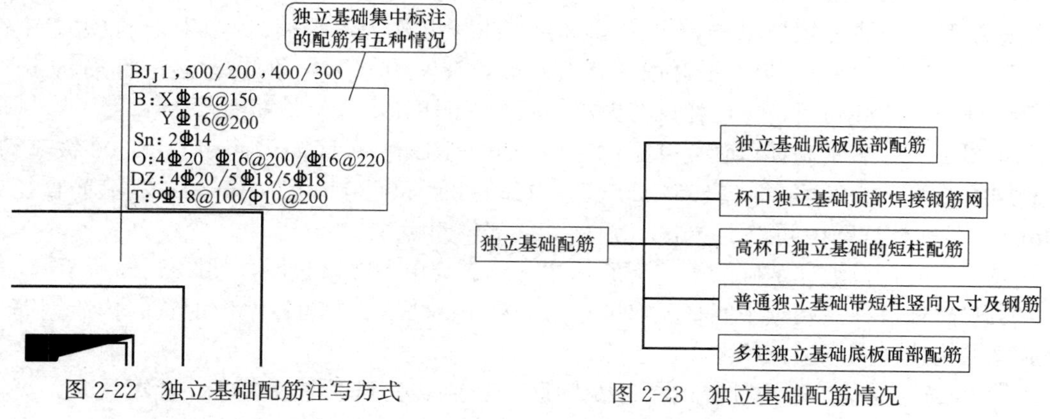

图 2-22 独立基础配筋注写方式　　图 2-23 独立基础配筋情况

① 独立基础底板配筋。普通独立基础和杯口独立基础的底部双向配筋注写方式如下：

a. 以B代表各种独立基础底板的底部配筋；

b. X向配筋以X打头，Y向配筋以Y打头注写；当两向配筋相同时，则以X&Y打头注写。

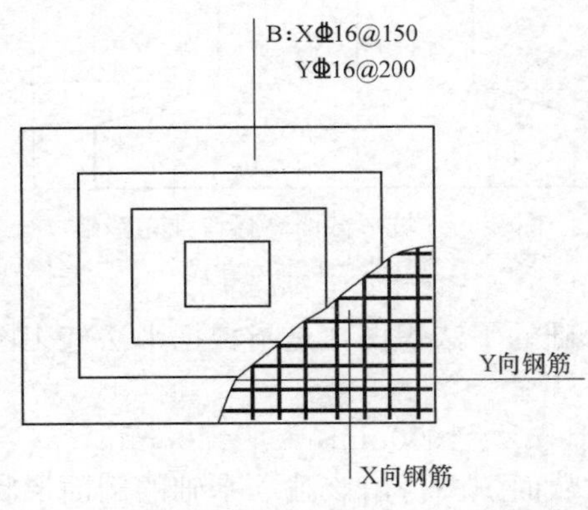

图 2-24 独立基础底板底部双向配筋示意

见图 2-24，表示基础底板底部配置 HRB400 级钢筋，X 向钢筋直径为 16mm，间距 150mm；Y 向钢筋直径为 16mm，间距 200mm。

② 杯口独立基础顶部焊接钢筋网。以 Sn 打头引注杯口顶部焊接钢筋网的各边钢筋。见图 2-25，表示杯口顶部每边配置两根 HRB400 级、直径为 14mm 的焊接钢筋网。

双杯口独立基础顶部焊接钢筋网，见图 2-26，表示杯口每边和双杯口中间杯壁的顶部均配置两根 HRB400 级、直径为 16mm 的焊接钢筋网。

当双杯口独立基础中间杯壁厚度小于 400mm 时，在中间杯壁中配置构造钢筋见相应标准构造详图，设计不注。

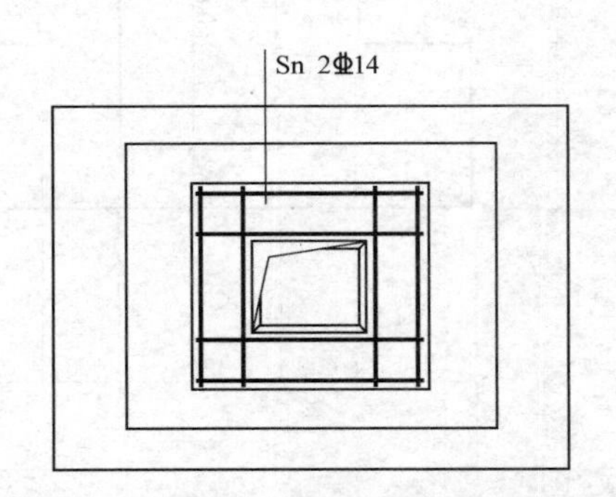

图 2-25 单杯口独立基础顶部焊接钢筋网示意
（本图只表示钢筋网）

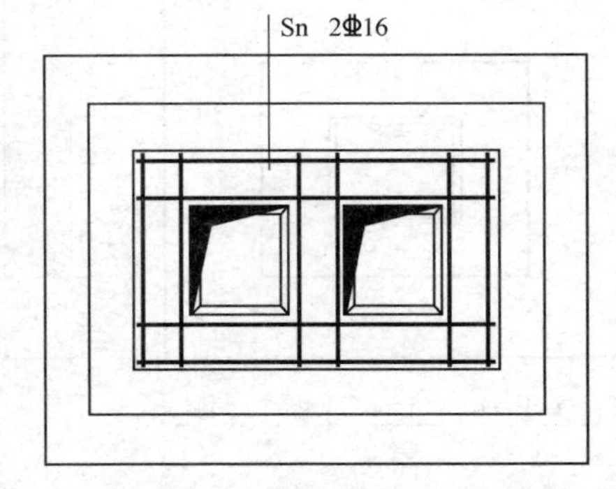

图 2-26 双杯口独立基础顶部焊接钢筋网示意
（本图只表示钢筋网）

③ 高杯口独立基础的短柱配筋（亦适用于杯口独立基础杯壁有配筋的情况）。以O代表短柱配筋。先注写短柱纵筋，再注写箍筋。注写方式为：角筋/长边中部筋/短边中部筋，箍筋（两种间距）；当水平截面为正方形时，注写方式为：角筋/x 边中部筋/y 边中部筋，箍筋（两种间距，短柱杯口壁内箍筋间距/短柱其他部位箍筋间距）。

见图 2-27，表示高杯口独立基础的短柱配置 HRB400 级竖向钢筋和 HPB300 级箍筋。其竖向纵筋为：4Φ20 角筋、Φ16@220 长边中部筋和Φ16@200 短边中部筋；其箍筋直径为 10mm，短柱杯口壁内间距 150mm，短柱其他部位间距 300mm。

对于双高杯口独立基础的短柱配筋，注写形式与单高杯口相同，如图 2-28 所示。

当双高杯口独立基础中间杯壁厚度小于 400mm 时，在中间杯壁中配置的构造钢筋见相应标准构造详图，设计不注。

④ 普通独立基础带短柱竖向尺寸及钢筋。当独立基础埋深较大，设置短柱时，短柱

配筋应注写在独立基础中。

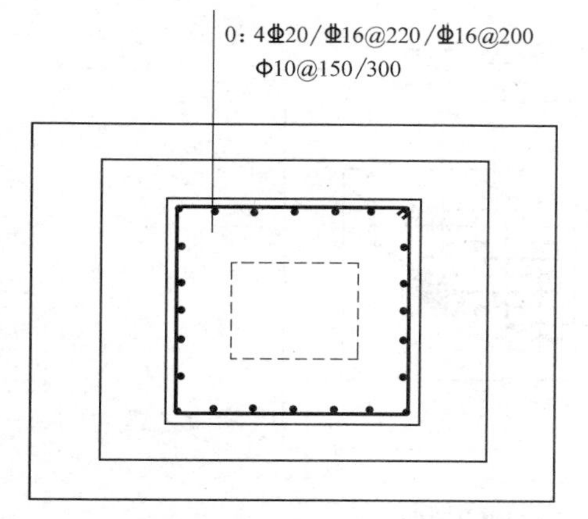

图 2-27　高杯口独立基础短柱配筋注写方式
（本图只表示基础短柱纵筋与矩形箍筋）

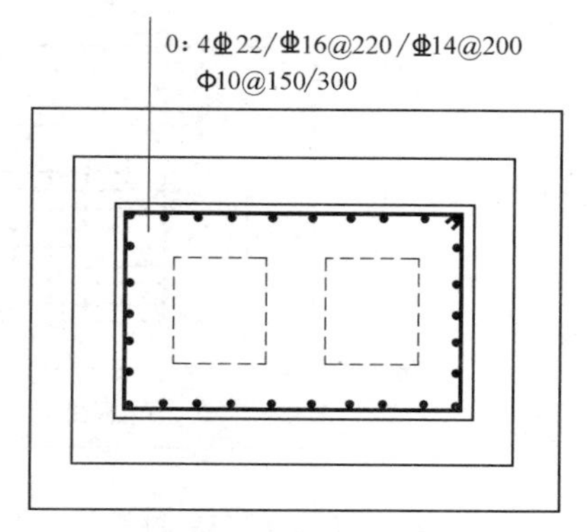

图 2-28　双高杯口独立基础短柱配筋注写方式
（本图只表示基础短柱纵筋与矩形箍筋）

以 DZ 代表普通独立基础短柱。首先注写短柱纵筋，其次注写箍筋，最后注写短柱标高范围。注写方式为“角筋/长边中部筋/短边中部筋，箍筋，短柱标高范围”；当短柱水平截面为正方形时，注写方式为“角筋/x 中部筋/y 中部筋，箍筋，短柱标高范围”。

见图 2-29，表示独立基础的短柱设置在 －2.500～0.050m 高度范围内，配置 HRB400 级竖向纵筋和 HPB300 级箍筋。其竖向纵筋为：4Φ20 角筋、5Φ18x 边中部筋和 5Φ18y 边中部筋；其箍筋直径为 10mm，间距 100mm。

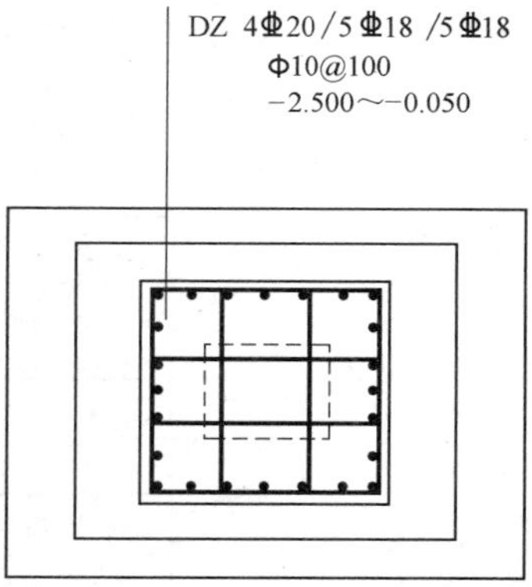

DZ 4Φ20/5Φ18/5Φ18
Φ10@100
−2.500～−0.050

图 2-29　独立基础短柱配筋示意图

⑤ 多柱独立基础底板顶部配筋。独立基础通常为单柱独立基础，也可为多柱独立基础（双柱或四柱等）。多柱独立基础的编号、几何尺寸和配筋的标注方法，与单柱独立基础相同。

当为双柱独立基础时，通常仅基础底部配置钢筋；当柱距离较大时，除基础底部配筋外，尚需在两柱间配置基础顶部钢筋或设置基础梁；当为四柱独立基础时，通常可设置两道平行的基础梁，需要时可在两道基础梁之间配置基础顶部钢筋。

多柱独立基础顶部配筋和基础梁的注写方法规定如下：

a. 双柱独立基础底板顶部配筋。双柱独立基础的顶部配筋，通常对称分布在双柱中心线两侧。以大写字母“T”打头，注写为：双柱间纵向受力钢筋/分布钢筋。当纵向受力钢筋在基础底板顶面非满布时，应注明其总根数。

见图 2-30，表示独立基础顶部配置纵向受力钢筋 HRB400 级，直径为Φ18 设置 9 根，间距 100mm；分布筋 HPB300 级，直径为 10mm，间距 200mm。

b. 双柱独立基础的基础梁配筋。当双柱独立基础为基础底板与基础梁相结合时，注写基础梁的编号、几何尺寸和配筋。例如 JL××（1）表示该基础梁为 1 跨，两端无外伸；JL××（1A）表示该基础梁为 1 跨，一端有外伸；JL××（1B）表示该基础梁为 1

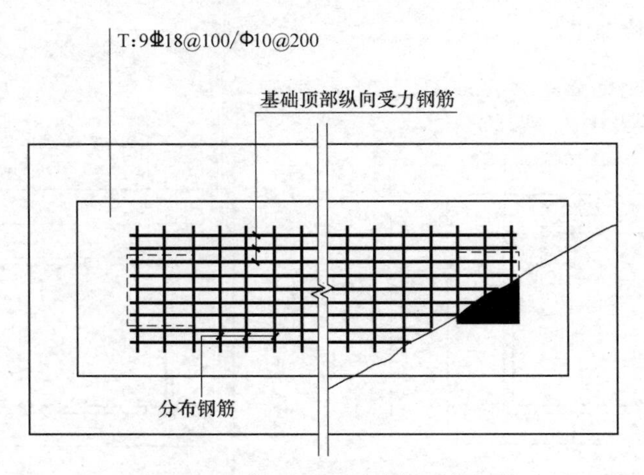

图 2-30 双柱独立基础底板顶部钢筋

跨，两端均有外伸。

通常情况下，双柱独立基础宜采用端部有外伸的基础梁，基础底板则采用受力明确、构造简单的单向受力配筋与分布筋。基础梁宽度宜比柱截面宽出不小于 100mm（每边不小于 50mm）。

基础梁的注写规定与条形基础的基础梁注写规定相同。注写示意图如图 2-31 所示。

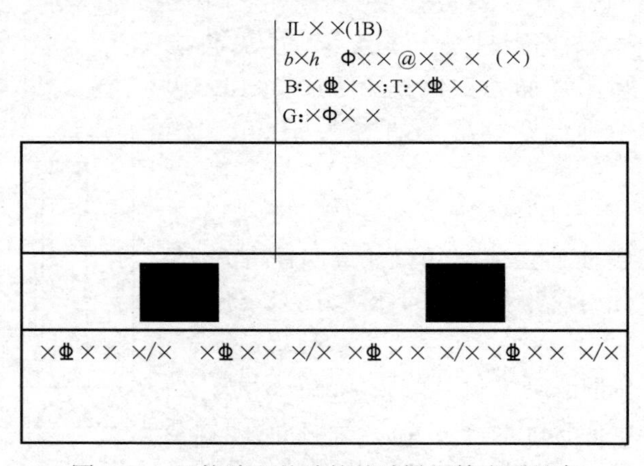

图 2-31 双柱独立基础的基础梁配筋注写示意

c. 双柱独立基础的底板配筋。双柱独立基础底板配筋的注写，可以按条形基础底板的注写规定，也可以按独立基础底板的注写规定。

d. 配置两道基础梁的四柱独立基础底板顶部配筋。当四柱独立基础已设置两道平行的基础梁时，根据内力需要可在双梁之间以及梁的长度范围内配置基础顶部钢筋，注写为：梁间受力钢筋/分布钢筋。

见图 2-32，表示在四柱独立基础顶部两道基础梁之间配置受力钢筋 HRB400 级，直径为⏀16，间距 120mm；分布筋 HPB300 级，直径为 ϕ10，分布间距 200mm。

平行设置两道基础梁的四柱独立基础底板配筋，也可按双梁条形基础底板配筋的注写规定。

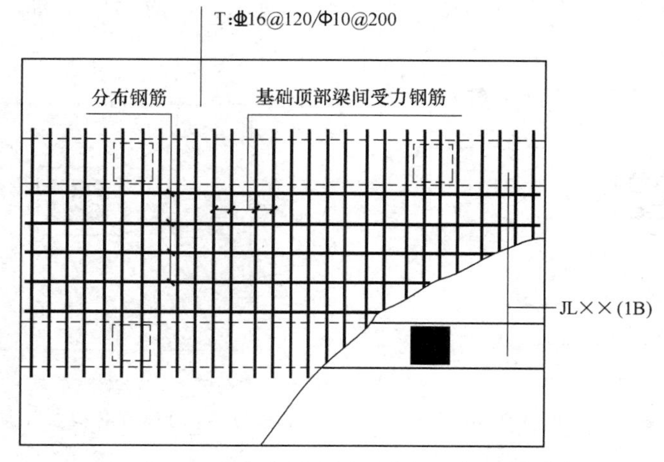

图 2-32 四柱独立基础底板顶部配筋

6）基础底面标高。当独立基础的底面标高与基础底面基准标高不同时，应将独立基础底面标高直接注写在“（ ）”内。

7）必要的文字注解。当独立基础的设计有特殊要求时，宜增加必要的文字注解。例如，基础底板配筋长度是否采用减短方式等，可在该项内注明。

（2）原位标注

1）普通独立基础。原位标注 x、y，x_c、y_c（或圆柱直径 d_c），x_i、y_i，$i=1$，2，3……。其中，x、y 为普通独立基础两向边长，x_c、y_c 为柱截面尺寸，x_i、y_i 为阶宽或坡形平面尺寸（当设置短柱时，尚应标注短柱的截面尺寸）。

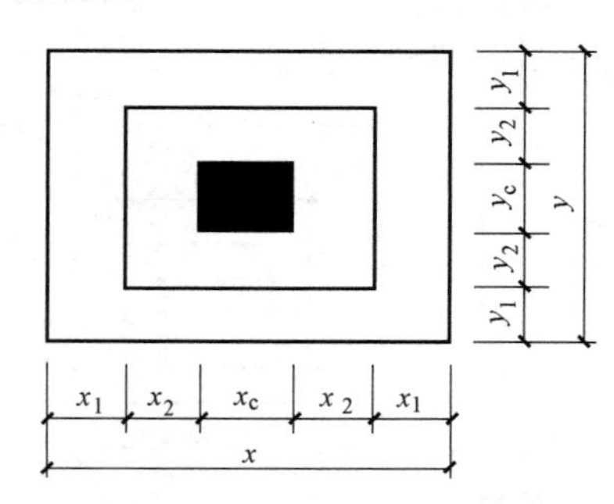

图 2-33 对称阶形截面普通独立基础原位标注

对称阶形截面普通独立基础原位标注，如图 2-33 所示。非对称阶形截面普通独立基础原位标注，如图 2-34 所示。设置短柱独立基础的原位标注，如图 2-35 所示。

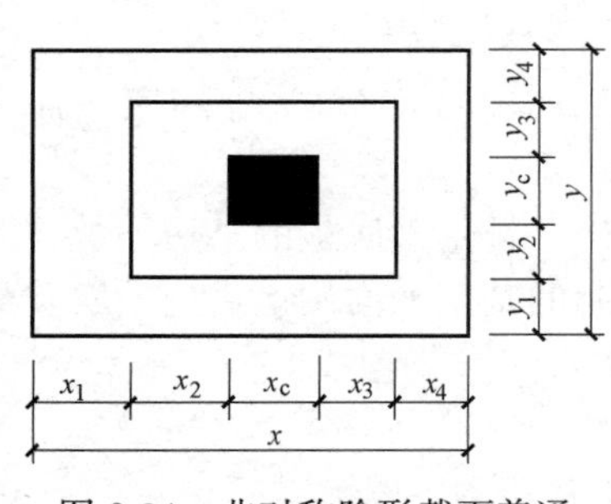

图 2-34 非对称阶形截面普通独立基础原位标注

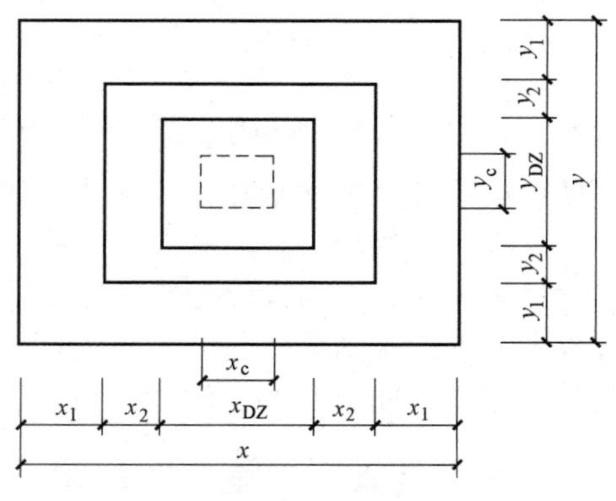

图 2-35 带短柱普通独立基础原位标注

对称坡形普通独立基础原位标注，如图 2-36 所示。非对称坡形普通独立基础原位标注，如图 2-37 所示。

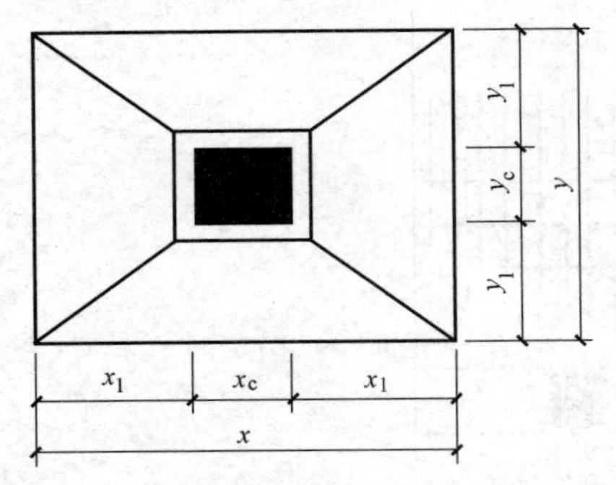

图 2-36 对称坡形截面普通独立基础原位标注

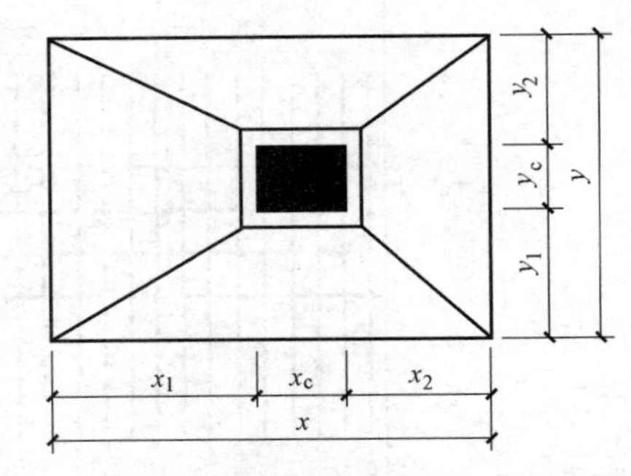

图 2-37 非对称坡形截面普通独立基础原位标注

2）杯口独立基础。原位标注 x、y，x_u、y_u，t_i，x_i、y_i，$i=1$，2，3……。其中，x、y 为杯口独立基础两向边长，x_u、y_u 为柱截面尺寸，t_i 为杯壁上口厚度，下口厚度为 t_i+25mm，x_i、y_i 为阶宽或坡形截面尺寸。

杯口上口尺寸 x_u、y_u，按柱截面边长两侧双向各加 75mm；杯口下口尺寸按标准构造详图（为插入杯口的相应柱截面边长尺寸，每边各加 50mm），设计不注。

阶形截面杯口独立基础原位标注，如图 2-38 所示。高杯口独立基础原位标注与杯口独立基础完全相同。

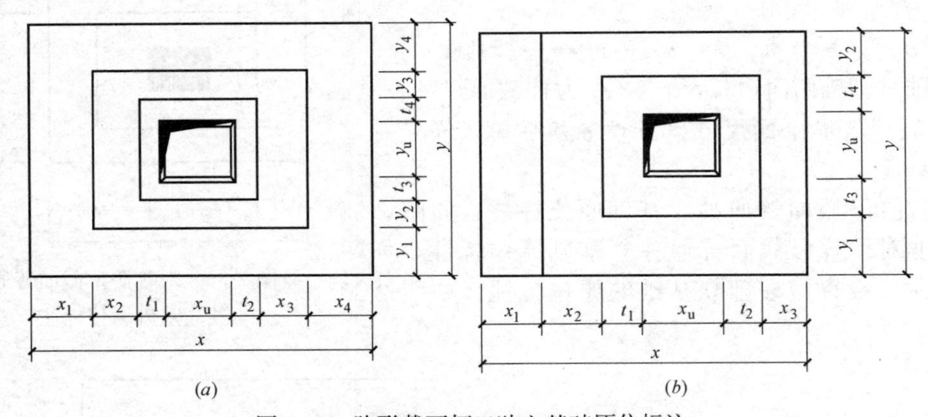

图 2-38 阶形截面杯口独立基础原位标注

（a）基础底板四边阶数相同；（b）基础底板的一边比其他三边多一阶

坡形截面杯口独立基础原位标注，如图 2-39 所示。高杯口独立基础的原位标注与杯口独立基础完全相同。

设计时应注意：当设计为非对称坡形截面独立基础并且基础底板的某边不放坡时，在原位放大绘制的基础平面图上，或在圈引出来放大绘制的基础平面图上，应按实际放坡情况绘制分坡线，如图 2-39（b）所示。

2.1.3 条形基础平法施工图识图

1. 条形基础平法施工图的表示方法

条形基础平法施工图，有平面注写与截面注写两种表达方式，设计者可根据具体工程

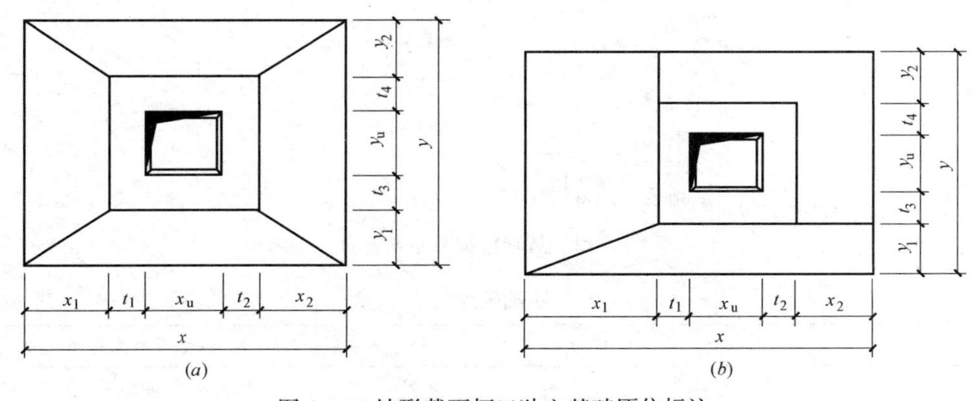

图 2-39 坡形截面杯口独立基础原位标注

（a）基础底板四边均放坡；（b）基础底板有两边不放坡

（注：高杯口独立基础原位标注与杯口独立基础完全相同）

情况选择一种，或将两种方式相结合进行条形基础的施工图设计。

当绘制条形基础平面布置图时，应将条形基础平面与基础所支承的上部结构的柱、墙一起绘制。当基础底面标高不同时，需注明与基础底面基准标高不同之处的范围和标高。

当梁板式基础梁中心或板式条形基础板中心与建筑定位轴线不重合时，应标注其定位尺寸；对于编号相同的条形基础，可仅选择一个进行标注。

条形基础整体上可分为两类，如图 2-40 所示。

2. 基础梁的集中标注

基础梁的集中标注内容包括基础梁编号、截面尺寸和配筋三项必注内容，如图 2-41 所示，以及基础梁底面标高（与基础底面基准标高不同时）和必要的文字注解两项选注内容。

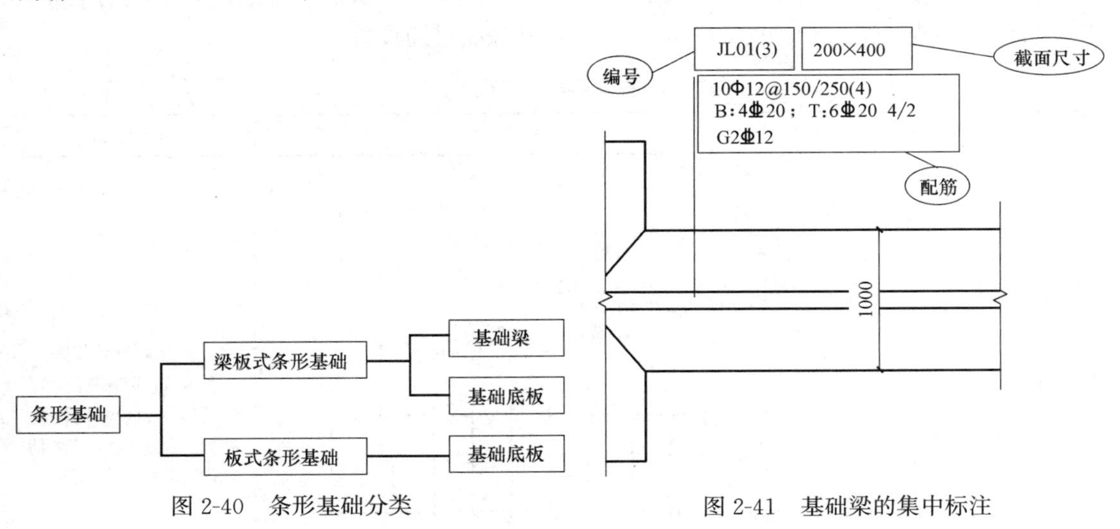

图 2-40 条形基础分类

图 2-41 基础梁的集中标注

（1）基础梁编号

基础梁编号由“代号”、“序号”和“跨数及有无外伸”三项组成，如图 2-42 所示，具体表示方法见表 2-2。

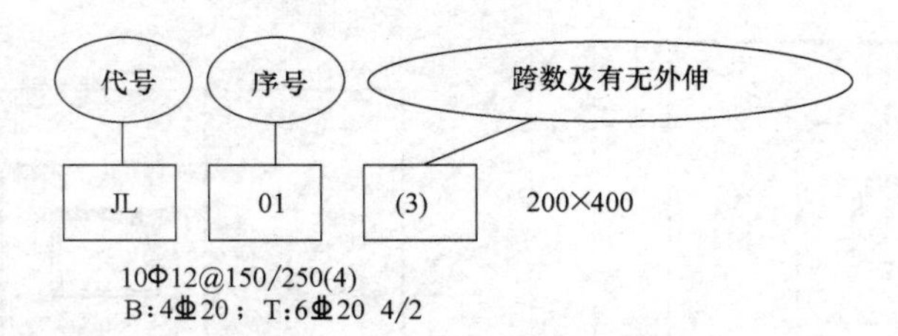

图 2-42 基础梁编号平法标注

基础梁编号 **表 2-2**

类型	代号	序号	跨数及有无外伸
基础梁	JL	××	(××)端部无外伸
		××	(××A)一端有外伸
		××	(××B)两端有外伸

（2）基础梁截面尺寸

基础梁截面尺寸，注写方式为“$b \times h$”，表示梁截面宽度与高度。当为竖向加腋梁时，注写方式为“$b \times h \quad Yc_1 \times c_2$”。其中，$c_1$ 为腋长，c_2 为腋高。

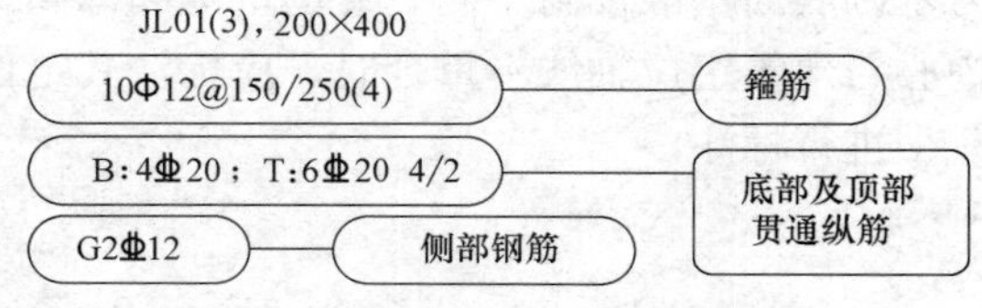

图 2-43 基础梁配筋标注内容

（3）基础梁配筋

基础梁配筋主要注写内容包括箍筋、底部、顶部及侧面纵向钢筋，如图 2-43 所示。

1）基础梁箍筋。基础梁箍筋表示方法的平法识图，见表 2-3。

施工时应注意：两向基础梁相交的柱下区域，应有一向截面较高的基础梁箍筋贯通设置；当两向基础梁高度相同时，任选一向基础梁箍筋贯通设置。

基础梁箍筋识图 **表 2-3**

箍筋表示方法	识图	标准说明
ϕ10@150(2)	只有一种间距，双肢箍 JL01(3)，200×400 Φ10@150(2) B:4Φ25；T:5Φ25 4/2 只有一种箍筋间距 L	当具体设计仅采用一种箍筋间距时，注写钢筋级别、直径、间距与肢数(箍筋肢数写在括号内，下同)

续表

箍筋表示方法	识图	标准说明
6ϕ10@150/4ϕ12@200/ϕ12@250(6)	两端向里，先各布置6根ϕ10、间距150mm的箍筋，再往里两侧各布置4根ϕ12、间距200mm的箍筋，中间剩余部位按间距250mm布置箍筋，均为六肢箍 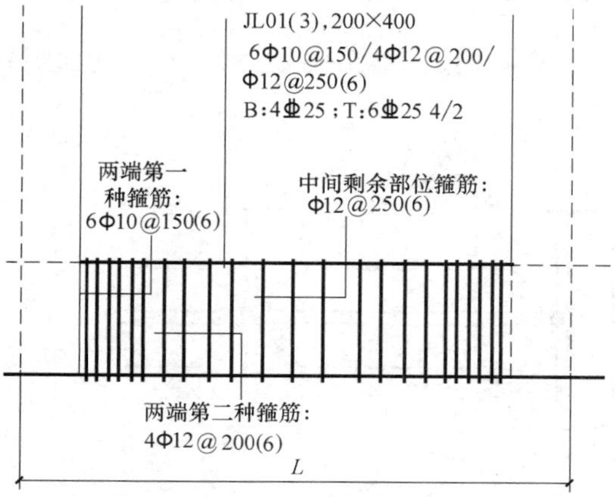 JL01(3)，200×400 6Φ10@150/4Φ12@200/Φ12@250(6) B:4Φ25；T:6Φ25 4/2 两端第一种箍筋：6Φ10@150(6) 中间剩余部位箍筋：Φ12@250(6) 两端第二种箍筋：4Φ12@200(6) L	当具体设计采用两种箍筋时，用“/”分隔不同箍筋，按照从基础梁两端向跨中的顺序注写。先注写第1段箍筋（在前面加注箍筋道数），在斜线后再注写第2段箍筋（不再加注箍筋道数）

2）基础梁底部、顶部及侧面纵向钢筋：

① 以B打头，注写梁底部贯通纵筋（不应少于梁底部受力钢筋总截面面积的1/3）。当跨中所注根数少于箍筋肢数时，需要在跨中增设梁底部架立筋以固定箍筋，采用“+”将贯通纵筋与架立筋相联，架立筋注写在加号后面的括号内。

② 以T打头，注写梁顶部贯通纵筋。注写时用分号“;”将底部与顶部贯通纵筋分隔开，如有个别跨与其不同者按原位注写的规定处理。

③ 当梁底部或顶部贯通纵筋多于一排时，用“/”将各排纵筋自上而下分开。

【例 2-3】 B：4Φ25；T：12Φ25 7/5，表示梁底部配置贯通纵筋为4Φ25；梁顶部配置贯通纵筋上一排为7Φ25，下一排为5Φ25，共12Φ25。

④ 以大写字母G打头注写梁两侧面对称设置的纵向构造钢筋的总配筋值（当梁腹板净高h_w不小于450mm时，根据需要配置）。

【例 2-4】 G8Φ14，表示梁每个侧面配置纵向构造钢筋4Φ14，共配置8Φ14。

当需要配置抗扭纵向钢筋时，梁两个侧面设置的抗扭纵向钢筋以N打头。

【例 2-5】 N8Φ16，表示梁的两个侧面共配置8Φ16的纵向抗扭钢筋，沿截面周边均匀对称设置。

注：1. 当为梁侧面构造钢筋时，其搭接与锚固长度可取为15d。

2. 当为梁侧面受扭纵向钢筋时，其锚固长度为l_a，搭接长度为l_l；其锚固方式同基础梁上部纵筋。

（4）基础梁底面标高

当条形基础的底面标高与基础底面基准标高不同时，将条形基础底面标高注写在“（ ）”内。

（5）文字注解

当基础梁的设计有特殊要求时，宜增加必要的文字注解。

3. 基础梁的原位标注

（1）基础梁支座的底部纵筋

基础梁支座的底部纵筋，系指包含贯通纵筋与非贯通纵筋在内的所有纵筋。其原位标注识图见表 2-4。

基础梁支座底部纵筋原位标注识图 **表 2-4**

表示方法	识图	说明
6Φ20 2/4	上下两排，上排 2Φ20 是底部非贯通纵筋，下排 4Φ20 是底部贯通纵筋 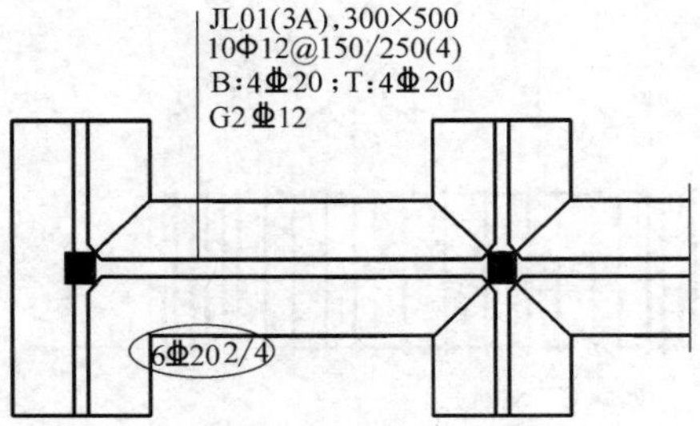 JL01(3A)，300×500 10Φ12@150/250(4) B:4Φ20；T:4Φ20 G2Φ12 6Φ20 2/4	当底部纵筋多于一排时，用“/”将各排纵筋自上而下分开
2Φ20＋2Φ18	由两种不同直径钢筋组成，用“＋”连接，其中 2Φ20 是底部贯通纵筋，2Φ18 是底部非贯通纵筋 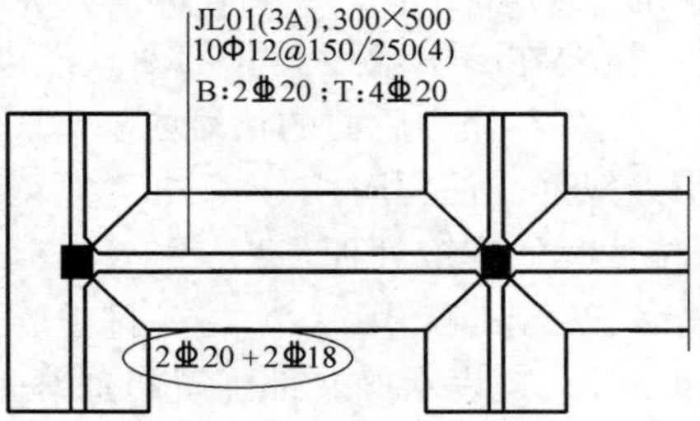 JL01(3A)，300×500 10Φ12@150/250(4) B:2Φ20；T:4Φ20 2Φ20＋2Φ18	当同排纵筋有两种直径时，用“＋”将两种直径的纵筋相联
①4Φ20 ②4Φ20 ②5Φ20	1)梁支座两侧底部配筋不同，②轴左侧 4Φ20，其中 2 根为底部贯通纵筋，另 2 根为底部非贯通纵筋；②轴右侧 5Φ20，其中 2 根为底部贯通纵筋，另 3 根为底部非贯通纵筋 2)②轴左侧为 4 根，右侧为 5 根，它们直径相同，只是根数不同，则其中 4 根贯穿②轴，右侧多出的 1 根进行锚固 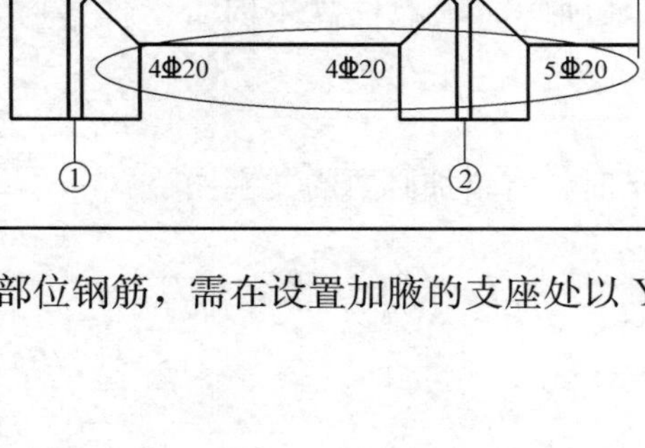 JL01(3A)，300×500 10Φ12@150/150(4) B:2Φ20；T:4Φ20 4Φ20 4Φ20 5Φ20 ① ②	当梁支座两边的底部纵筋配置不同时，需在支座两边分别标注；当梁支座两边的底部纵筋相同时，可仅在支座的一边标注 当梁支座底部全部纵筋与集中注写过的底部贯通纵筋相同时，可不再重复做原位标注

竖向加腋梁加腋部位钢筋，需在设置加腋的支座处以 Y 打头注写在括号内。

【例 2-6】 Y4Φ25，表示竖向加腋部位斜纵筋为 4Φ25。

设计时应注意：对于底部一平梁的支座两边配筋值不同的底部非贯通纵筋（“底部一平”为“梁底部在同一个平面上”的缩略词），应先按较小一边的配筋值选配相同直径的纵筋贯穿支座，再将较大一边的配筋差值选配适当直径的钢筋锚入支座，避免造成支座两边大部分钢筋直径不相同的不合理配置结果。

施工及预算方面应注意：当底部贯通纵筋经原位注写修正，出现两种不同配置的底部贯通纵筋时，应在两毗邻跨中配置较小一跨的跨中连接区域进行连接（即配置较大一跨的底部贯通纵筋需伸出至毗邻跨的跨中连接区域）。

（2）基础梁的附加箍筋或（反扣）吊筋

当两向基础梁十字交叉，但交叉位置无柱时，应根据需要设置附加箍筋或（反扣）吊筋。

将附加箍筋或（反扣）吊筋直接画在平面图中条形基础主梁上，原位直接引注总配筋值（附加箍筋的肢数注在括号内）。当多数附加箍筋或（反扣）吊筋相同时，可在条形基础平法施工图上统一注明。少数与统一注明值不同时，再原位直接引注。

施工时应注意：附加箍筋或（反扣）吊筋的几何尺寸应按照标准构造详图，结合其所在位置的主梁和次梁的截面尺寸确定。

（3）基础梁外伸部位的变截面高度尺寸

当基础梁外伸部位采用变截面高度时，在该部位原位注写 $b \times h_1/h_2$，h_1 为根部截面高度，h_2 为尽端截面高度，如图 2-44 所示。

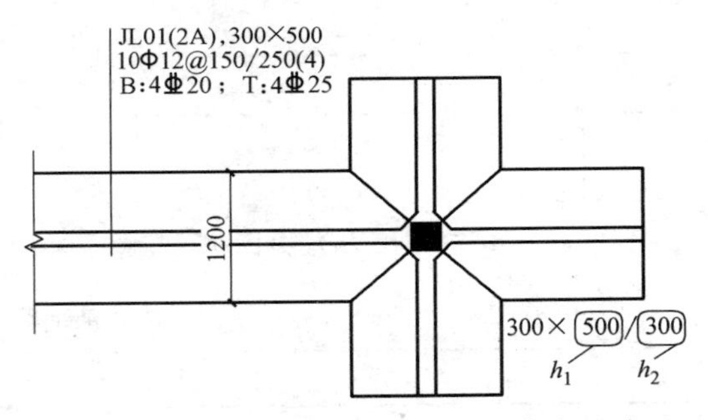

图 2-44 基础梁外伸部位变截面高度尺寸

（4）原位注写修正内容

当在基础梁上集中标注的某项内容（如截面尺寸、箍筋、底部与顶部贯通纵筋或架立筋、梁侧面纵向构造钢筋、梁底面标高等）不适用于某跨或某外伸部位时，将其修正内容原位标注在该跨或该外伸部位，施工时原位标注取值优先。

当在多跨基础梁的集中标注中已注明竖向加腋，而该梁某跨根部不需要竖向加腋时，则应在该跨原位标注无 $Yc_1 \times c_2$ 的 $b \times h_1$ 以修正集中标注中的竖向加腋要求。

如图 2-45 所示，JL01 集中标注的截面尺寸为 300mm×500mm，第 2 跨原位标注为 300mm×400mm，表示第 2 跨发生了截面变化。

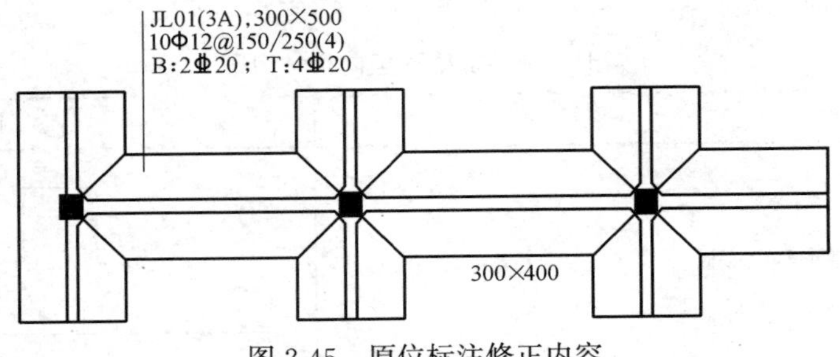

图 2-45 原位标注修正内容

4. 条形基础底板的平面注写方式

条形基础底板 TJB_P、TJB_J 的平面注写方式，分集中标注和原位标注两部分内容。

（1）集中标注

条形基础底板的集中标注内容包括条形基础底板编号、截面竖向尺寸和配筋三项必注内容，如图 2-46 所示，以及条形基础底板底面标高（与基础底面基准标高不同时）和必要的文字注解两项选注内容。

素混凝土条形基础底板的集中标注，除无底板配筋内容外与钢筋混凝土条形基础底板相同。

1）条形基础底板编号由“代号”、“序号”和“跨数及有无外伸”三项组成，如图 2-47 所示。具体表示方法见表 2-5。

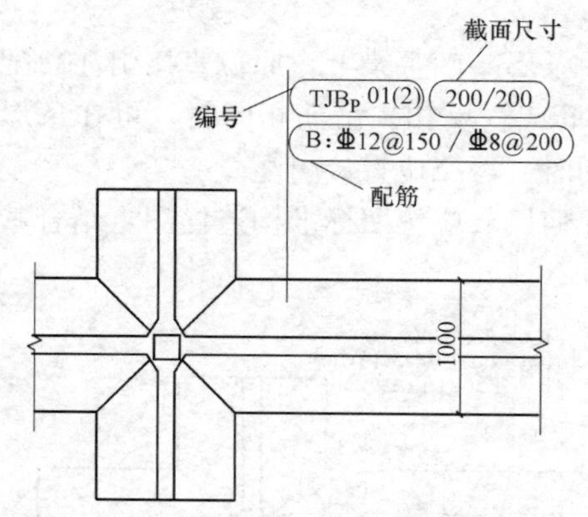

图 2-46 条形基础底板集中标注示意图

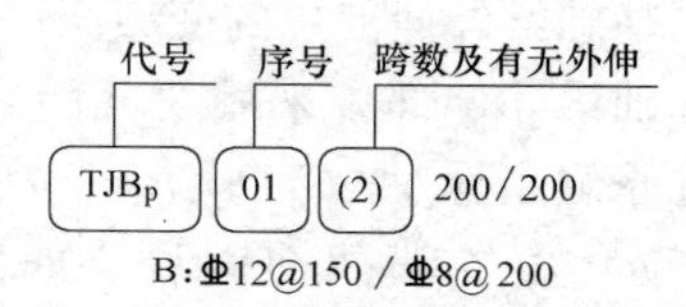

图 2-47 条形基础底板编号平法标注

条形基础梁及底板编号 表 2-5

类型		代号	序号	跨数及有无外伸
条形基础底板	阶形	TJB_P	××	(××)端部无外伸 (××A)一端有外伸 (××B)两端有外伸
	坡形	TJB_J	××	

注：条形基础通常采用坡形截面或单阶形截面。

条形基础底板向两侧的截面形状通常包括以下两种：

① 阶形截面，编号加下标“J”，例如 TJB_J××（××）；

② 坡形截面，编号加下标“P”，例如 TJB_P××（××）。

2）条形基础底板截面竖向尺寸，注写 $h_1/h_2/$……，见表 2-6。

条形基础底板截面竖向尺寸识图 表 2-6

分类	注写方式	示意图
坡形截面的条形基础底板	TJB_P×× h_1/h_2	

续表

分类	注写方式	示意图
单阶形截面的条形基础底板	$TJB_J \times\times\ h_1$	
多阶形截面的条形基础底板	$TJB_J \times\times\ h_1/h_2$	

3）条形基础底板底部及顶部配筋。以 B 打头，注写条形基础底板底部的横向受力钢筋。以 T 打头，注写条形基础底板顶部的横向受力钢筋；注写时，用“/”分隔条形基础底板的横向受力钢筋与纵向分布钢筋，如图 2-48 和图 2-49 所示。

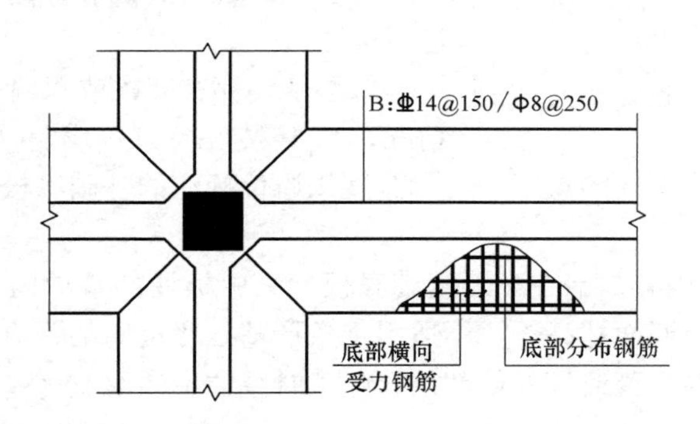

图 2-48　条形基础底板底部配筋示意

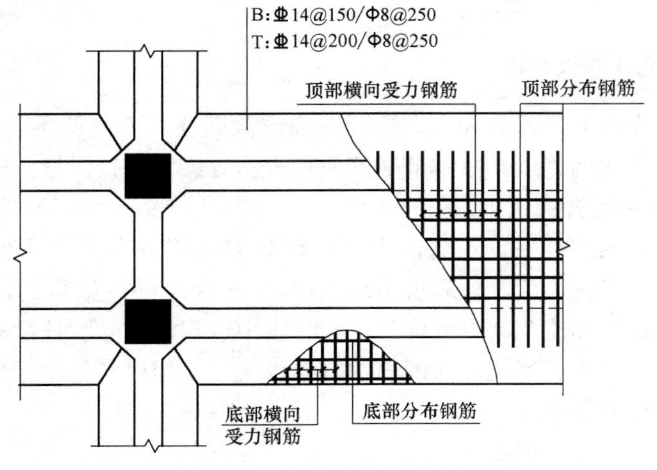

图 2-49　双梁条形基础底板配筋示意

【例 2-7】 当条形基础底板配筋标注为：B：⏀14@150/⏀8@250；表示条形基础底板底部配置 HRB400 级横向受力钢筋，直径为 14mm，间距 150mm；配置 HPB300 级纵向分布钢筋，直径为 8mm，间距 250mm，如图 2-48 所示。

【例 2-8】 当为双梁（或双墙）条形基础底板时，除在底板底部配置钢筋外，一般尚需在两根梁或两道墙之间的底板顶部配置钢筋，其中横向受力钢筋的锚固长度 l_a 从梁的内边缘（或墙内边缘）起算，如图 2-49 所示。

4）条形基础底板底面标高。当条形基础底板的底面标高与条形基础底面基准标高不同时，应将条形基础底板底面标高注写在“（ ）”内。

5）文字注解。当条形基础底板有特殊要求时，应增加必要的文字注解。

（2）原位标注

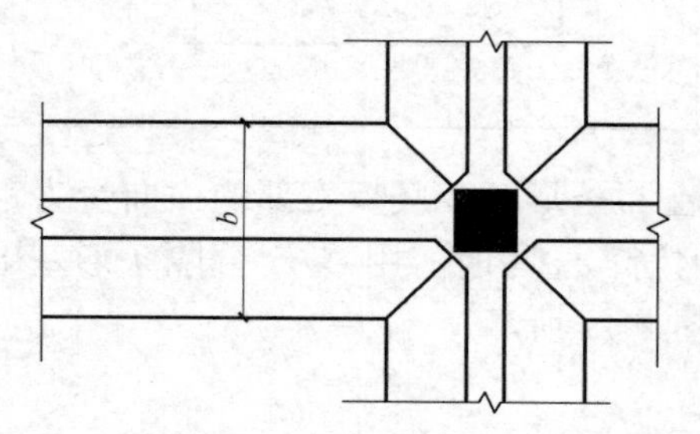

图 2-50 条形基础底板平面尺寸原位标注

1）原位注写条形基础底板的平面尺寸。原位标注方式为“b、b_i，$i=1$，2，……”。其中，b 为基础底板总宽度，如为基础底板台阶的宽度。当基础底板采用对称于基础梁的坡形截面或单阶形截面时，b_i 可不注，见图 2-50。

对于相同编号的条形基础底板，可仅选择一个进行标注。

条形基础存在双梁或双墙共用同一基础底板的情况，当为双梁或为双墙且梁或墙荷载差别较大时，条形基础两侧可取不同的宽度，实际宽度以原位标注的基础底板两侧非对称的不同台阶宽度 b_i 进行表达。

2）原位注写修正内容。当在条形基础底板上集中标注的某项内容，如底板截面竖向尺寸、底板配筋、底板底面标高等，不适用于条形基础底板的某跨或某外伸部分时，可将其修正内容原位标注在该跨或该外伸部位，施工时原位标注取值优先。

2.2 主体结构施工图

2.2.1 柱构件施工图识图

柱构件的平法表达方式，分为列表注写方式或截面注写方式两种。实际工程应用中，这两种表达方式所占比例相近，故本节对这两种表达方式均进行讲解。

1. 柱构件列表注写方式

列表注写方式，系在柱平面布置图上（一般只需采用适当比例绘制一张柱平面布置图，包括框架柱、转换柱、梁上柱和剪力墙上柱），分别在同一编号的柱中选择一个（有时需要选择几个）截面标注几何参数代号；在柱表中注写柱编号、柱段起止标高、几何尺寸（含柱截面对轴线的偏心情况）与配筋的具体数值，并配以各种柱截面形状及其箍筋类型图的方式，来表达柱平法施工图。

（1）柱列表注写方式与识图

见图 2-51。

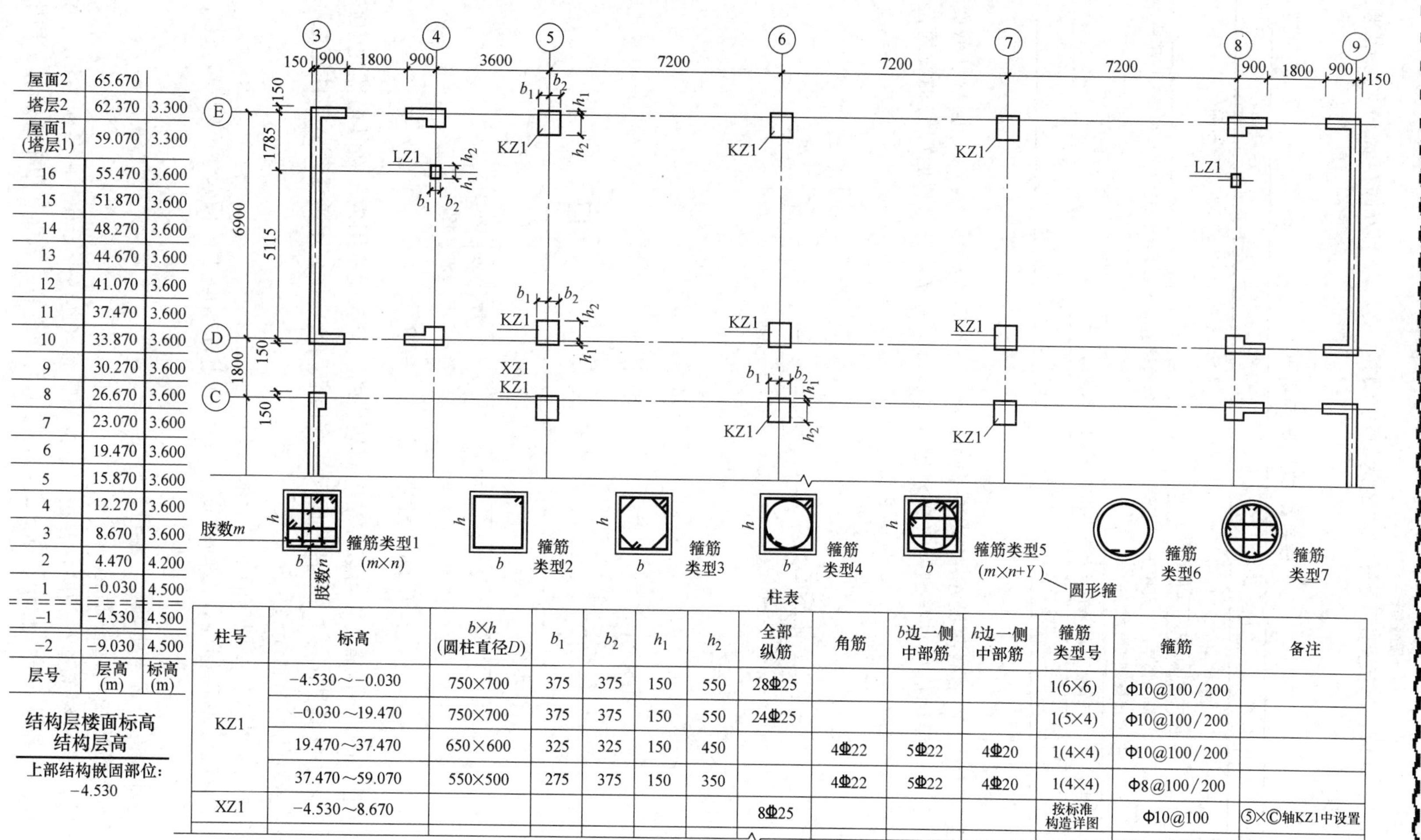

层号	层高 (m)	标高 (m)
屋面2	65.670	
塔层2	62.370	3.300
屋面1 (塔层1)	59.070	3.300
16	55.470	3.600
15	51.870	3.600
14	48.270	3.600
13	44.670	3.600
12	41.070	3.600
11	37.470	3.600
10	33.870	3.600
9	30.270	3.600
8	26.670	3.600
7	23.070	3.600
6	19.470	3.600
5	15.870	3.600
4	12.270	3.600
3	8.670	3.600
2	4.470	4.200
1	−0.030	4.500
−1	−4.530	4.500
−2	−9.030	4.500

结构层楼面标高
结构层高

上部结构嵌固部位：
−4.530

柱表

柱号	标高	b×h (圆柱直径D)	b_1	b_2	h_1	h_2	全部纵筋	角筋	b边一侧中部筋	h边一侧中部筋	箍筋类型号	箍筋	备注
KZ1	−4.530～−0.030	750×700	375	375	150	550	28Φ25				1(6×6)	Φ10@100/200	
	−0.030～19.470	750×700	375	375	150	550	24Φ25				1(5×4)	Φ10@100/200	
	19.470～37.470	650×600	325	325	150	450		4Φ22	5Φ22	4Φ20	1(4×4)	Φ10@100/200	
	37.470～59.070	550×500	275	375	150	350		4Φ22	5Φ22	4Φ20	1(4×4)	Φ8@100/200	
XZ1	−4.530～8.670						8Φ25				按标准构造详图	Φ10@100	⑤×Ⓒ轴KZ1中设置

图 2-51 柱平法施工图列表注写方式示例

如图 2-51 所示，阅读列表注写方式表达的柱构件，要从四个方面结合和对应起来阅读，见表 2-7。

柱列表注写方式与识图 表 2-7

内容	说明
柱平面图	柱平面图上注明了本图适用的标高范围，根据这个标高范围，结合“层高与标高表”，判断柱构件在标高上位于的楼层
箍筋类型图	箍筋类型图主要用于说明工程中要用到的各种箍筋组合方式，具体每个柱构件采用哪种，需要在柱列表中注明
层高与标高表	层高与标高表用于和柱平面图、柱表对照使用
柱表	柱表用于表达柱构件的各个数据，包括截面尺寸、标高、配筋等等

(2) 识图要点

1) 截面尺寸。矩形截面尺寸用 $b \times h$ 表示，$b=b_1+b_2$，$h=h_1+h_2$，圆形柱截面尺寸由“d”打头注写圆形柱直径，并且仍然用 b_1，b_2，h_1，h_2 表示圆形柱与轴线的位置关系，并使 $d=b_1+b_2=h_1+h_2$，见图 2-52。

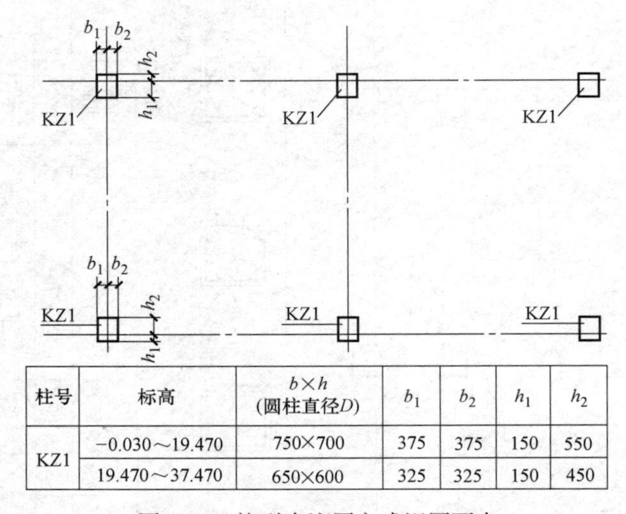

柱号	标高	$b \times h$ (圆柱直径D)	b_1	b_2	h_1	h_2
KZ1	-0.030～19.470	750×700	375	375	150	550
	19.470～37.470	650×600	325	325	150	450

图 2-52 柱列表注写方式识图要点

2) 芯柱。根据结构需要，可以在某些框架柱的一定高度范围内，在其内部的中心位置设置（分别引注其柱编号）。芯柱截面尺寸按构造确定，设计不需注写。芯柱定位随框架柱，不需要注写其与轴线的几何关系，见图 2-53。

① 芯柱截面尺寸、与轴线的位置关系：

芯柱截面尺寸不用标注，芯的截面尺寸不小于柱相应边截面尺寸的 1/3，且不小于 250mm。

芯柱与轴线的位置与柱对应，不进行标注。

② 芯柱配筋，由设计者确定。

3) 纵筋。当柱纵筋直径相同，各边根数也相同时（包括矩形柱、圆柱和芯柱），可将纵筋注写在“全部纵筋”一栏中；除此之外，柱纵筋分角筋、截面 b 边中部筋和 h 边中部

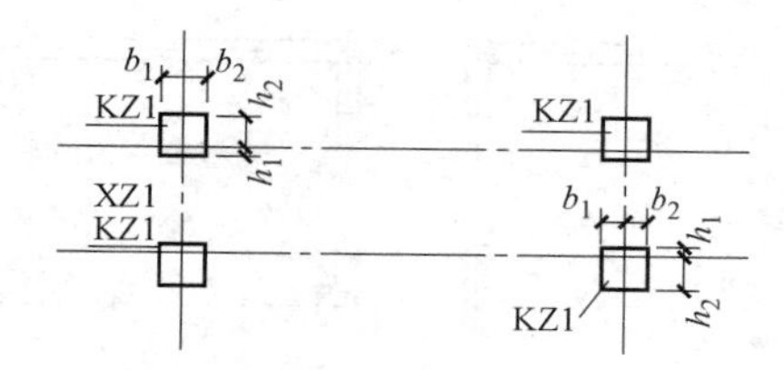

柱号	标高	$b\times h$（圆柱直径D）	b_1	b_2	h_1	h_2	全部纵筋	角筋	b边一侧中部筋	h边一侧中部筋	箍筋类型号	箍筋
KZ1	-4.530～-0.030	750×700	375	375	150	550	28Φ25				1(6×6)	Φ10@100/200
XZ1	-4.530～8.670						8Φ25				按标准构造详图	Φ10@100

图 2-53 芯柱识图

筋三项分别注写（对于采用对称配筋的矩形截面柱，可仅注写一侧中部筋，对称边省略不注；对于采用非对称配筋的矩形截面柱，必须每侧均注写中部筋）。

4）箍筋。注写柱箍筋，包括箍筋级别、直径与间距。箍筋间距区分加密与非加密时，用斜线“/”区分柱端箍筋加密区与柱身非加密区长度范围内箍筋的不同间距。施工人员需根据标准构造详图的规定，在规定的几种长度值中取其最大者作为加密区长度。当框架节点核心区内箍筋与柱端箍筋设置不同时，应在括号中注明核心区箍筋直径及间距。

【例 2-9】 ϕ10@100/200，表示箍筋为 HPB300 级钢筋，直径为 10mm，加密区间距为 100mm，非加密区间距为 200mm。

【例 2-10】 ϕ10@100/200（ϕ12@100），表示柱中箍筋为 HPB300 级钢筋，直径为 10mm，加密区间距为 100mm，非加密区间距为 200mm；框架节点核心区箍筋为 HPB300 级钢筋，直径为 12mm，间距为 100mm。

当箍筋沿柱全高为一种间距时，则不使用“/”线。

【例 2-11】 ϕ10@100，表示沿柱全高范围内箍筋均为 HPB300，钢筋直径为 10mm，间距为 100mm。

当圆柱采用螺旋箍筋时，需在箍筋前加“L”。

【例 2-12】 Lϕ10@100/200，表示采用螺旋箍筋，HPB300，钢筋直径为 10mm，加密区间距为 100mm，非加密区间距为 200mm。

2. 柱构件截面注写方式

截面注写方式，系在柱平面布置图的柱截面上，分别在同一编号的柱中选择一个截面，以直接注写截面尺寸和配筋具体数值的方式来表达柱平法施工图。

（1）柱截面注写方式表示方法与识图，见图 2-54。

如图 2-54 所示，柱截面注写方式的识图，应从柱平面图和层高标高表这两个方面对照阅读。

（2）识图要点

1）芯柱。截面注写方式中，若某柱带有芯柱，则直接在截面注写中，注写芯柱编号及起止标高。见图 2-55，芯柱的构造尺寸如图 2-56 所示。

2）配筋信息。配筋信息的识图要点，见表 2-8。

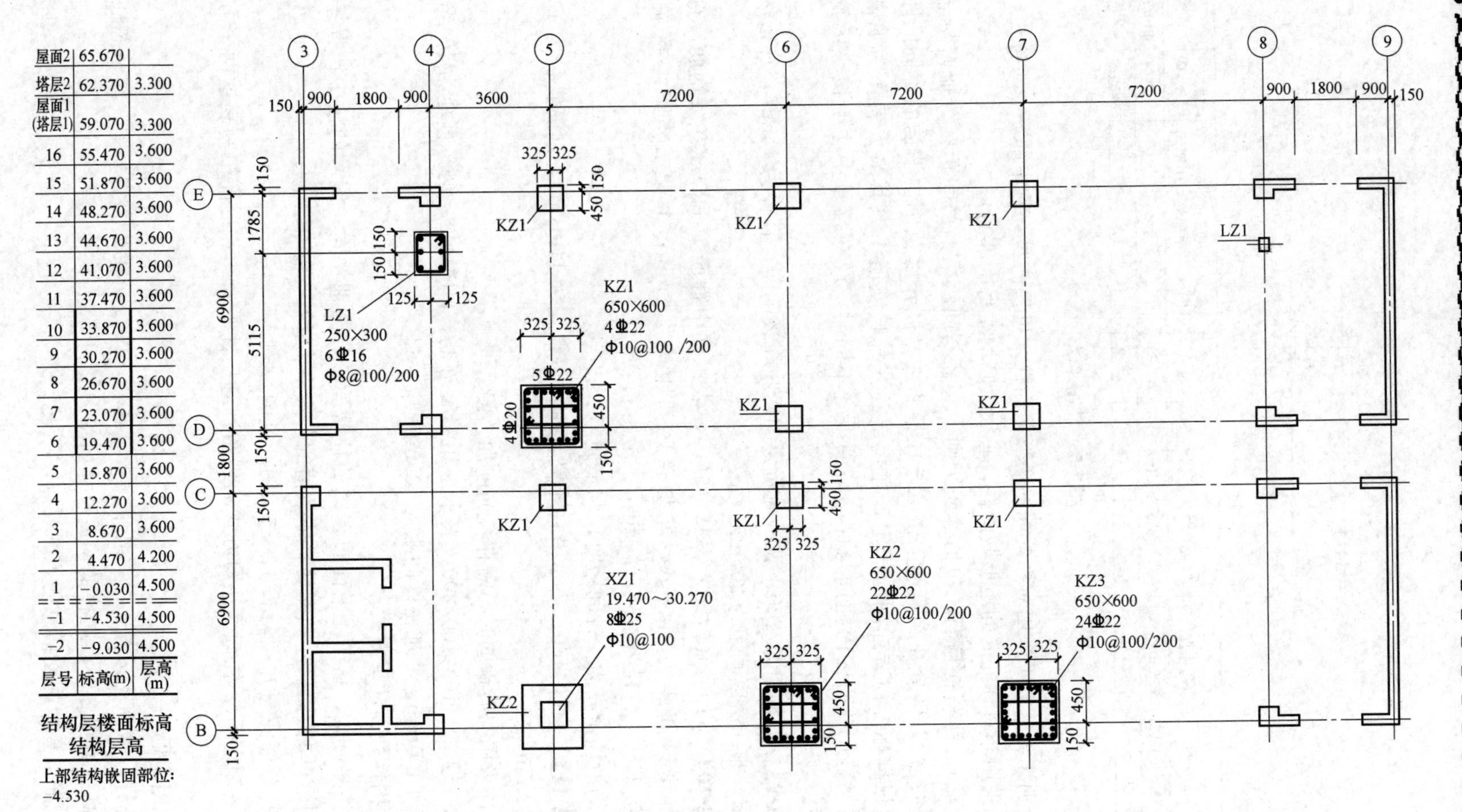

层号	标高(m)	层高(m)
屋面2	65.670	
塔层2	62.370	3.300
屋面1(塔层1)	59.070	3.300
16	55.470	3.600
15	51.870	3.600
14	48.270	3.600
13	44.670	3.600
12	41.070	3.600
11	37.470	3.600
10	33.870	3.600
9	30.270	3.600
8	26.670	3.600
7	23.070	3.600
6	19.470	3.600
5	15.870	3.600
4	12.270	3.600
3	8.670	3.600
2	4.470	4.200
1	−0.030	4.500
−1	−4.530	4.500
−2	−9.030	4.500

结构层楼面标高
结构层高

上部结构嵌固部位:
−4.530

图 2-54 柱平法施工图截面注写方式示例

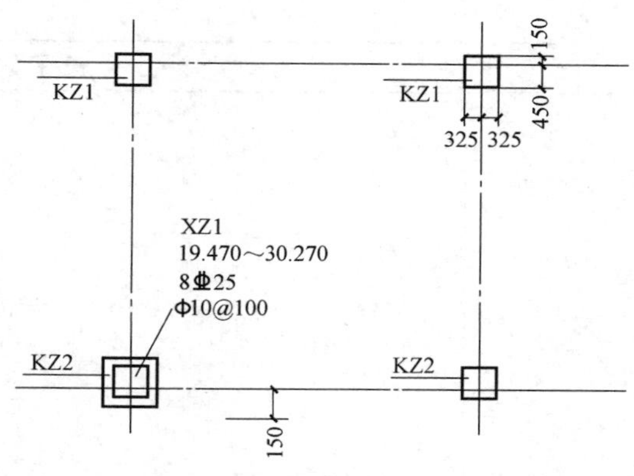

图 2-55 截面注写方式的芯柱表达

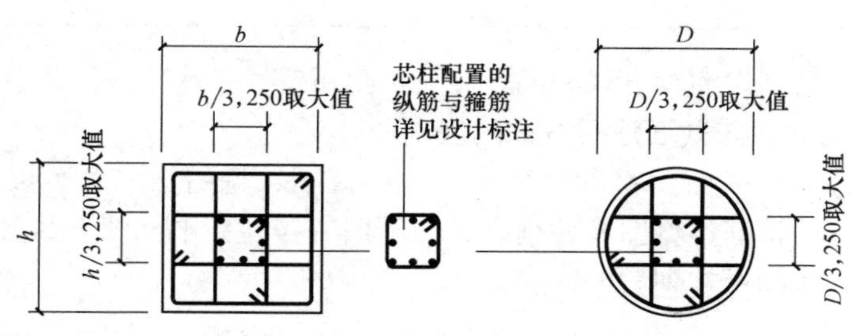

图 2-56 芯柱构造

配筋信息识图要点 **表 2-8**

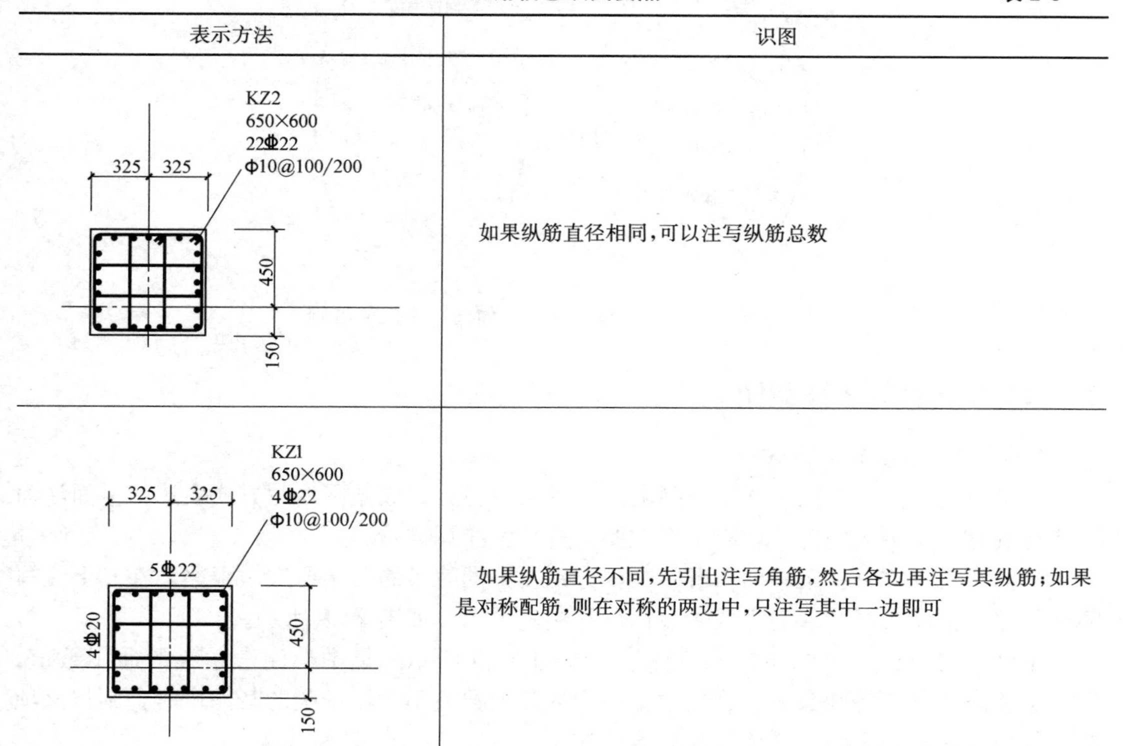

表示方法	识图
KZ2 650×600 22Φ22 Φ10@100/200 325 325 450 150	如果纵筋直径相同,可以注写纵筋总数
KZ1 650×600 4Φ22 Φ10@100/200 325 325 5Φ22 4Φ20 450 150	如果纵筋直径不同,先引出注写角筋,然后各边再注写其纵筋;如果是对称配筋,则在对称的两边中,只注写其中一边即可

续表

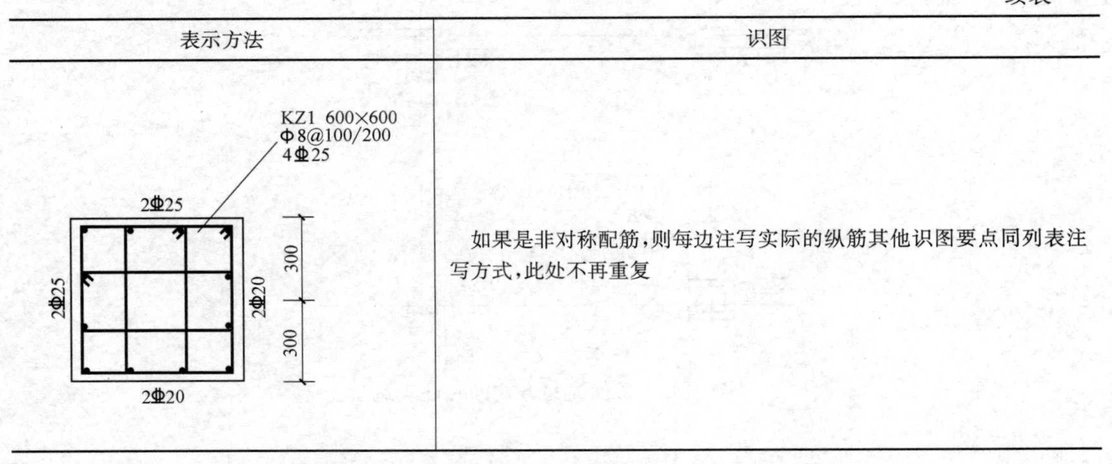

表示方法	识图
	如果是非对称配筋，则每边注写实际的纵筋其他识图要点同列表注写方式，此处不再重复

其他识图要点与列表注写方式相同，此处不再重复。

3. 柱列表注写方式与截面注写方式的区别

柱列表注写方式与截面注写方式存在一定的区别，见图 2-57，可以看出，截面注写方式不仅是单独注写箍筋类型图及柱列表，而是用直接在柱平面图上的截面注写，就包括列表注写中箍筋类型图及柱列表的内容。

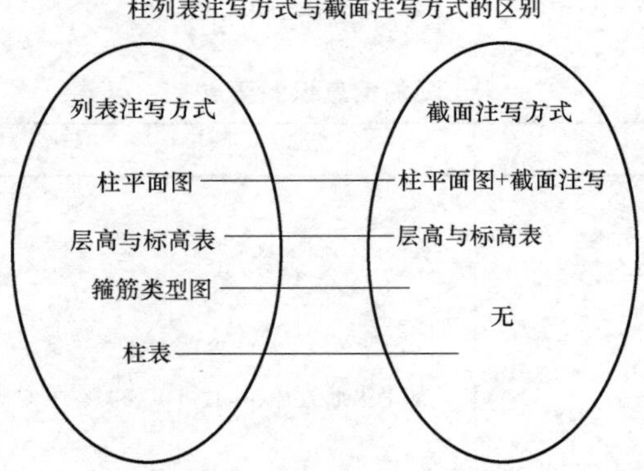

图 2-57 柱列表注写方式与截面注写方式的区别

2.2.2 梁构件施工图识图

1. 梁构件平法表达方式

梁平法施工图是在梁平面布置图上采用平面注写方式或截面注写方式表达，平面注写方式在实际工程中应用较广，故本书主要讲解平面注写方式。

平面注写方式是在梁平面布置图上，分别在不同编号的梁中各选一根梁，在其上注写截面尺寸和配筋具体数值的方式来表达梁平法施工图，如图 2-58 所示。

平面注写包括集中标注与原位标注，如图 2-59 所示。集中标注表达梁的通用数值，原位标注表达梁的特殊数值。当集中标注中的某项数值不适用于梁的某部位时，则将该项数值原位标注。施工时，原位标注取值优先。

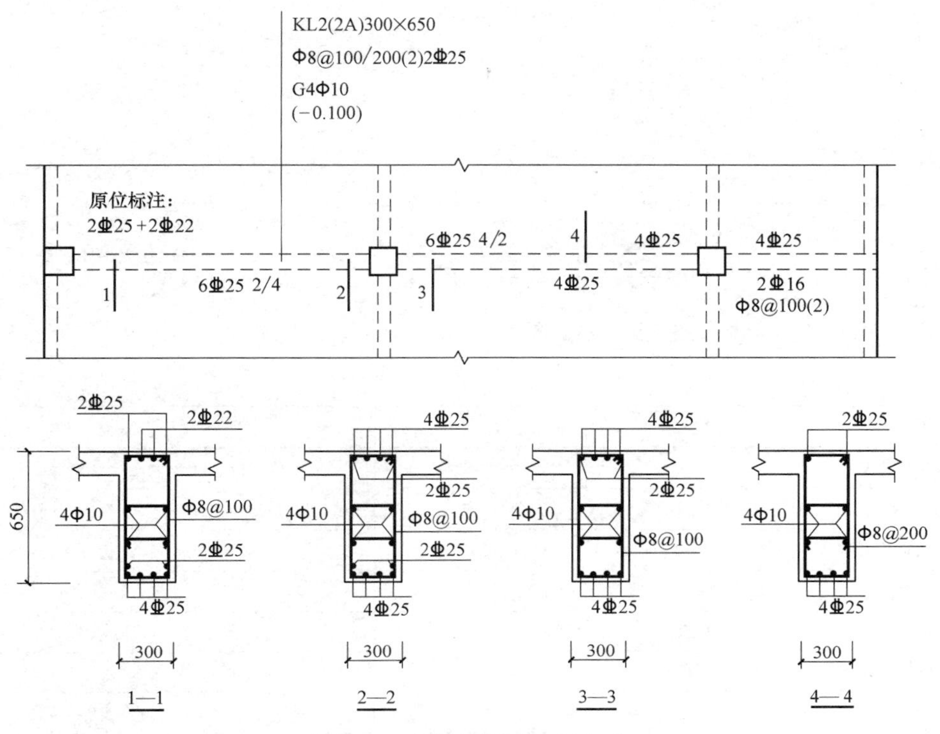

图 2-58 梁构件平面注写方式

注：图中四个梁截面是采用传统表示方法绘制，用于对比按平面注写方式表达的同样内容。实际采用平面注写方式表达时，不需绘制梁截面配筋图和图中的相应截面号。

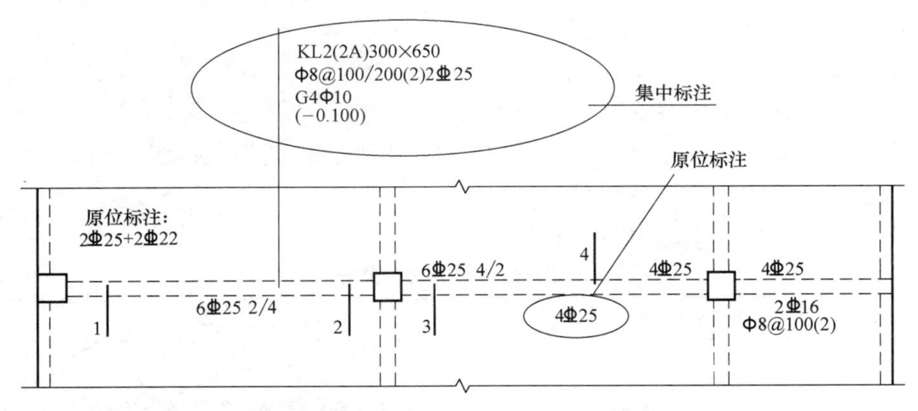

图 2-59 梁构件的集中标注与原位标注

2. 梁构件集中标注识图

梁构件集中标注包括编号、截面尺寸、箍筋、上部通长筋或架立筋、下部通长筋、侧部构造或受扭钢筋这五项必注内容及一项选注值（集中标注可以从梁的任意一跨引出），如图 2-60 所示。

1）梁编号由“代号”、“序号”和“跨数及是否带有悬挑”三项组成，如图 2-61 所示，其具体表示方法见表 2-9。

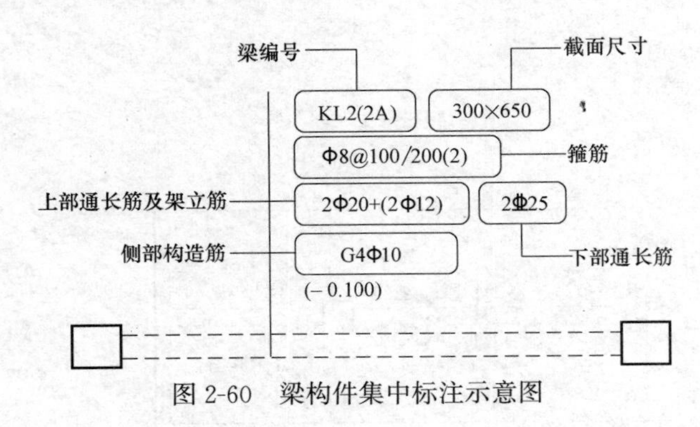

图 2-60 梁构件集中标注示意图

图 2-61 梁构件编号平法标注

梁编号 **表 2-9**

梁类型	代号	序号	跨数及是否带有悬挑
楼层框架梁	KL	××	(××)、(××A)或(××B)
楼层框架扁梁	KBL	××	(××)、(××A)或(××B)
屋面框架梁	WKL	××	(××)、(××A)或(××B)
非框架梁	L	××	(××)、(××A)或(××B)
框支梁	KZL	××	(××)、(××A)或(××B)
托柱转换梁	TZL	××	(××)、(××A)或(××B)
悬挑梁	XL	××	(××)、(××A)或(××B)
井字梁	JZL	××	(××)、(××A)或(××B

注：1. （××A）为一端有悬挑，（××B）为两端有悬挑，悬挑不计入跨数。

2. 楼层框架扁梁节点核心区代号 KBH。

3. 非框架梁 L、井字梁 JZL 表示端支座为铰接；当非框架梁 L、井字梁 JZL 端支座上部纵筋为充分利用钢筋的抗拉强度时，在梁代号后加“g”。

【例 2-13】 KL7（5A），表示第 7 号框架梁，5 跨，一端有悬挑。

【例 2-14】 L9（7B），表示第 9 号非框架梁，7 跨，两端有悬挑。

【例 2-15】 Lg7（5），表示第 7 号非框架梁，5 跨，端支座上部纵筋为充分利用钢筋的抗拉强度。

2）梁构件截面尺寸平法识图见表 2-10。

梁构件截面尺寸识图 **表 2-10**

情况	表示方法	说明及识图要点
等截面	$b\times h$	宽×高，注意梁高是指含板厚在内的梁高度 楼板 h 注意梁高是含板厚的高度 b

续表

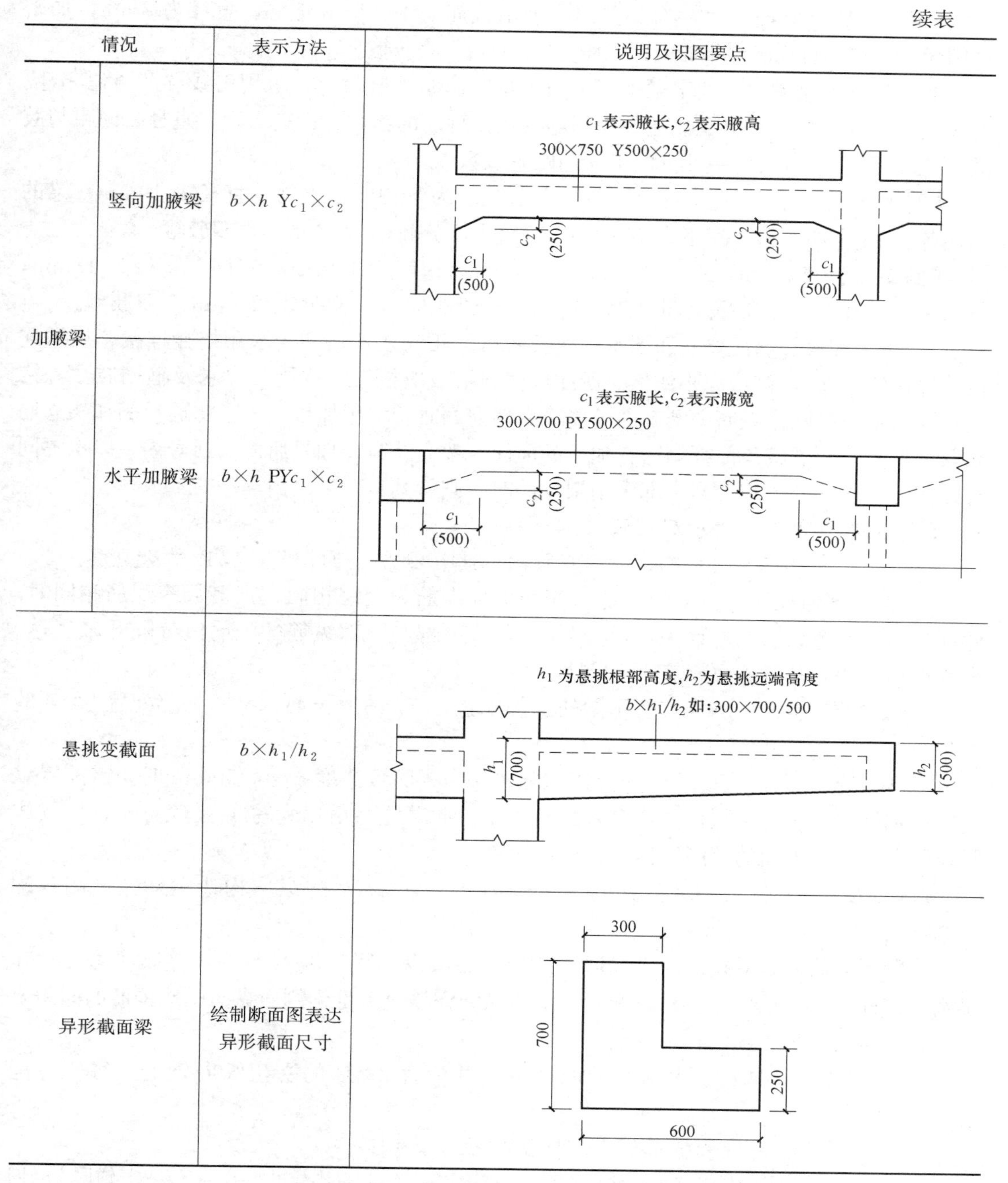

情况		表示方法	说明及识图要点
加腋梁	竖向加腋梁	$b\times h$ Y$c_1\times c_2$	c_1表示腋长,c_2表示腋高 300×750 Y500×250
	水平加腋梁	$b\times h$ PY$c_1\times c_2$	c_1表示腋长,c_2表示腋宽 300×700 PY500×250
悬挑变截面		$b\times h_1/h_2$	h_1为悬挑根部高度,h_2为悬挑远端高度 $b\times h_1/h_2$如:300×700/500
异形截面梁		绘制断面图表达异形截面尺寸	

3）梁箍筋包括钢筋级别、直径、加密区与非加密区间距及肢数，该项为必注值。箍筋加密区与非加密区的不同间距及肢数需用斜线“/”分隔；当梁箍筋为同一种间距及肢数时，则不需用斜线；当加密区与非加密区的箍筋肢数相同时，则将肢数注写一次；箍筋肢数应写在括号内。加密区范围见相应抗震等级的标准构造详图。

【例 2-16】 ϕ10@100/200（4），表示箍筋为 HPB300 钢筋，直径为 10mm，加密区间距为 100mm，非加密区间距为 200mm，均为四肢箍。

【例 2-17】 ϕ8@100（4）/150（2），表示箍筋为 HPB300 钢筋，直径为 8mm，加密区间距为 100，四肢箍；非加密区间距为 150mm，双肢箍。

非框架梁、悬挑梁、井字梁采用不同的箍筋间距及肢数时，也用斜线“/”将其分隔开来。注写时，先注写梁支座端部的箍筋（包括箍筋的箍数、钢筋级别、直径、间距与肢数），在斜线后注写梁跨中部分的箍筋间距及肢数。

【例 2-18】 13ϕ10@150/200（4），表示箍筋为 HPB300 钢筋，直径为 10mm；梁的两端各有 13 个四肢箍，间距为 150mm；梁跨中部分间距为 200mm，四肢箍。

【例 2-19】 18ϕ12@150（4）/200（2），表示箍筋为 HPB300 钢筋，直径为 12mm；梁的两端各有 18 个四肢箍，间距为 150mm；梁跨中部分，间距为 200mm，双肢箍。

4）梁上部通长筋或架立筋配置（通长筋可为相同或不通知经采用搭接连接、机械连接或焊接的钢筋），该项为必注值。所注规格与根数应根据结构受力要求及箍筋肢数等构造要求而定。当同排纵筋中既有通长筋又有架立筋时，应用加号“+”将通长筋和架立筋相联。注写时，需将角部纵筋写在加号的前面，架立筋写在加号后面的括号内，以示不同直径及与通长筋的区别。当全部采用架立筋时，则将其写入括号内。

【例 2-20】 2Φ22，表示双肢箍；

2Φ22+(4ϕ12)，表示六肢箍，其中 2Φ22 为通长筋，4ϕ12 为架立筋。

5）梁下部通长筋。当梁的上部纵筋和下部纵筋为全跨相同，且多数跨配筋相同时，此项可加注下部纵筋的配筋值，用分号“;”将上部与下部纵筋的配筋值分隔开来表达。少数跨不同者，则将该项数值原位标注。

【例 2-21】 3Φ22；3Φ20，表示梁的上部配置 3Φ22 的通长筋，梁的下部配置 3Φ20 的通长筋。

6）梁侧面纵向构造钢筋或受扭钢筋配置。当梁腹板高度 $h_w \geqslant 450$mm 时，需配置纵向构造钢筋，所注规格与根数应符合规范规定。此项注写值以大写字母 G 打头，接续注写设置在梁两个侧面的总配筋值，且对称配置。

【例 2-22】 G 4ϕ12，表示梁的两个侧面共配置 4ϕ12 的纵向构造钢筋，每侧各配置 2ϕ12。

当梁侧面需配置受扭纵向钢筋时，此项注写值以大写字母 N 打头，接续注写配置在梁两个侧面的总配筋值，且对称配置。受扭纵向钢筋应满足梁侧面纵向构造钢筋的间距要求，且不再重复配置纵向构造钢筋。

【例 2-23】 N 6Φ22，表示梁的两个侧面共配置 6Φ22 的受扭纵向钢筋，每侧各配置 3Φ22。

注：1. 当为梁侧面构造钢筋时，其搭接与锚固长度可取为 15d。

2. 当为梁侧面受扭纵向钢筋时，其搭接长度为 l_l 或 l_{lE}，锚固长度为 l_a 或 l_{aE}；其锚固方式同框架梁下部纵筋。

7）梁顶面标高高差系指相对于结构层楼面标高的高差值，对于位于结构夹层的梁，则指相对于结构夹层楼面标高的高差。有高差时，需将其写入括号内，无高差时不注。

注：当某梁的顶面高于所在结构层的楼面标高时，其标高高差为正值，反之为负值。

3. 梁构件原位标注识图

（1）梁支座上部纵筋，该部位含通长筋在内的所有纵筋，如图 2-62 所示。

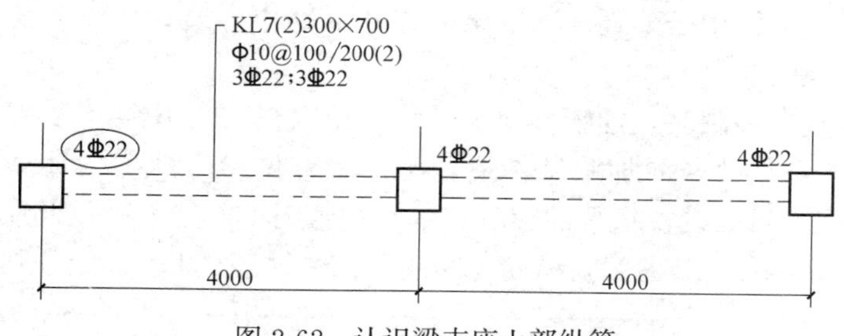

图 2-62 认识梁支座上部纵筋

注：4Φ22 是指该位置共有 4 根直径 22mm 的钢筋，其中包括集中标注中的上部通长筋，另外 1 根就是支座负筋。

梁支座上部纵筋识图见表 2-11。

梁支座上部纵筋识图 **表 2-11**

图例	识图	说明
KL6(2)300×500 Φ8@100/200(2) 4Φ25；2Φ25 6Φ25 4/2 4000	上下两排，上排 4Φ25 是上部通长筋，下排 2Φ25 是支座负筋	当上部纵筋多于一排时，用斜线“/”将各排纵筋自上而下分开
KL6(2)300×500 Φ8@100/200(2) 4Φ25；2Φ25 6Φ25 4/2	中间支座两边配筋均为上下两排，上排 4Φ25 是上部通长筋，下排 2Φ25 是支座负筋	当梁中间支座两边的上部纵筋相同时，可仅在支座的一边标注配筋值，另一边省去不注
KL6(2)300×500 Φ8@100/200(2) 4Φ25；2Φ25 4Φ25 6Φ25 4/2	图中，2 支座左侧标注 4Φ25 全部是通长筋，右侧的 6Φ25，上排 4 根为通筋，下排 2 根为支座负筋	当梁中间支座两边的上部纵筋不同时，须在支座两边分别标注
KL6(2)300×500 Φ8@100/200(2) 4Φ25；2Φ20 4Φ25+2Φ20	其中 2Φ25 是集中标注的上部通长筋，2Φ20 是支座负筋	当同排纵筋有两种直径时，用加号“+”将两种直径的纵筋相联，注写时将角部纵筋写在前面

（2）梁下部纵筋

1）当下部纵筋多于一排时，用斜线“/”将各排纵筋自上而下分开。

2）当同排纵筋有两种直径时，用加号“+”将两种直径的纵筋相联，注写时角筋写在前面。

3）当梁下部纵筋不全部伸入支座时，将梁支座下部纵筋减少的数量写在括号内。

4）当梁的集中标注中已分别注写了梁上部和下部均为通长的纵筋值时，则不需在梁下部重复做原位标注。

5）当梁设置竖向加腋时，加腋部位下部斜纵筋应在支座下部以Y打头注写在括号内（图2-63），图集中框架梁竖向加腋结构适用于加腋部位参与框架梁计算，其他情况设计者应另行给出构造。当梁设置水平加腋时，水平加腋内上、下部斜纵筋应在加腋支座上部以Y打头注写在括号内，上下部斜纵筋之间用“/”分隔（图2-64）。

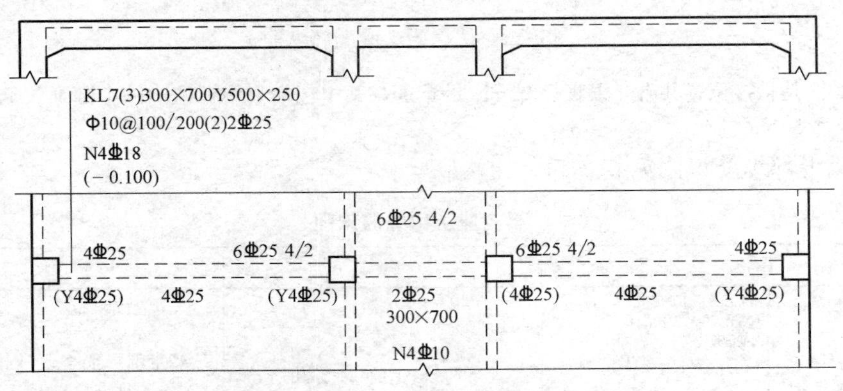

图2-63　梁竖向加腋平面注写方式

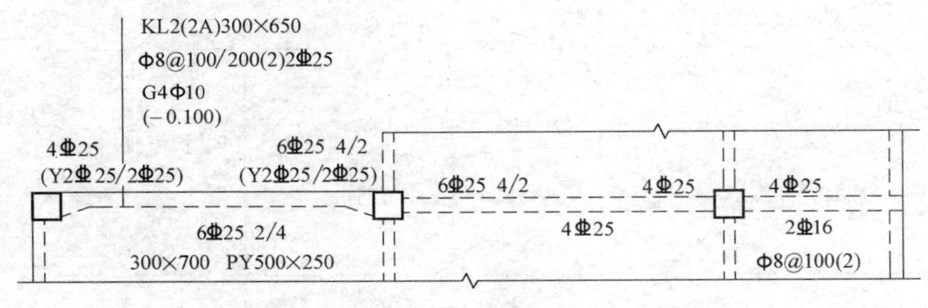

图2-64　梁水平加腋平面注写方式

（3）原位标注修正内容

当在梁上集中标注的内容（即梁截面尺寸、箍筋、上部通长筋或架立筋，梁侧面纵向构造钢筋或受扭纵向钢筋，以及梁顶面标高高差中的某一项或几项数值）不适用于某跨或某悬挑部分时，则将其不同数值原位标注在该跨或该悬挑部位，施工时应按原位标注数值取用。

当在多跨梁的集中标注中已注明加腋，而该梁某跨的根部却不需要加腋时，则应在该跨原位标注等截面的$b \times h$，以修正集中标注中的加腋信息，如图2-63所示。

（4）附加箍筋或吊筋

将其直接画在平面图中的主梁上，用线引注总配筋值（附加箍筋的肢数注在括号内），如图2-65所示。当多数附加箍筋或吊筋相同时，可在梁平法施工图上统一注明，少数与统一注明值不同时，再原位引注。

1）附加箍筋的平法标注，见图2-66，表示每边各加3根，共6根附加箍筋，双肢箍。

通常情况下，在主次梁相交，附加箍筋构造和附加吊筋构造只取其中之一，一般同时采用。

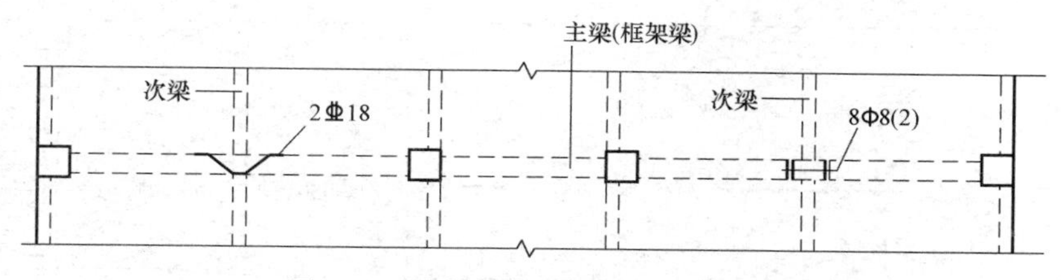

图 2-65 附加箍筋和吊筋的画法示例

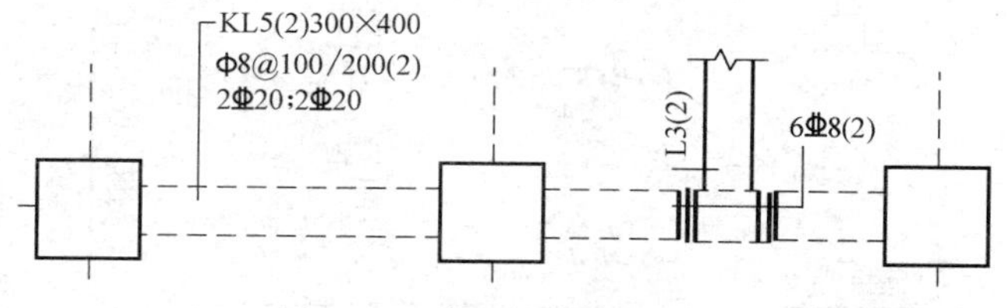

图 2-66 附加箍筋平法标注

2）附加吊筋的平法标注，见图 2-67，表示两根直径 14mm 的吊筋。

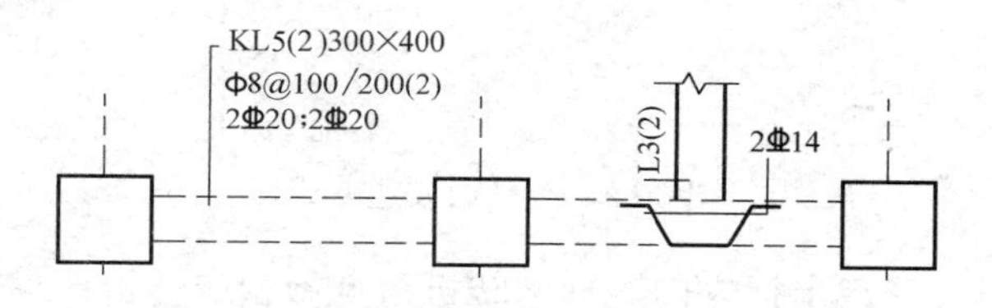

图 2-67 附加吊筋平法标注

3）悬挑端配筋信息。悬挑端若与梁集中标注的配筋信息不同，则在原位进行标注，见图 2-68。

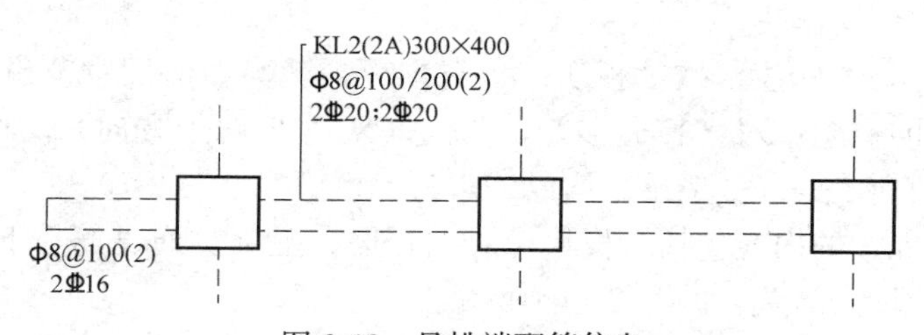

图 2-68 悬挑端配筋信息

2.2.3 板构件施工图识图

1. 有梁楼盖板平法识图

（1）有梁楼盖平法施工图的表示方法

1）有梁楼盖板平法施工图，是在楼面板和屋面板布置图上，采用平面注写的表达方式。板平面注写主要包括板块集中标注和板支座原位标注。

板构件的平面表达方式如图 2-69 所示。

2）为方便设计表达和施工识图，规定结构平面的坐标方向如下：

① 当两向轴网正交布置时，图面从左至右为 X 向，从下至上为 Y 向；

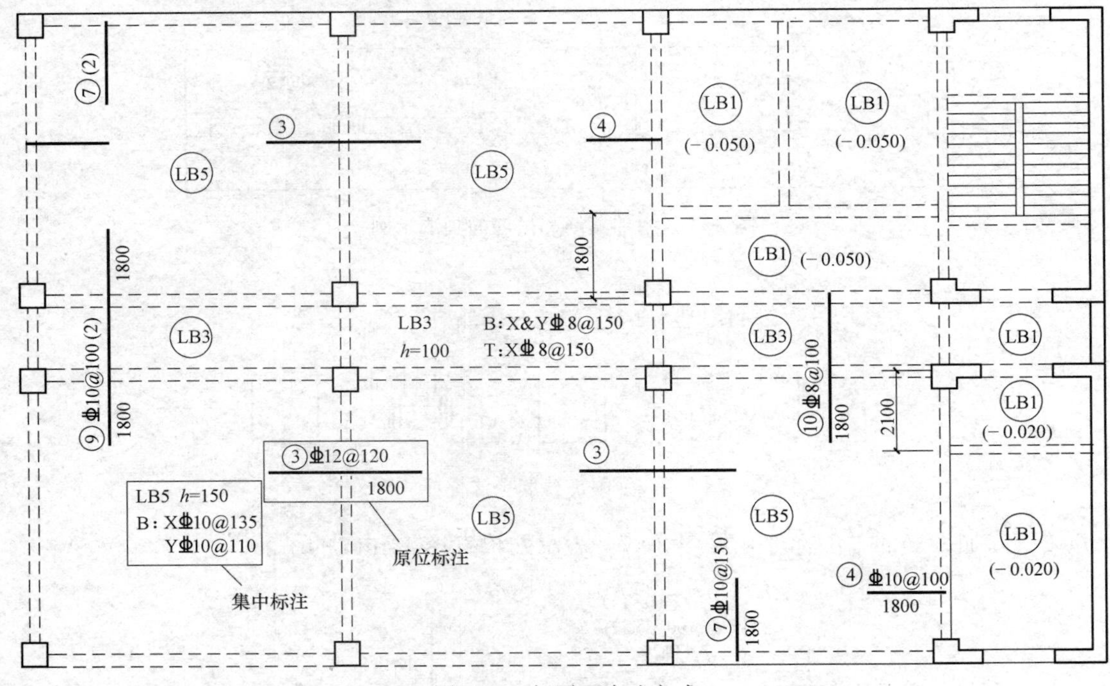

图 2-69 板平面表达方式

② 当轴网转折时，局部坐标方向顺轴网转折角度做相应转折；

③ 当轴网向心布置时，切向为 X 向，径向为 Y 向。

此外，对于平面布置比较复杂的区域，例如轴网转折交界区域、向心布置的核心区域等，其平面坐标方向应由设计者另行规定并且在图上明确表示。

(2) 板块集中标注识图

有梁楼盖板的集中标注，按“板块”进行划分，就类似前面章节讲解筏形基础时的“板区”。“板块”的概念：对于普通楼盖，两向（X 和 Y 两个方向）均以一跨为一板块；对于密肋楼盖，两向主梁（框架梁）均以一跨为一板块，见图 2-70。

1）板块集中标注的内容包括：板块编号、板厚、上部贯通纵筋，下部纵筋，以及当板面标高不同时的标高高差，如图 2-71 所示。

对于普通楼面，两向均以一跨为一板块；对于密肋楼盖，两向主梁（框架梁）均以一跨为一板块（非主梁密肋不计）。所有板块应逐一编号，相同编号的板块可择其一做集中标注，其他仅注写置于圆圈内的板编号，以及当板面标高不同时的标高高差。

板块编号应符合表 2-12 的规定。

板块编号 **表 2-12**

板类型	代号	序号
楼面板	LB	××
屋面板	WB	××
悬挑板	XB	××

板厚注写为 h＝××× （h 为垂直于板面的厚度）；当悬挑板的端部改变截面厚度时，

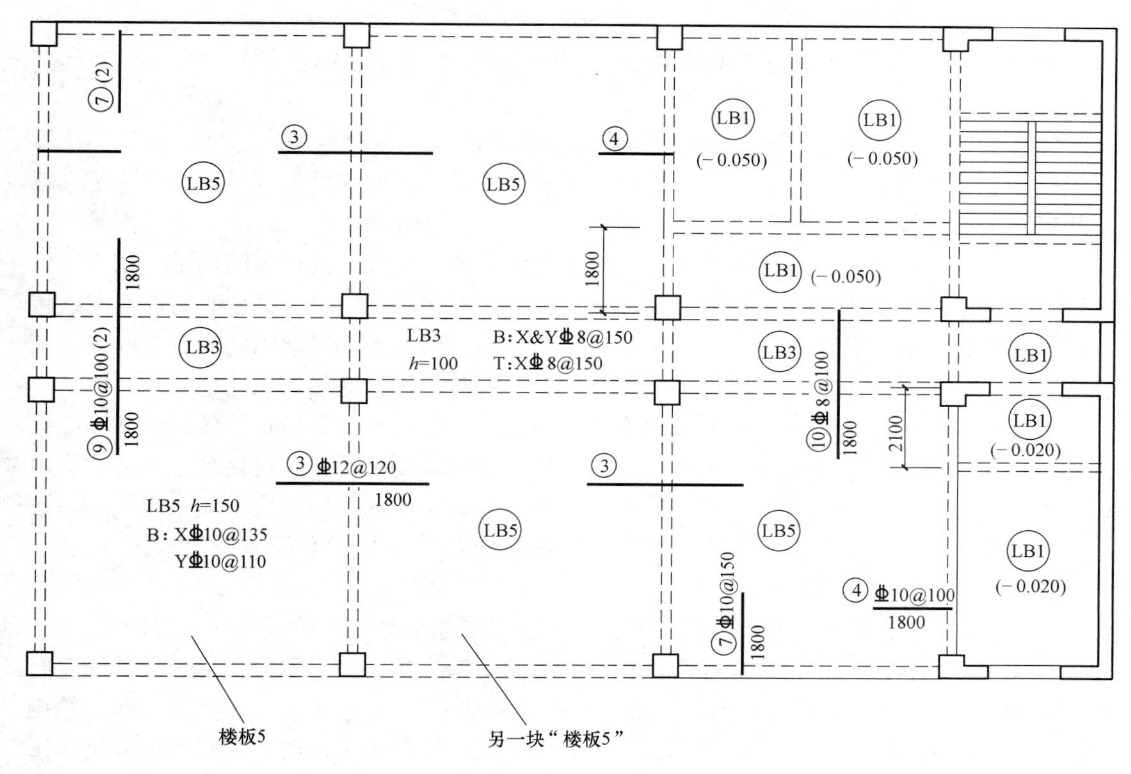

图 2-70　"板块"划分

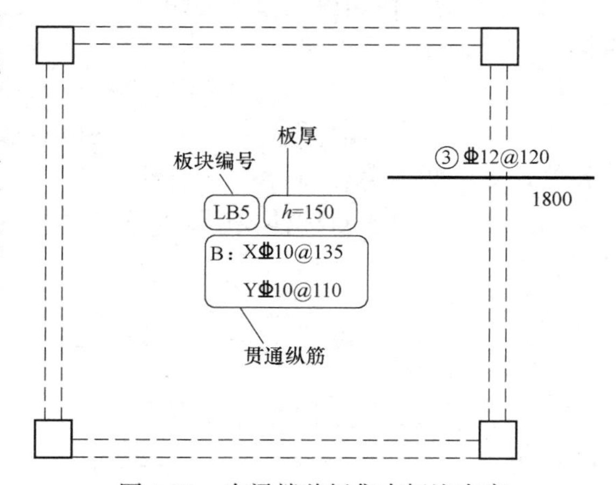

图 2-71　有梁楼盖板集中标注内容

用斜线分隔根部与端部的高度值，注写为 h＝×××/×××；当设计已在图注中统一注明板厚时，此项可不注。

纵筋按板块的下部纵筋和上部贯通纵筋分别注写（当板块上部不设贯通纵筋时则不注），并以 B 代表下部纵筋，以 T 代表上部贯通纵筋，B&T 代表下部与上部；X 向纵筋以 X 打头，Y 向纵筋以 Y 打头，两向纵筋配置相同时则以 X&Y 打头。

当为单向板时，分布筋可不必注写，而在图中统一注明。

当在某些板内（例如在悬挑板 XB 的下部）配置有构造钢筋时，则 X 向以 Xc，Y 向以 Yc 打头注写。

当 Y 向采用放射配筋时（切向为 X 向，径向为 Y 向），设计者应注明配筋间距的定位尺寸。

当纵筋采用两种规格钢筋"隔一布一"方式时，表达为⏀xx/yy@×××，表示直径为 xx 的钢筋和直径为 yy 的钢筋两者之间间距为×××，直径 xx 的钢筋的间距为×××

的两倍，直径 yy 的钢筋的间距为×××的两倍。

板面标高高差是指相对于结构层楼面标高的高差，应将其注写在括号内，并且有高差则注，无高差不注。

2）同一编号板块的类型、板厚和纵筋均应相同，但是板面标高、跨度、平面形状以及板支座上部非贯通纵筋可以不同，若同一编号板块的平面形状可为矩形、多边形及其他形状等。施工预算时，应根据其实际平面形状，分别计算各块板的混凝土与钢材用量。

设计与施工应注意：单向或双向连续板的中间支座上部同向贯通纵筋，不应在支座位置连接或分别锚固。当相邻两跨的板上部贯通纵筋配置相同，且跨中部位有足够空间连接时，可在两跨任意一跨的跨中连接部位连接；当相邻两跨的上部贯通纵筋配置不同时，应将配置较大者越过其标注的跨数终点或起点伸至相邻跨的跨中连接区域连接。

设计应注意板中间支座两侧上部纵筋的协调配置，施工及预算应按具体设计和相应标准构造要求实施。等跨与不等跨板上部纵筋的连接有特殊要求时，其连接部位及方式应由设计者注明。对于梁板式转换层楼板，板下部纵筋在支座内的锚固长度不应小于 l_a。

当悬挑板需要考虑竖向地震作用时，下部纵筋伸入支座内长度不应小于 l_{aE}。

（3）板支座原位标注识图

1）板支座原位标注的内容包括：板支座上部非贯通纵筋和悬挑板上部受力钢筋。

板支座原位标注的钢筋，应在配置相同跨的第一跨表达（当在梁悬挑部位单独配置时则在原位表达）。在配置相同跨的第一跨（或梁悬挑部位），垂直于板支座（梁或墙）绘制一段适宜长度的中粗实线（当该筋通长设置在悬挑板或短跨板上部时，实线段应画至对边或贯通短跨），以该线段代表支座上部非贯通纵筋，并在线段上方注写钢筋编号（例如①、②等）、配筋值、横向连续布置的跨数（注写在括号内，并且当为一跨时可不注），以及是否横向布置到梁的悬挑端。

板支座上部非贯通筋自支座中线向跨内的伸出长度，注写在线段的下方位置。

当中间支座上部非贯通纵筋向支座两侧对称伸出时，可仅在支座一侧线段下方标注伸出长度，另一侧不注，如图 2-72 所示。

当向支座两侧非对称伸出时，应分别在支座两侧线段下方注写伸出长度，如图 2-73 所示。

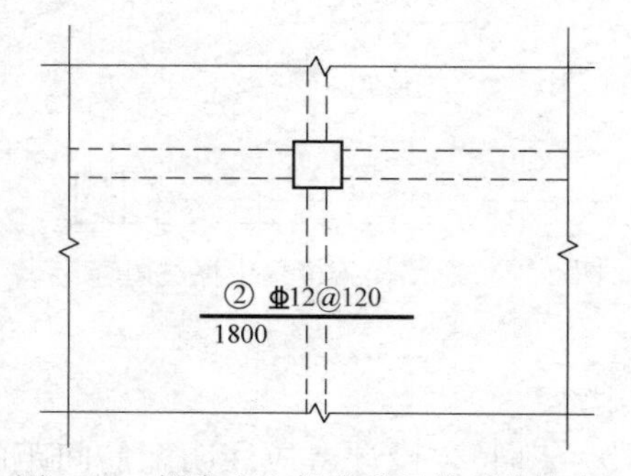

图 2-72　板支座上部非贯通筋对称伸出

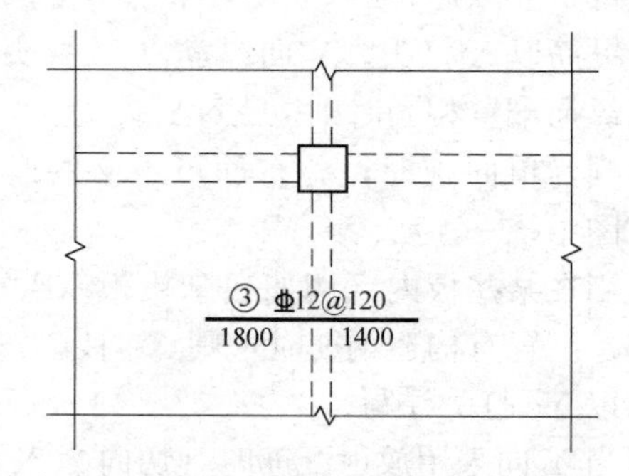

图 2-73　板支座上部非贯通筋非对称伸出

对线段画至对边贯通全跨或贯通全悬挑长度的上部通长纵筋，贯通全跨或伸出至全悬挑一侧的长度值不注，只注明非贯通筋另一侧的伸出长度值，如图 2-74 所示。

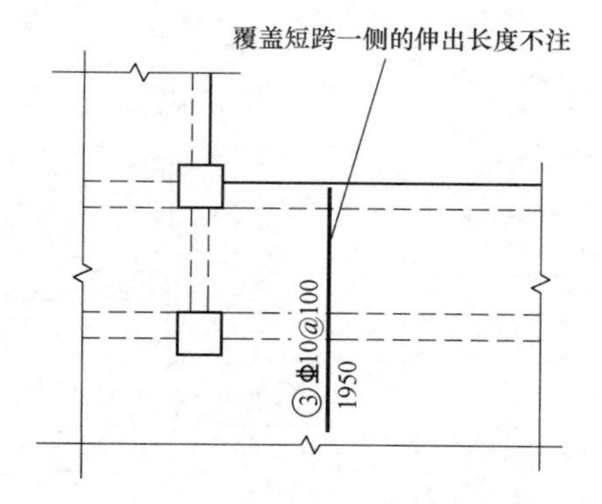

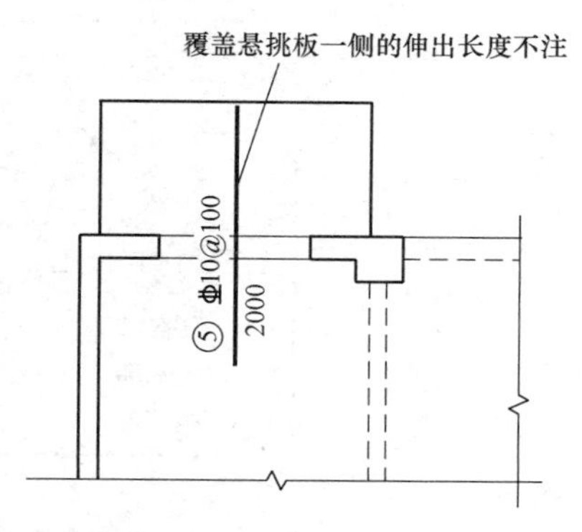

图 2-74 板支座上部非贯通筋贯通全跨或伸至悬挑端

当板支座为弧形，支座上部非贯通纵筋呈放射状分布时，设计者应注明配筋间距的度量位置并加注“放射分布”四字，必要时应补绘平面配筋图，如图 2-75 所示。

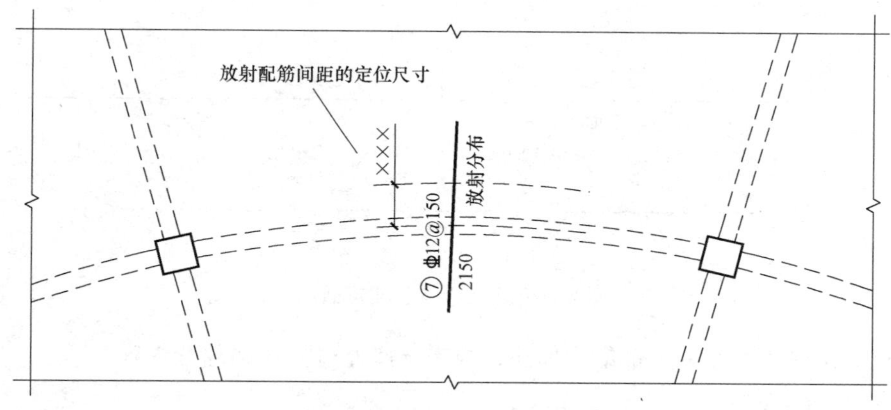

图 2-75 弧形支座处放射配筋

关于悬挑板的注写方式如图 2-76 所示。当悬挑板端部厚度不小于 150mm 时，设计者应指定板端部封边构造方式。当采用 U 形钢筋封边时，尚应指定 U 形钢筋的规格、直径。

在板平面布置图中，不同部位板支座上部非贯通纵筋及悬挑板上部受力钢筋，可仅在一个部位注写，对其他相同者则仅需在代表钢筋的线段上注写编号及按本条规则注写横向连续布置的跨数即可。

此外，与板支座上部非贯通纵筋垂直且绑扎在一起的构造钢筋或分布钢筋，应由设计者在图中注明。

2）当板的上部已配置有贯通纵筋，但需增配板支座上部非贯通纵筋时，应结合已配置的同向贯通纵筋的直径与间距采取“隔一布一”方式配置。

“隔一布一”方式，为非贯通纵筋的标注间距与贯通纵筋相同，两者组合后的实际间距为各自标注间距的 1/2。当设定贯通纵筋为纵筋总截面面积的 50%时，两种钢筋应取相同直径；当设定贯通纵筋大于或小于总截面面积的 50%时，两种钢筋则取不同直径。

2. 无梁楼盖平法施工图识读

（1）无梁楼盖平法施工图的表示方法

1）无梁楼盖平法施工图是在楼面板和屋面板布置图上，采用平面注写的表达方式。

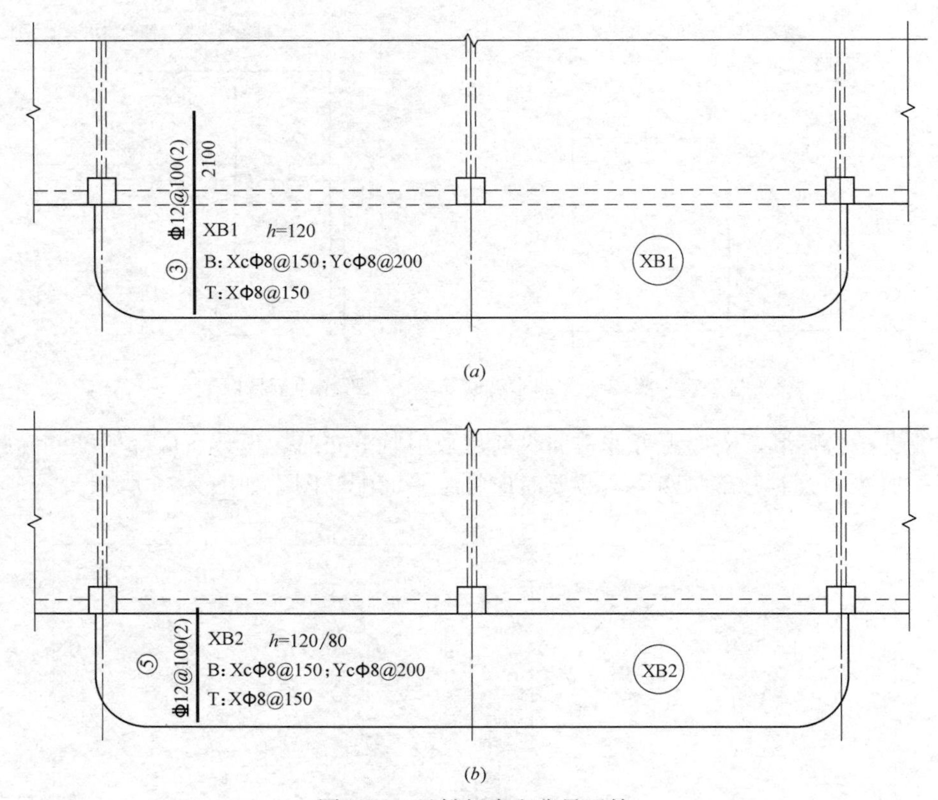

图 2-76 悬挑板支座非贯通筋

2）板平面注写主要有板带集中标注、板带支座原位标注两部分内容。

（2）板带集中标注

1）集中标注应在板带贯通纵筋配置相同跨的第一跨（X 向为左端跨，Y 向为下端跨）注写。相同编号的板带可择其一做集中标注，其他仅注写板带编号（注在圆圈内）。

板带集中标注的具体内容为：板带编号，板带厚及板带宽和贯通纵筋。

板带编号应符合表 2-13 的规定。

板带编号 **表 2-13**

板带类型	代号	序号	跨数及有无悬挑
柱上板带	ZSB	××	(××)、(××A)或(××B)
跨中板带	KZB	××	(××)、(××A)或(××B)

注：1. 跨数按柱网轴线计算（两相邻柱轴线之间为一跨）。
2.（××A）为一端有悬挑，（××B）为两端有悬挑，悬挑不计入跨数。

板带厚注写为 h＝×××，板带宽注写为 b＝×××。当无梁楼盖整体厚度和板带宽度已在图中注明时，此项可不注。

贯通纵筋按板带下部和板带上部分别注写，并以 B 代表下部，T 代表上部，B&T 代表下部和上部。当采用放射配筋时，设计者应注明配筋间距的度量位置，必要时补绘配筋平面图。

设计与施工应注意：相邻等跨板带上部贯通纵筋应在跨中 1/3 净跨长范围内连接；当

同向连续板带的上部贯通纵筋配置不同时，应将配置较大者越过其标注的跨数终点或起点伸至相邻跨的跨中连接区域连接。

设计应注意板带中间支座两侧上部贯通纵筋的协调配置，施工及预算应按具体设计和相应标准构造要求实施。等跨与不等跨板上部贯通纵筋的连接构造要求见相关标准构造详图；当具体工程对板带上部纵向钢筋的连接有特殊要求时，其连接部位及方式应由设计者注明。

2）当局部区域的板面标高与整体不同时，应在无梁楼盖的板平法施工图上注明板面标高高差及分布范围。

（3）板带支座原位标注

1）板带支座原位标注的具体内容为：板带支座上部非贯通纵筋。

以一段与板带同向的中粗实线段代表板带支座上部非贯通纵筋；对柱上板带，实线段贯穿柱上区域绘制；对跨中板带：实线段横贯柱网轴线绘制。在线段上注写钢筋编号（例如①、②等）、配筋值及在线段的下方注写自支座中线向两侧跨内的伸出长度。

当板带支座非贯通纵筋自支座中线向两侧对称伸出时，其伸出长度可仅在一侧标注；当配置在有悬挑端的边柱上时，该筋伸出到悬挑尽端，设计不注。当支座上部非贯通纵筋呈放射分布时，设计者应注明配筋间距的定位位置。

不同部位的板带支座上部非贯通纵筋相同者，可仅在一个部位注写，其余则在代表非贯通纵筋的线段上注写编号。

2）当板带上部已经配有贯通纵筋，但需增加配置板带支座上部非贯通纵筋时，应结合已配同向贯通纵筋的直径与间距，采取“隔一布一”的方式配置。

（4）暗梁的表示方法

1）暗梁平面注写包括暗梁集中标注、暗梁支座原位标注两部分内容。施工图中在柱轴线处画中粗虚线表示暗梁。

2）暗梁集中标注包括暗梁编号、暗梁截面尺寸（箍筋外皮宽度×板厚）、暗梁箍筋、暗梁上部通长筋或架立筋四部分内容。暗梁编号应符合表 2-14 的规定。

暗梁编号 **表 2-14**

构件类型	代号	序号	跨数及有无悬挑
暗梁	AL	××	(××)、(××A)或(××B)

注：1. 跨数按柱网轴线计算（两相邻柱轴线之间为一跨）。
2. （××A）为一端有悬挑，（××B）为两端有悬挑，悬挑不计入跨数。

3）暗梁支座原位标注包括梁支座上部纵筋、梁下部纵筋。当在暗梁上集中标注的内容不适用于某跨或某悬挑端时，则将其不同数值标注在该跨或该悬挑端，施工时按原位注写取值。

4）当设置暗梁时，柱上板带及跨中板带标注方式与板带集中标注和板支座原位标注的内容一致。柱上板带标注的配筋仅设置在暗梁之外的柱上板带范围内。

5）暗梁中纵向钢筋连接、锚固及支座上部纵筋伸出长度等要求同轴线处柱上板带中纵向钢筋。

3. 楼板相关构造平法施工图识读

（1）楼板相关构造类型与表示方法

1）楼板相关构造的平法施工图设计是在板平法施工图上采用直接引注方式表达。

2）楼板相关构造编号应符合表 2-15 的规定。

楼板相关构造类型与编号 **表 2-15**

构造类型	代号	序号	说明
纵筋加强带	JQD	××	以单向加强纵筋取代原位置配筋
后浇带	HJD	××	有不同的留筋方式
柱帽	ZM×	××	适用于无梁楼盖
局部升降板	SJB	××	板厚及配筋与所在板相同；构造升降高度≤300mm
板加腋	JY	××	腋高与腋宽可选注
板开洞	BD	××	最大边长或直径＜1000mm；加强筋长度有全跨贯通和自洞边锚固两种
板翻边	FB	××	翻边高度≤300mm
角部加强筋	Crs	××	以上部双向非贯通加强钢筋取代原位置的非贯通配筋
悬挑板阴角附加筋	Cis	××	板悬挑阴角上部斜向附加钢筋
悬挑板阳角放射筋	Ces	××	板悬挑阳角上部放射筋
抗冲切箍筋	Rh	××	通常用于无柱帽无梁楼盖的柱顶
抗冲切弯起筋	Rb	××	

（2）楼板相关构造直接引注

1）纵筋加强带 JQD 的引注。纵筋加强带的平面形状及定位由平面布置图表达，加强带内配置的加强贯通纵筋等由引注内容表达。

纵筋加强带设单向加强贯通纵筋，取代其所在位置板中原配置的同向贯通纵筋。根据受力需要，加强贯通纵筋可在板下部配置，也可在板下部和上部均设置。纵筋加强带的引注如图 2-77 所示。

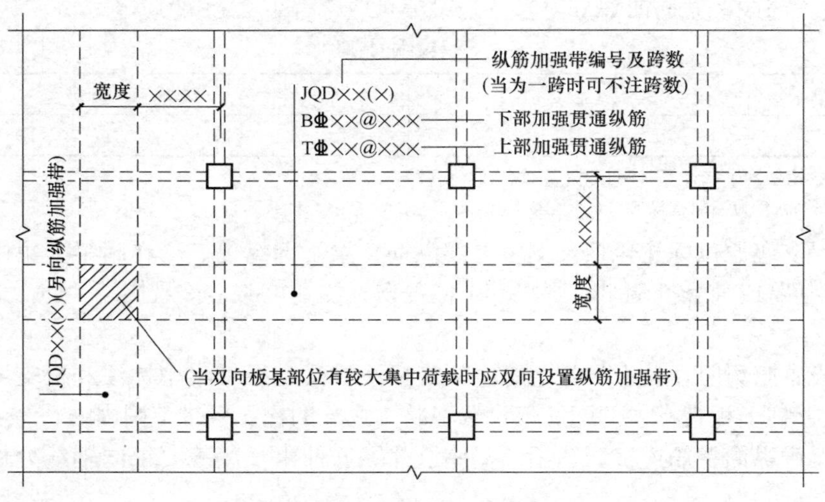

图 2-77 纵筋加强带 JQD 引注图示

当板下部和上部均设置加强贯通纵筋，而板带上部横向无配筋时，加强带上部横向配筋应由设计者注明。

当将纵筋加强带设置为暗梁形式时应注写箍筋，其引注如图 2-78 所示。

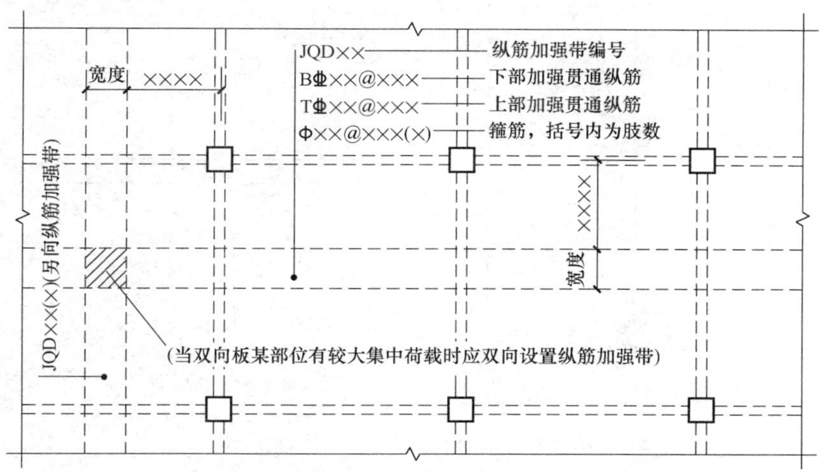

图 2-78　纵筋加强带 JQD 引注图示（暗梁形式）

2）后浇带 HJD 的引注。后浇带的平面形状以及定位由平面布置图表达，后浇带留筋方式等由引注内容表达，包括：

① 后浇带编号以及留筋方式代号。后浇带的两种留筋方式，分别为贯通和 100%搭接。

② 后浇混凝土的强度等级 C××。宜采用补偿收缩混凝土，设计应注明相关施工要求。

③ 当后浇带区域留筋方式或后浇混凝土强度等级不一致时，设计者应在图中注明与图示不一致的部位及做法。

后浇带引注如图 2-79 所示。

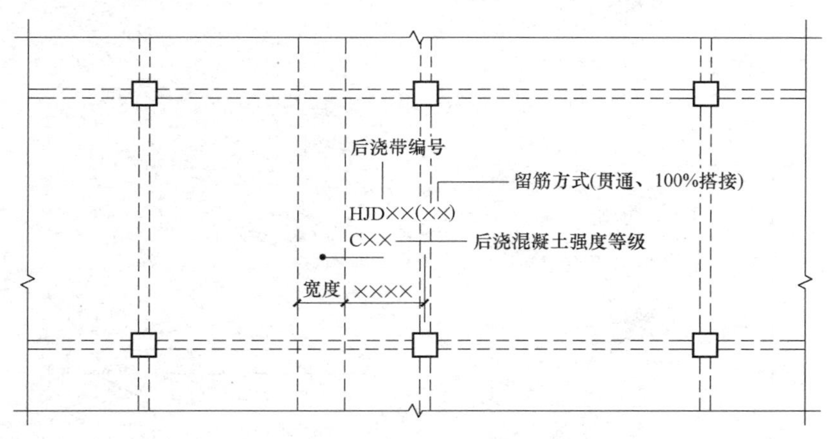

图 2-79　后浇带 HJD 引注图示

贯通钢筋的后浇带宽度通常取大于或等于 800mm；100%搭接钢筋的后浇带宽度通常取 800mm 与（l_l＋60 或 l_{lE}＋60）mm 的较大值（l_l、l_{lE} 分别为受拉钢筋搭接长度、受拉钢筋抗震搭接长度）。

3）柱帽 ZM×的引注见图 2-80～图 2-83。柱帽的平面形状包括矩形、圆形或多边形等，其平面形状由平面布置图表达。

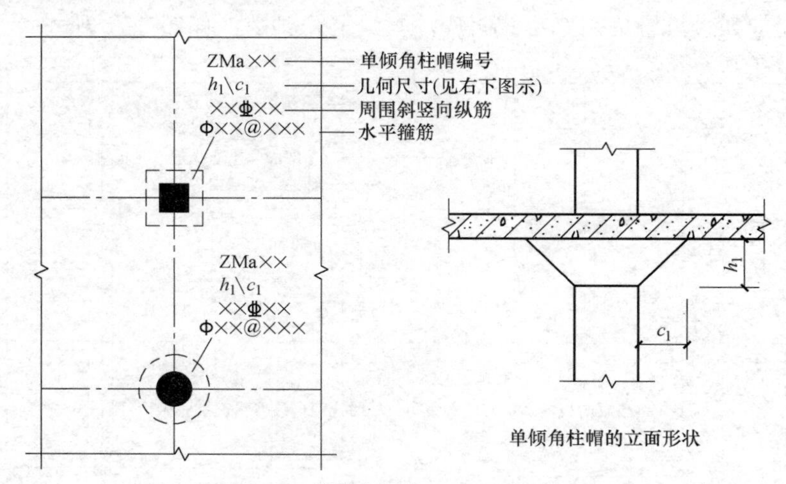

图 2-80 单倾角柱帽 ZMa 引注图示

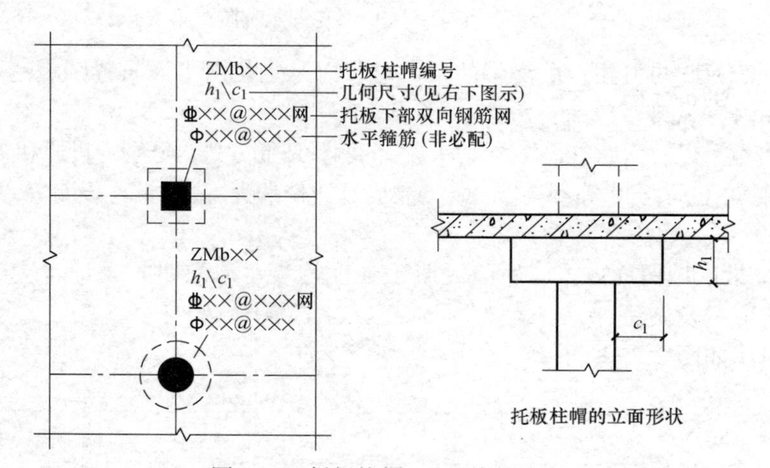

图 2-81 托板柱帽 ZMb 引注图示

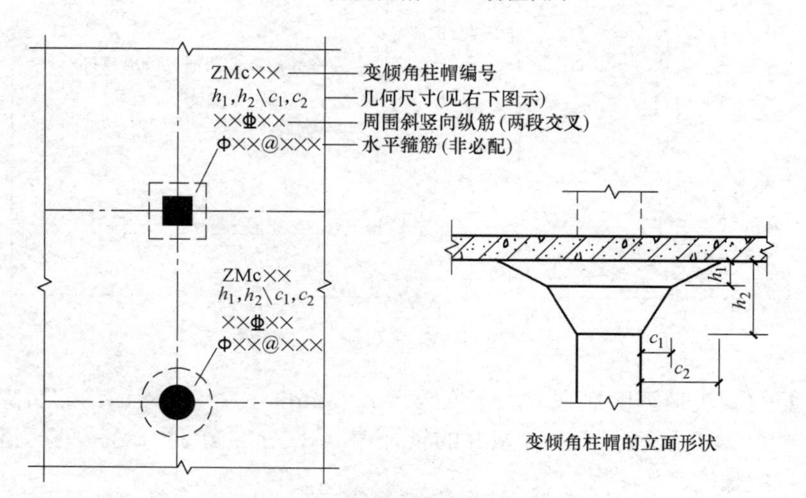

图 2-82 变倾角柱帽 ZMc 引注图示

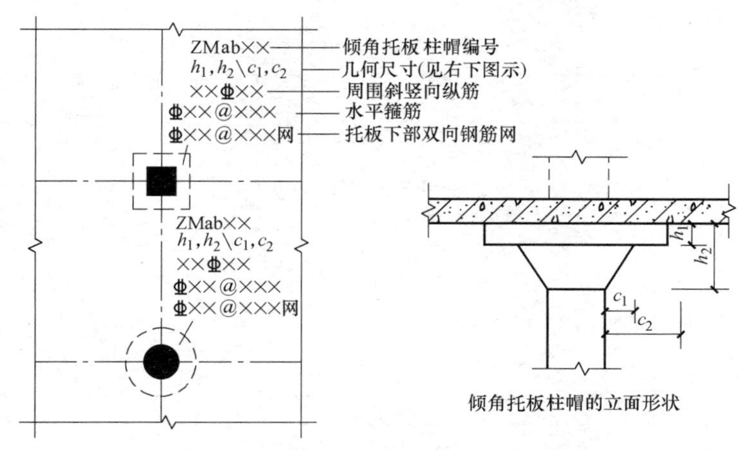

图 2-83 倾角托板柱帽 ZMab 引注图示

柱帽的立面形状有单倾角柱帽 ZMa（图 2-80）、托板柱帽 ZMb（图 2-81）、变倾角柱帽 ZMc（图 2-82）和倾角托板柱帽 ZMab（图 2-83）等，其立面几何尺寸和配筋由具体的引注内容表达。图中，c_1、c_2 当 X、Y 方向不一致时，应标注（c_1，X，c_1，Y）、（c_2，X，c_2，Y）。

4）局部升降板 SJB 的引注见图 2-84。局部升降板的平面形状及定位由平面布置图表达，其他内容由引注内容表达。

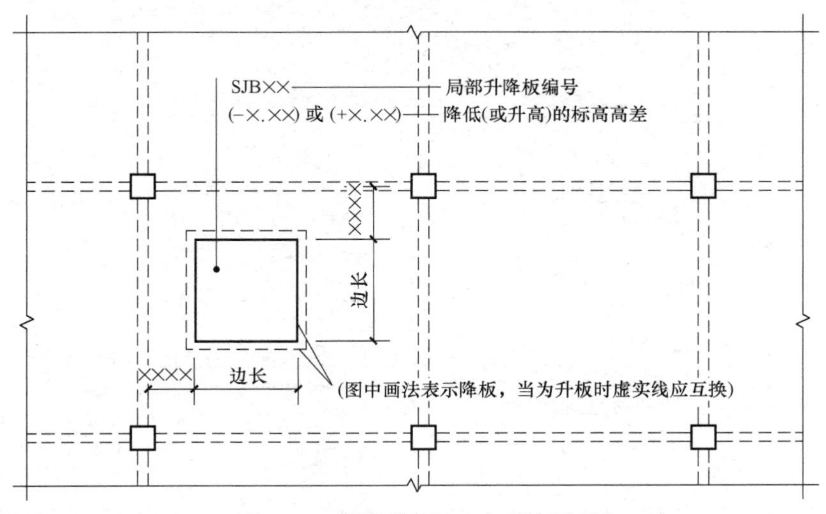

图 2-84 局部升降板 SJB 引注图示

局部升降板的板厚、壁厚和配筋，在标准构造详图中取与所在板块的板厚和配筋相同，设计不注；当采用不同板厚、壁厚和配筋时，设计应补充绘制截面配筋图。

局部升降板升高与降低的高度，在标准构造详图中限定为小于或等于 300mm；当高度大于 300mm 时，设计应补充绘制截面配筋图。

设计应注意：局部升降板的下部与上部配筋均应设计为双向贯通纵筋。

5）板加腋 JY 的引注见图 2-85。板加腋的位置与范围由平面布置图表达，腋宽、腋高及配筋等由引注内容表达。

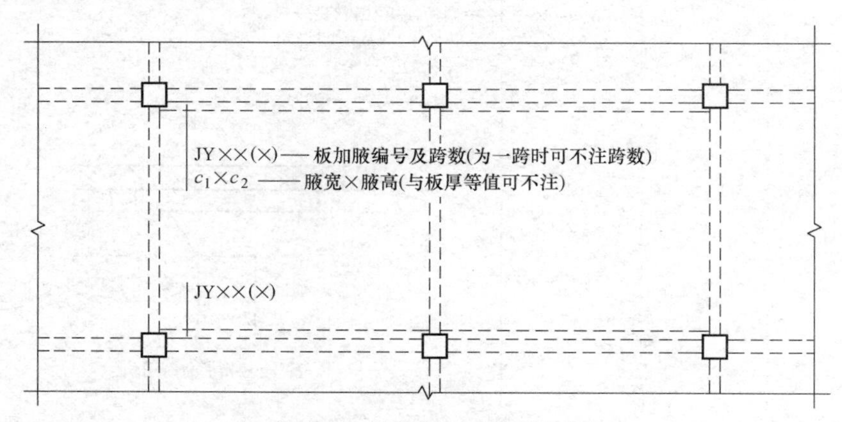

图 2-85 板加腋 JY 引注图示

当为板底加腋时，腋线应为虚线，当为板面加腋时，腋线应为实线；当腋宽与腋高同板厚时，设计不注。加腋配筋按标准构造，设计不注；当加腋配筋与标准构造不同时，设计应补充绘制截面配筋图。

6）板开洞 BD 的引注见图 2-86。板开洞的平面形状及定位由平面布置图表达，洞的几何尺寸等由引注内容表达。

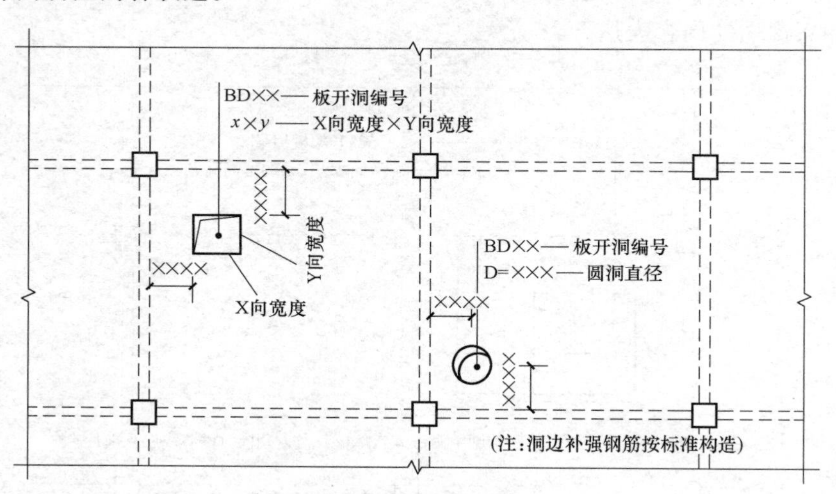

图 2-86 板开洞 BD 引注图示

当矩形洞口边长或圆形洞口直径小于或等于 1000mm，并且当洞边无集中荷载作用时，洞边补强钢筋可按标准构造的规定设置，设计不注；当洞口周边加强钢筋不伸至支座时，应在图中画出所有加强钢筋，并且标注不伸至支座的钢筋长度。当具体工程所需要的补强钢筋与标准构造不同时，设计应加以注明。

当矩形洞口边长或圆形洞口直径大于 1000mm，或虽小于或等于 1000mm 但是洞边有集中荷载作用时，设计应根据具体情况采取相应的处理措施。

7）板翻边 FB 的引注见图 2-87。板翻边可为上翻也可为下翻，翻边尺寸等在引注内容中表达，翻边高度在标准构造详图中为小于或等于 300mm；当翻边高度大于 300mm

时，由设计者自行处理。

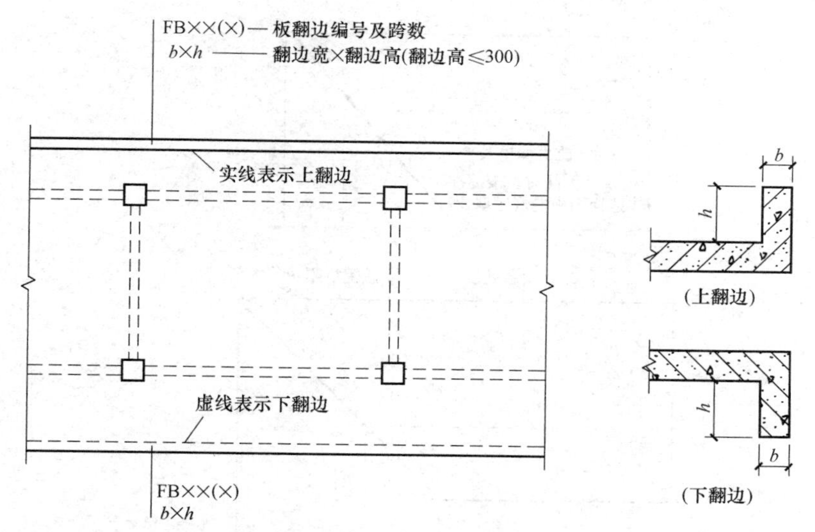

图 2-87　板翻边 FB 引注图示

8）角部加强筋 Crs 的引注如图 2-88 所示。角部加强筋一般用于板块角区的上部，根据规范规定的受力要求选择配置。角部加强筋将在其分布范围内取代原配置的板支座上部非贯通纵筋，且当其分布范围内配有板上部贯通纵筋时，则间隔布置。

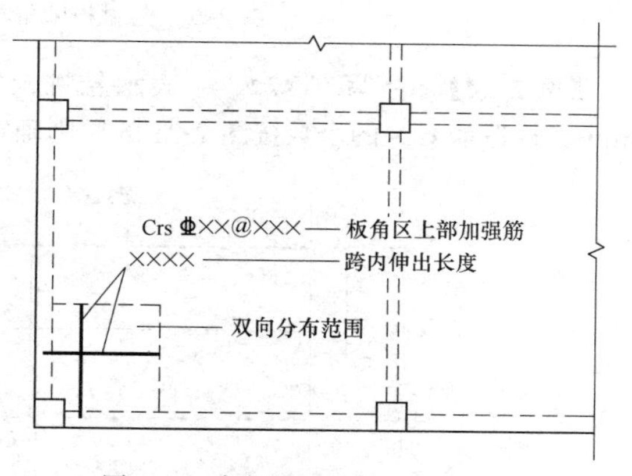

图 2-88　角部加强筋 Crs 引注图示

9）悬挑板阴角附加筋 Cis 的引注见图 2-89。悬挑板阴角附加筋系指在悬挑板的阴角部位斜放的附加钢筋，该附加钢筋设置在板上部悬挑受力钢筋的下面。

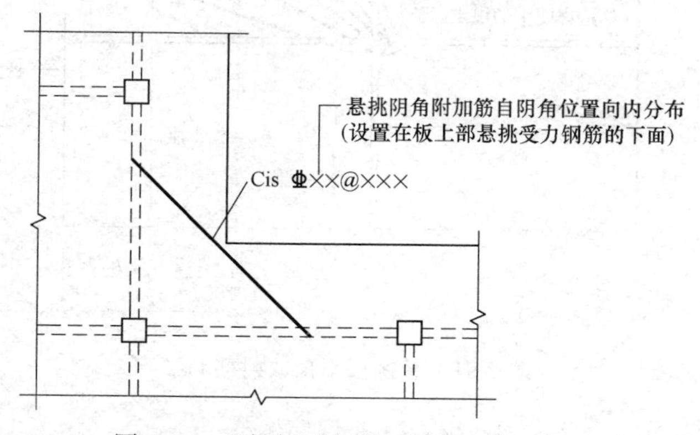

图 2-89　悬挑板阴角附加筋 Cis 引注图示

10）悬挑板阳角附加筋 Ces 的引注如图 2-90 所示。

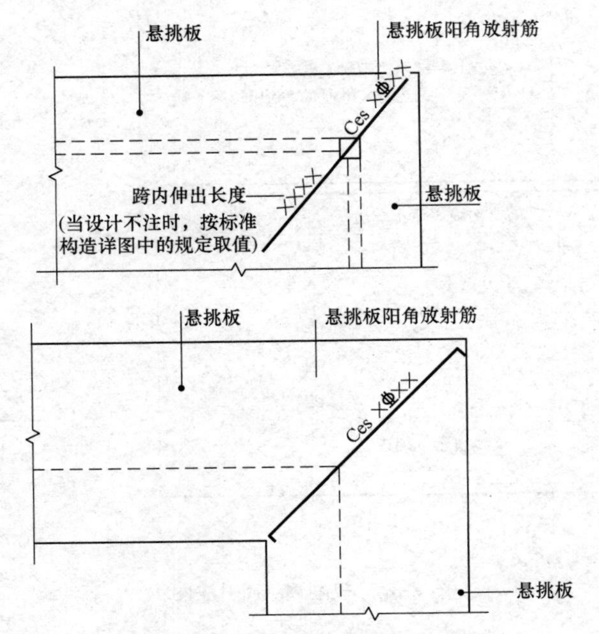

图 2-90 悬挑板阳角附加筋 Ces 引注图示

【例 2-24】 注写 Ces7Φ8 系表示悬挑板阳角放射筋为 7 根 HRB400 钢筋，直径为 8mm。构造筋 Ces 的个数按图 2-91 的原则确定，其中 $a \leqslant 200$mm。

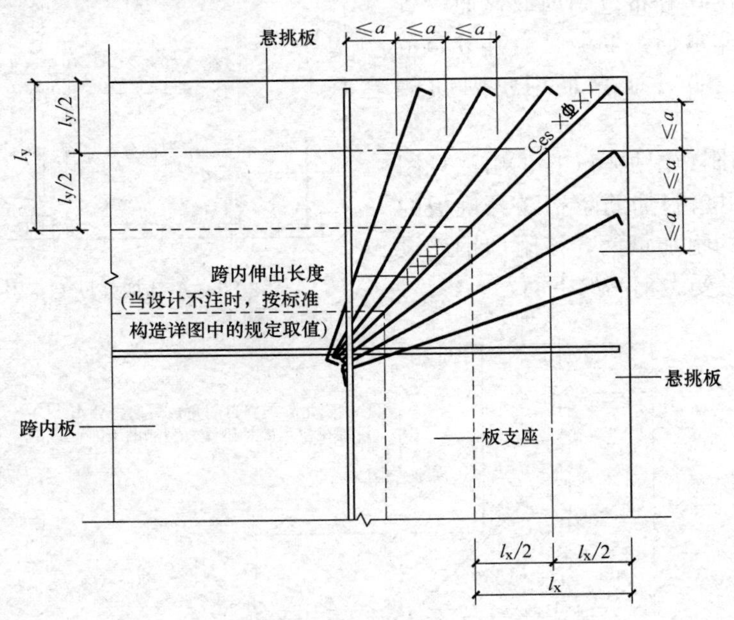

图 2-91 悬挑板阳角放射筋 Ces

11）抗冲切箍筋 Rh 的引注如图 2-92 所示。抗冲切箍筋一般在无柱帽无梁楼盖的柱顶部位设置。

12）抗冲切弯起筋 Rb 的引注如图 2-93 所示。抗冲切弯起筋一般也在无柱帽无梁楼盖

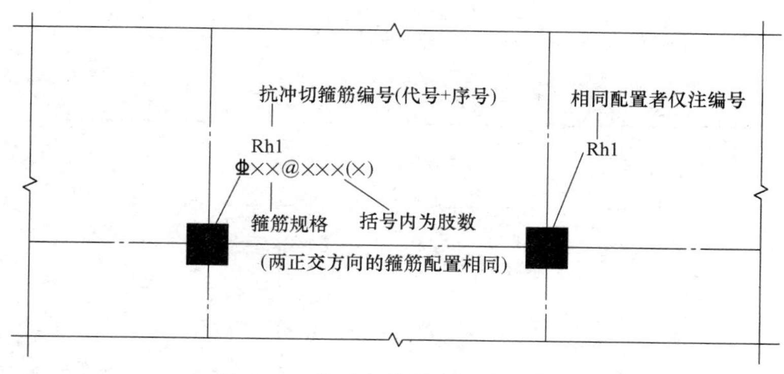

图 2-92 抗冲切箍筋 Rh 引注图示

的柱顶部位设置。

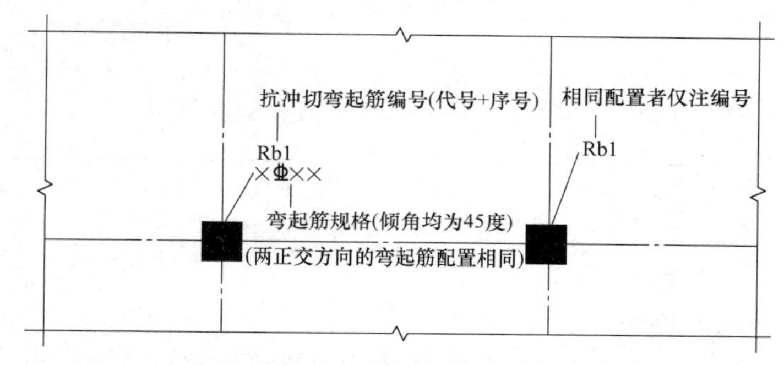

图 2-93 抗冲切弯起筋 Rb 引注图示

2.2.4 板式楼梯施工图识图

1. 现浇混凝土板式楼梯平法施工图的表示方法

(1) 现浇混凝土板式楼梯平法施工图包括平面注写、剖面注写和列表注写三种表达方式。

《混凝土结构施工图平面整体表示方法制图规则和构造详图（现浇混凝土板式楼梯）》16G101-2 制图规则主要表述梯板的表达方式，与楼梯相关的平台板、梯梁、梯柱的注写方式参见国家建筑标准设计图集《混凝土结构施工图平面整体表示方法制图规则和构造详图（现浇混凝土框架、剪力墙、梁、板）》16G101-1。

(2) 楼梯平面布置图，应采用适当比例集中绘制，需要时绘制其剖面图。

(3) 为方便施工，在集中绘制的板式楼梯平法施工图中，应当用表格或其他方式注明各结构层的楼面标高、结构层高及相应的结构层号。

2. 楼梯类型

现浇混凝土板式楼梯包含 12 种类型，见表 2-16。

3. 平面注写方式

(1) 平面注写方式

系在楼梯平面布置图上注写截面尺寸和配筋具体数值的方式来表达楼梯施工图。包括集中标注和外围标注。

楼梯类型 **表 2-16**

梯板代号	适用范围		是否参与结构整体抗震计算
	抗震构造措施	适用结构	
AT	无	剪力墙、砌体结构	不参与
BT			
CT	无	剪力墙、砌体结构	不参与
DT			
ET	无	剪力墙、砌体结构	不参与
FT			
GT	无	剪力墙、砌体结构	不参与
ATa	有	框架结构、框-剪结构中框架部分	不参与
ATb			不参与
ATc			参与
CTa	有	框架结构、框-剪结构中框架部分	不参与
CTb			不参与

注：ATa、CTa 低端设滑动支座支承在梯梁上：ATb、CTb 低端设滑动支座支承在挑板上。

（2）楼梯集中标注

内容有五项，具体规定如下：

① 梯板类型代号与序号，如 AT××。

② 梯板厚度。注写方式为 $h=\times\times\times$。当为带平板的梯板且梯段板厚度和平板厚度不同时，可在梯段板厚度后面括号内以字母 P 打头注写平板厚度。

③ 踏步段总高度和踏步级数，之间以“/”分隔。

④ 梯板支座上部纵筋，下部纵筋，之间以“;”分隔。

⑤ 梯板分布筋，以 F 打头注写分布钢筋具体值，该项也可在图中统一说明。

⑥ 对于 ATc 型楼梯，尚应注明梯板两侧边缘构件纵向钢筋及箍筋。

（3）楼梯外围标注

内容包括楼梯间的平面尺寸、楼层结构标高、层间结构标高、楼梯的上下方向、梯板的平面几何尺寸、平台板配筋、梯梁及梯柱配筋等。

（4）各类型梯板的平面注写要求

见表 2-17。

各类型梯板的平面注写要求 **表 2-17**

梯板类型	注写要求	适用条件
AT 型楼梯	AT 型楼梯平面注写方式如图 2-94 所示。其中：集中注写的内容有 5 项，第 1 项为梯板类型代号与序号 AT××；第 2 项为梯板厚度 h；第 3 项为踏步段总高度 H_s/踏步级数($m+1$)；第 4 项为上部纵筋及下部纵筋；第 5 项为梯板分布筋。设计示例如图 2-95 所示	两梯梁之间的矩形梯板全部由踏步段构成，即踏步段两端均以梯梁为支座。凡是满足该条件的楼梯均可为 AT 型，如：双跑楼梯、双分平行楼梯和剪刀楼梯

续表

梯板类型	注写要求	适用条件
BT 型楼梯	BT 型楼梯平面注写方式如图 2-96 所示。其中:集中注写的内容有 5 项,第 1 项为梯板类型代号与序号 BT××;第 2 项为梯板厚度 h;第 3 项为踏步段总高度 H_s/踏步级数($m+1$);第 4 项为上部纵筋及下部纵筋;第 5 项为梯板分布筋。设计示例如图 2-97 所示	两梯梁之间的矩形梯板由低端平板和踏步段构成,两部分的一端各自以梯梁为支座。凡是满足该条件的楼梯均可为 BT 型,如:双跑楼梯、双分平行楼梯和剪刀楼梯
CT 型楼梯	CT 型楼梯平面注写方式如图 2-98 所示。其中:集中注写的内容有 5 项,第 1 项为梯板类型代号与序号 CT××;第 2 项为梯板厚度 h;第 3 项为踏步段总高度 H_s/踏步级数($m+1$);第 4 项为上部纵筋及下部纵筋;第 5 项为梯板分布筋。设计示例如图 2-99 所示	两梯梁之间的矩形梯板由踏步段和高端平板构成,两部分的一端各自以梯梁为支座。凡是满足该条件的楼梯均可为 CT 型,如:双跑楼梯、双分平行楼梯和剪刀楼梯
DT 型楼梯	DT 型楼梯平面注写方式如图 2-100 所示。其中:集中注写的内容有 5 项,第 1 项为梯板类型代号与序号 DT××;第 2 项为梯板厚度 h;第 3 项为踏步段总高度 H_s/踏步级数(m+1);第 4 项为上部纵筋及下部纵筋;第 5 项为梯板分布筋。设计示例如图 2-101 所示	两梯梁之间的矩形梯板由低端平板、踏步段和高端平板构成,高、低端平板的一端各自以梯梁为支座。凡是满足该条件的楼梯均可为 DT 型,如:双跑楼梯、双分平行楼梯和剪刀楼梯
ET 型楼梯	ET 型楼梯平面注写方式如图 2-102 所示。其中:集中注写的内容有 5 项,第 1 项为梯板类型代号与序号 ET××;第 2 项为梯板厚度 h;第 3 项为踏步段总高度 H_s/踏步级数(m_1+m_h+2);第 4 项为上部纵筋;下部纵筋;第 5 项为梯板分布筋。设计示例如图 2-103 所示	两梯梁之间的矩形梯板由低端踏步段、中位平板和高端踏步段构成,高、低端踏步段的一端各自以梯梁为支座。凡是满足该条件的楼梯均可为 ET 型
FT 型楼梯	FT 型楼梯平面注写方式如图 2-104 与图 2-105 所示。其中:集中注写的内容有 5 项:第 1 项梯板类型代号与序号 FT××;第 2 项梯板厚度 h,当平板厚度与梯板厚度不同时,板厚标注方式应符合相关规定的内容;第 3 项踏步段总高度 H_s/踏步级数($m+1$);第 4 项梯板上部纵筋及下部纵筋;第 5 项梯板分布筋(梯板分布钢筋也可在平面图中注写或统一说明)。原位注写的内容为楼层与层间平板上、下部横向配筋	1)矩形梯板由楼层平板、两跑踏步段与层间平板三部分构成,楼梯间内不设置梯梁。 2)楼层平板及层间平板均采用三边支承,另一边与踏步段相连。 3)同一楼层内各踏步段的水平长相等,高度相等(即等分楼层高度)。凡是满足以上条件的可为 FT 型,如:双跑楼梯
GT 型楼梯	GT 型楼梯平面注写方式如图 2-106 与图 2-107 所示。其中:集中注写的内容有 5 项:第 1 项梯板类型代号与序号 GT××;第 2 项梯板厚度 h,当平板厚度与梯板厚度不同时,板厚标注方式应符合相关规定的内容;第 3 项踏步段总高度 H_s/踏步级数($m+1$);第 4 项梯板上部纵筋及下部纵筋;第 5 项梯板分布筋(梯板分布钢筋也可在平面图中注写或统一说明)。原位注写的内容为楼层与层间平板上部纵向与横向配筋	1)楼梯间设置楼层梯梁,但不设置层间梯梁;矩形梯板由两跑踏步段与层间平台板两部分构成 2)层间平台板采用三边支承,另一边与踏步段的一端相连,踏步段的另一端以楼层梯梁为支座 3)同一楼层内各踏步段的水平长度相等高度相等(即等分楼层高度)。凡是满足以上要求的可为 GT 型,如双跑楼梯、双分楼梯等
ATa 型楼梯	ATa 型楼梯平面注写方式如图 2-108 所示。其中:集中注写的内容有 5 项,第 1 项为梯板类型代号与序号 ATa××;第 2 项为梯板厚度 h;第 3 项为踏步段总高度 H_s/踏步级数($m+1$);第 4 项为上部纵筋及下部纵筋;第 5 项为梯板分布筋	两梯梁之间的矩形梯板由踏步段构成,即踏步段两端均以梯梁为支座,且梯板低端支承处做成滑动支座,滑动支座直接落在梯梁上。框架结构中,楼梯中间平台通常设梯柱、梁,中间平台可与框架柱连接

续表

梯板类型	注写要求	适用条件
ATb 型楼梯	ATb 型楼梯平面注写方式如图 2-109 所示。其中：集中注写的内容有 5 项，第 1 项为梯板类型代号与序号 ATb××；第 2 项为梯板厚度 h；第 3 项为踏步段总高度 H_s/踏步级数($m+1$)；第 4 项为上部纵筋及下部纵筋；第 5 项为梯板分布筋	两梯梁之间的矩形梯板全部由踏步段构成，即踏步段两端均以梯梁为支座，且梯板低端支承处做成滑动支座，滑动支座直接落在挑板上。框架结构中，楼梯中间平台通常设梯柱、梁，中间平台可与框架柱连接
ATc 型楼梯	ATc 型楼梯平面注写方式如图 2-110、图 2-111 所示。其中：集中注写的内容有 6 项，第 1 项为梯板类型代号与序号 ATc××；第 2 项为梯板厚度 h；第 3 项为踏步段总高度 H_s/踏步级数($m+1$)；第 4 项为上部纵筋及下部纵筋；第 5 项为梯板分布筋；第 6 项为边缘构件纵筋及箍筋	两梯梁之间的矩形梯板全部由踏步段构成，即踏步段两端均以梯梁为支座。框架结构中，楼梯中间平台通常设梯柱、梯梁，中间平台可与框架柱连接(2 个梯柱形式)或脱开(4 个梯柱形式)
CTa 型楼梯	CTa 型楼梯平面注写方式如图 2-112 所示。其中：集中注写的内容有 6 项，第 1 项为梯板类型代号与序号 CTa××；第 2 项为梯板厚度 h；第 3 项为梯板水平段厚度 h_t；第 4 项为踏步段总高度 H_s/踏步级数($m+1$)；第 5 项为上部纵筋及下部纵筋；第 6 项为梯板分布筋	两梯梁之间的矩形梯板由踏步段和高端平板构成，高端平板宽应≤3 个踏步宽，两部分的一端各自以梯梁为支座，且梯板低端支承处做成滑动支座，滑动支座直接落在梯梁上。框架结构中，楼梯中间平台通常设梯柱、梁，中间平台可与框架柱连接
CTb 型楼梯	CTb 型楼梯平面注写方式如图 2-113 所示。其中：集中注写的内容有 6 项，第 1 项为梯板类型代号与序号 CTb××；第 2 项为梯板厚度 h；第 3 项为梯板水平段厚度 h_t；第 4 项为踏步段总高度 H_s/踏步级数($m+1$)；第 5 项为上部纵筋及下部纵筋；第 6 项为梯板分布筋	两梯梁之间的矩形梯板由踏步段和高端平板构成，高端平板宽应≤3 个踏步宽，两部分的一端各自以梯梁为支座，且梯板低端支承处做成滑动支座，滑动支座直接落在挑板上。框架结构中，楼梯中间平台通常设梯柱、梁，中间平台可与框架柱连接

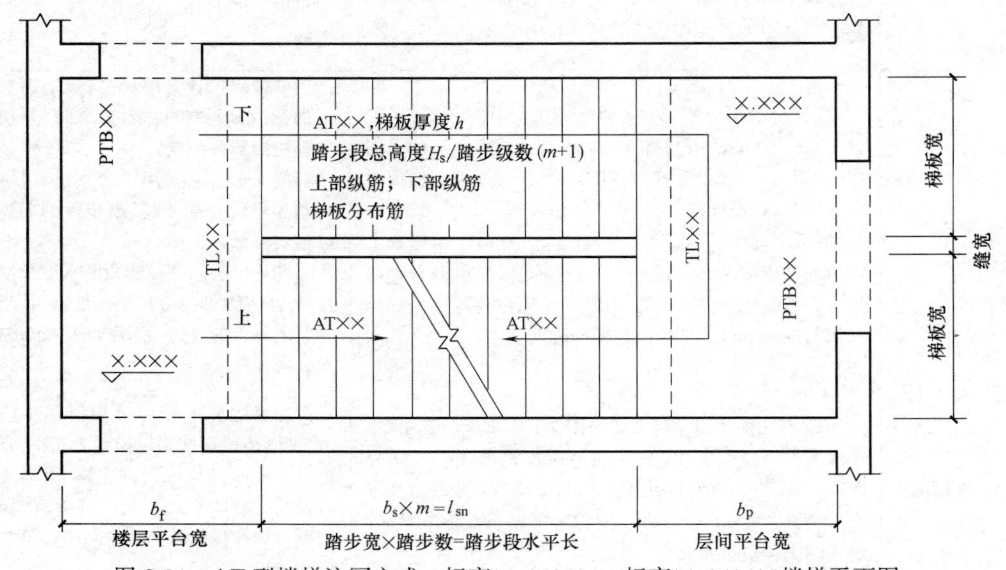

图 2-94　AT 型楼梯注写方式：标高×.×××～标高×.×××楼梯平面图

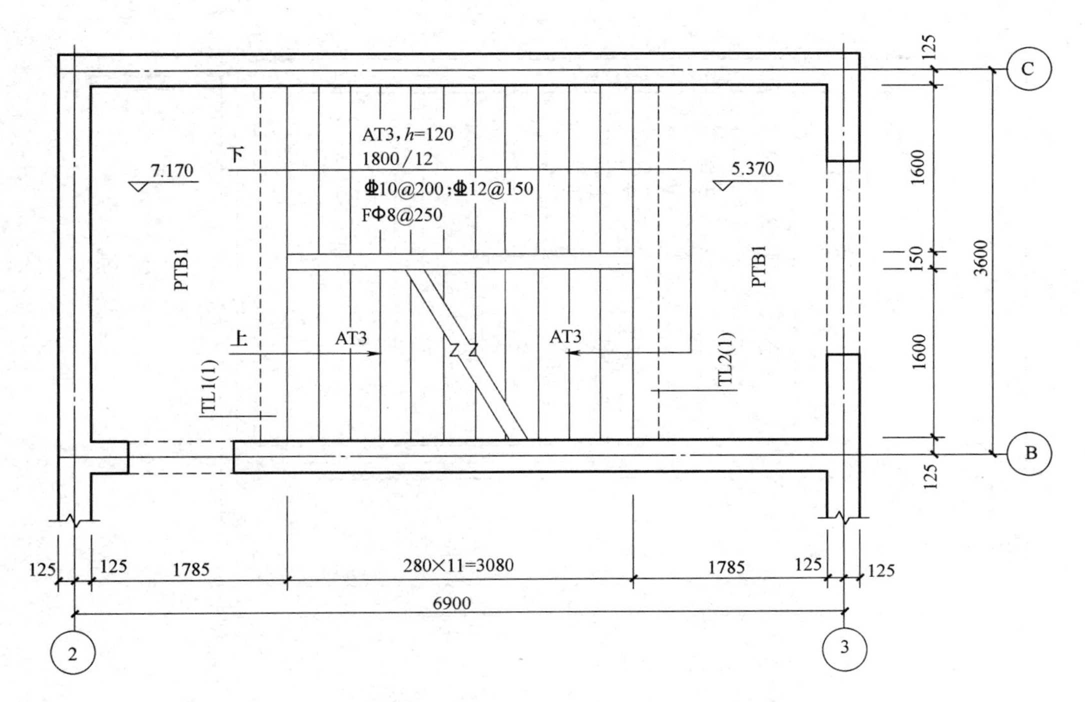

图 2-95　AT 型楼梯设计示例：标高 5.370～7.170m 楼梯平面图

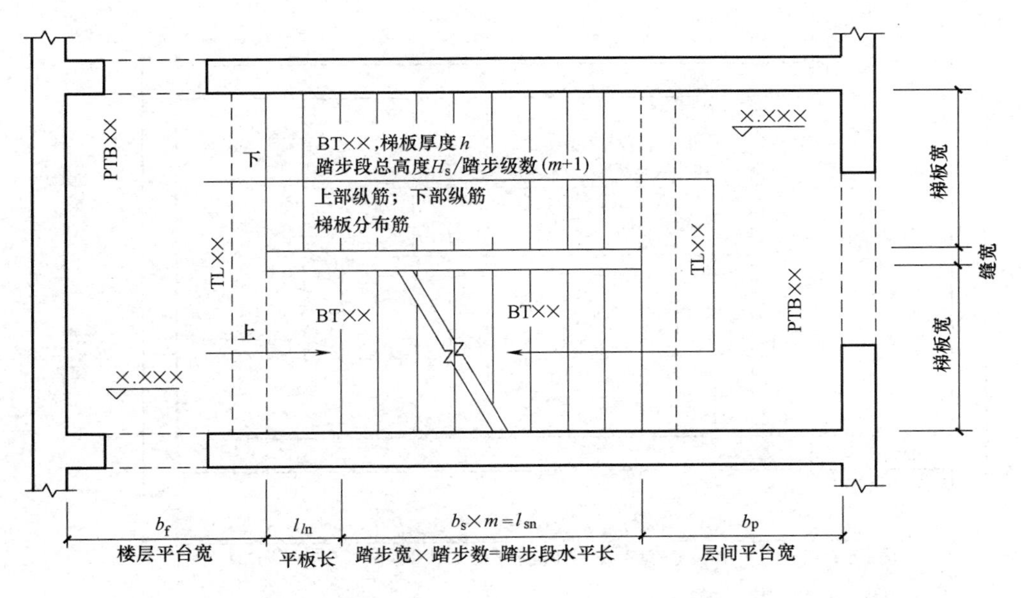

图 2-96　BT 型楼梯注写方式：标高×.×××～×.×××m 楼梯平面图

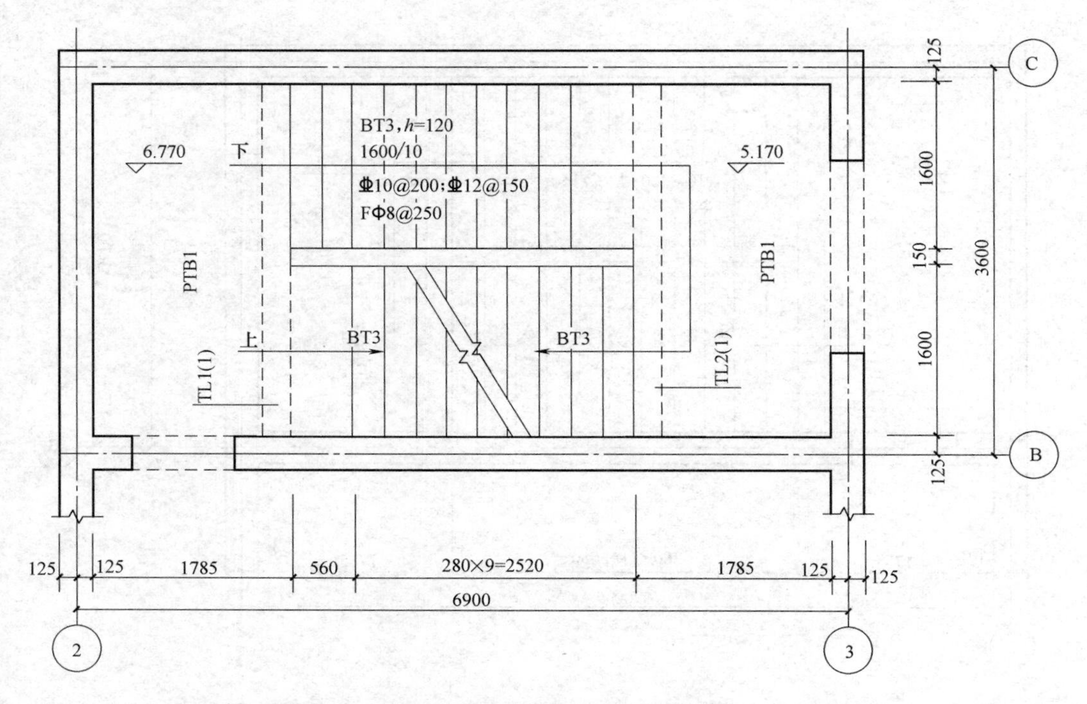

图 2-97 BT 型楼梯设计示例：标高 5.170～6.770m 楼梯平面图

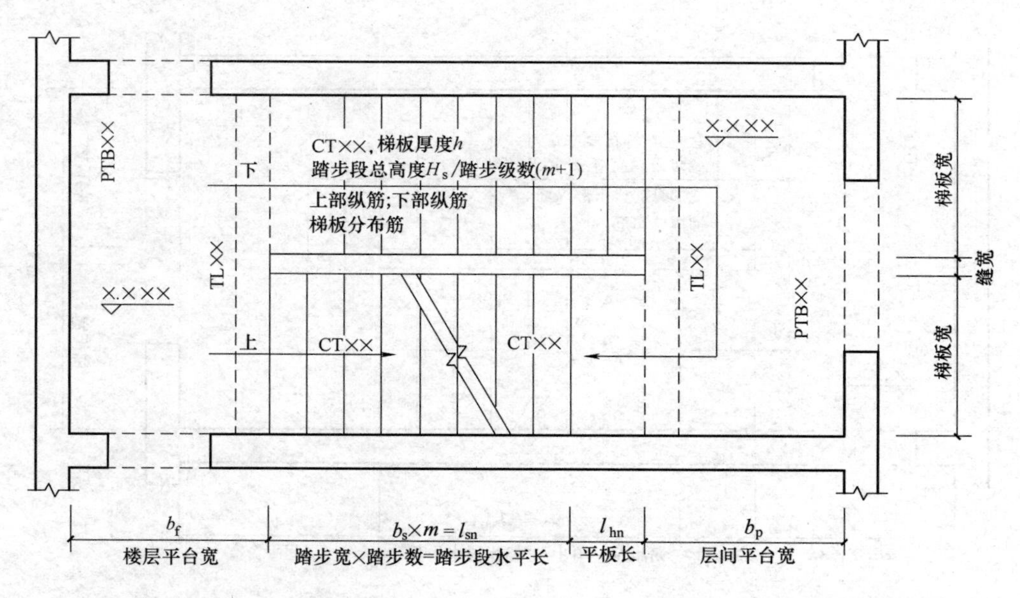

图 2-98 CT 型楼梯注写方式：标高×.×××～×.×××m 楼梯平面图

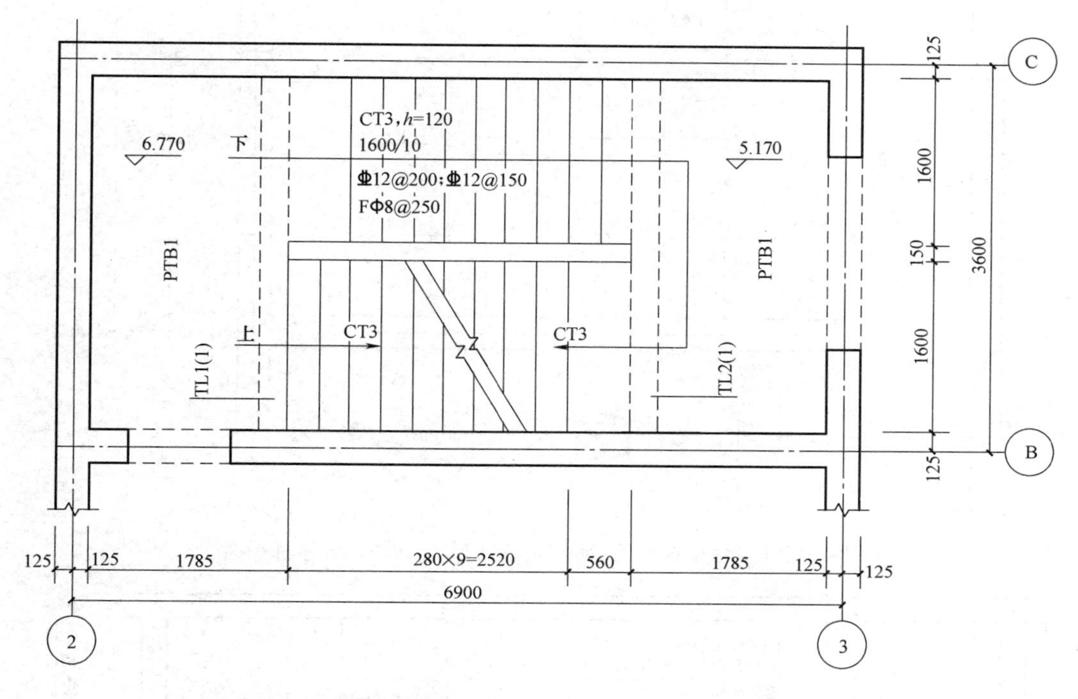

图 2-99 CT 型楼梯设计示例：标高 5.170～6.770m 楼梯平面图

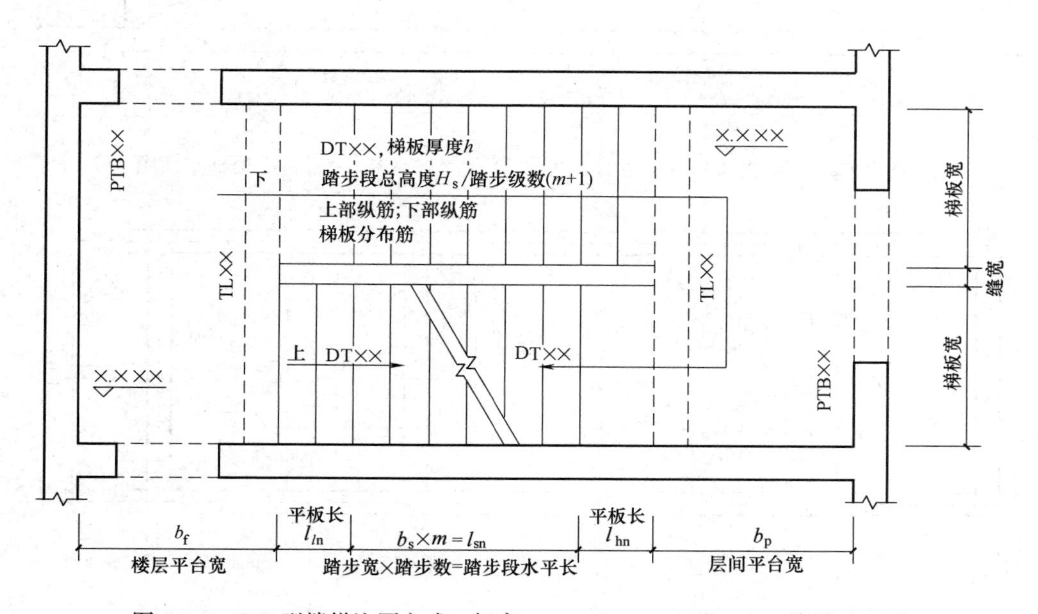

图 2-100 DT 型楼梯注写方式：标高×.×××～×.×××m 楼梯平面图

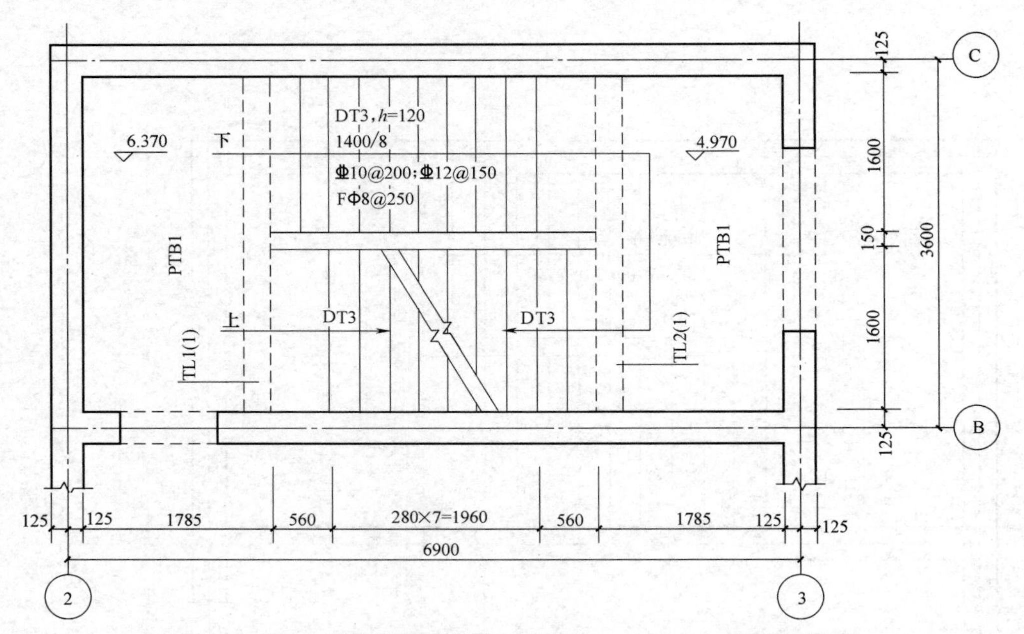

图 2-101 DT 型楼梯设计示例：标高 4.970～6.370m 楼梯平面图

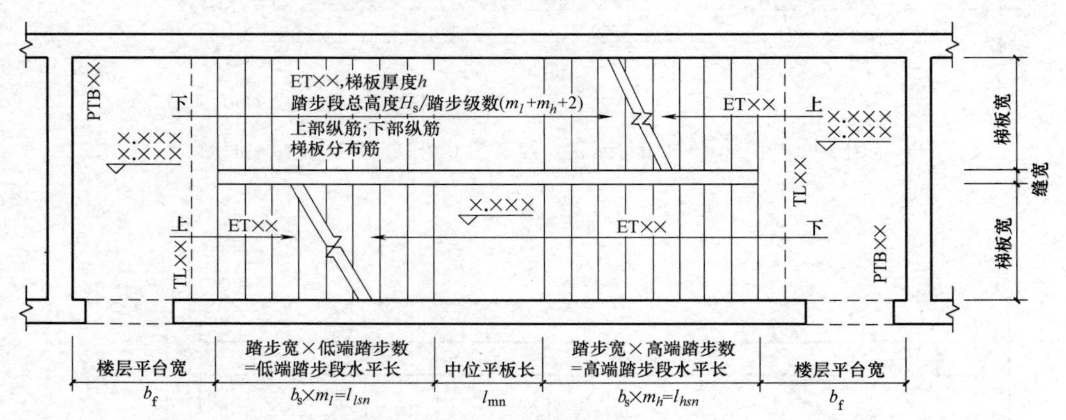

图 2-102 ET 型楼梯注写方式：标高×.×××～×.×××m 楼梯平面图

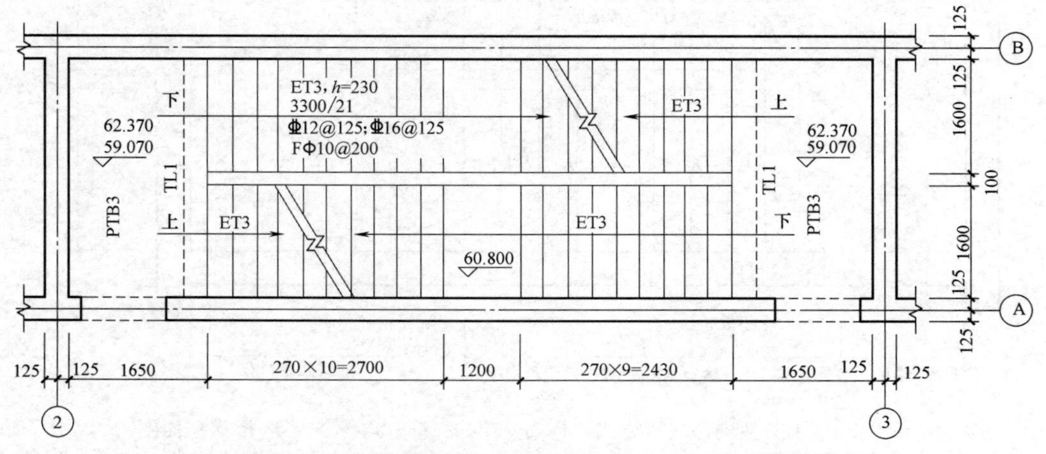

图 2-103 ET 型楼梯设计示例：标高 59.070～62.370m 楼梯平面图

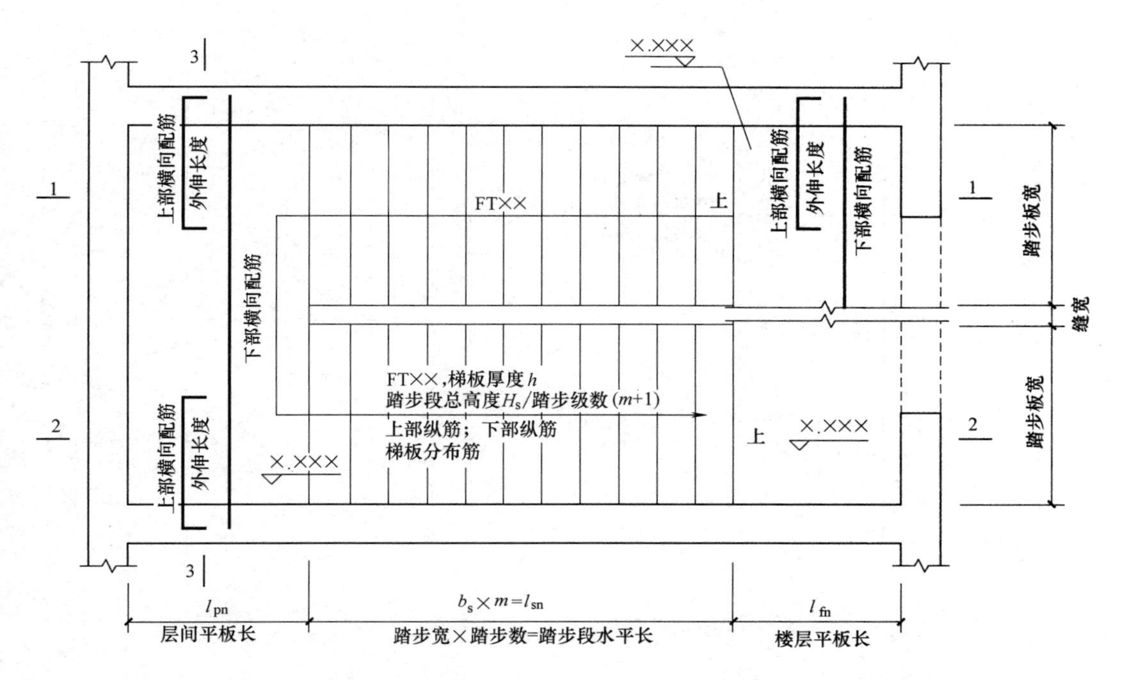

图 2-104 FT 型楼梯注写方式（一）：标高×.×××～×.×××m 楼梯平面图

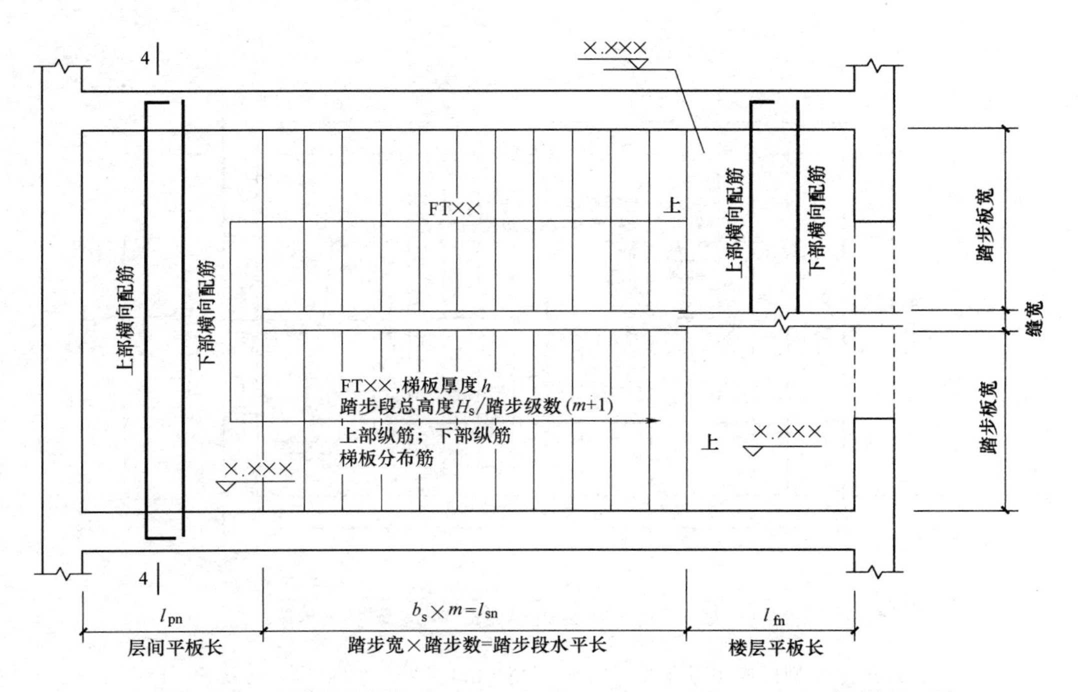

图 2-105 FT 型楼梯注写方式（二）：标高×.×××～×.×××m 楼梯平面图

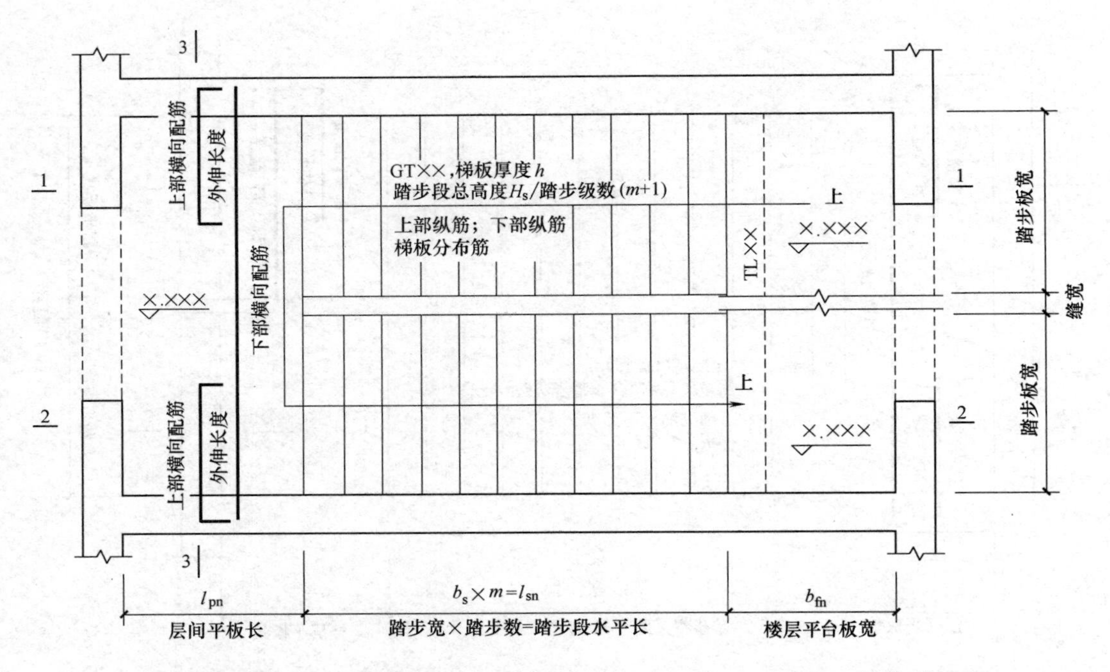

图 2-106 GT 型楼梯注写方式（一）：标高×.×××～×.×××m 楼梯平面图

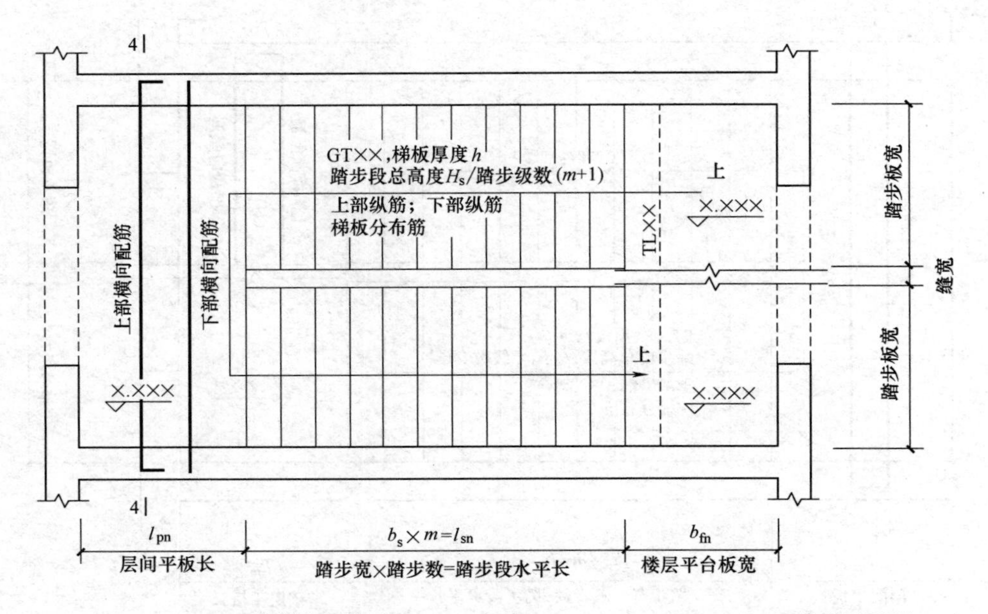

图 2-107 GT 型楼梯注写方式（二）：标高×.×××～×.×××m 楼梯平面图

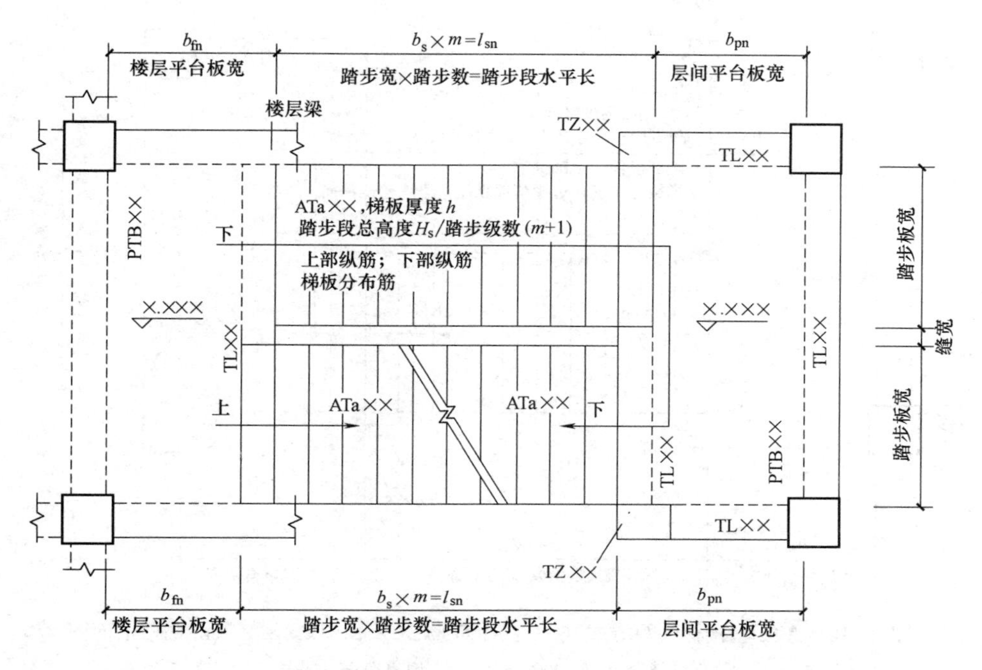

图 2-108 ATa 型楼梯注写方式：标高×.×××～×.×××m 楼梯平面图

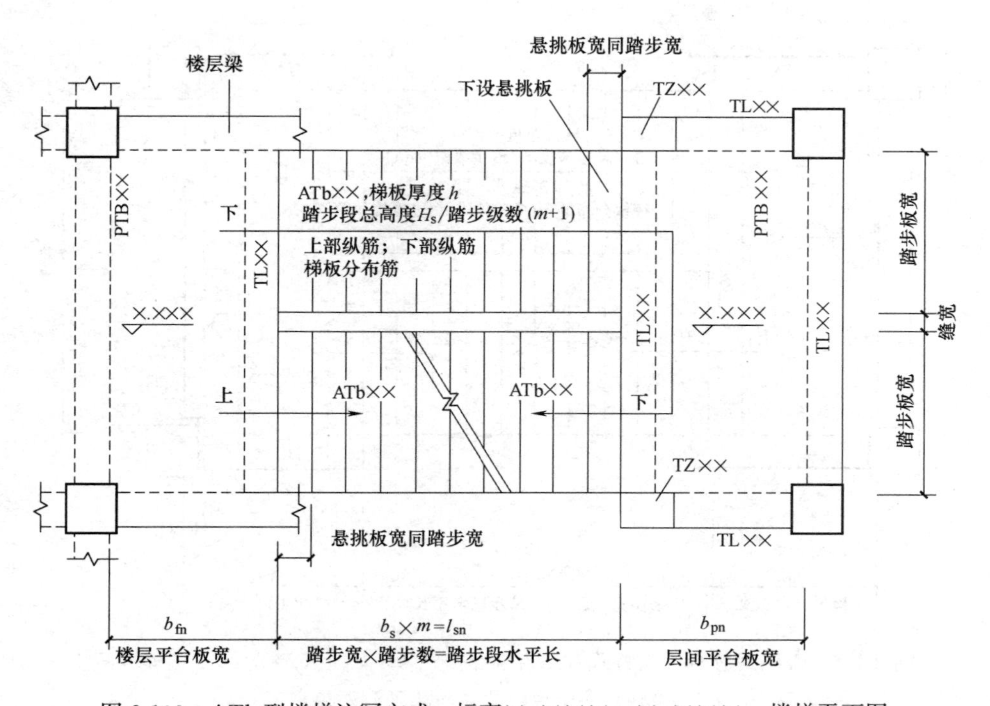

图 2-109 ATb 型楼梯注写方式：标高×.×××～×.×××m 楼梯平面图

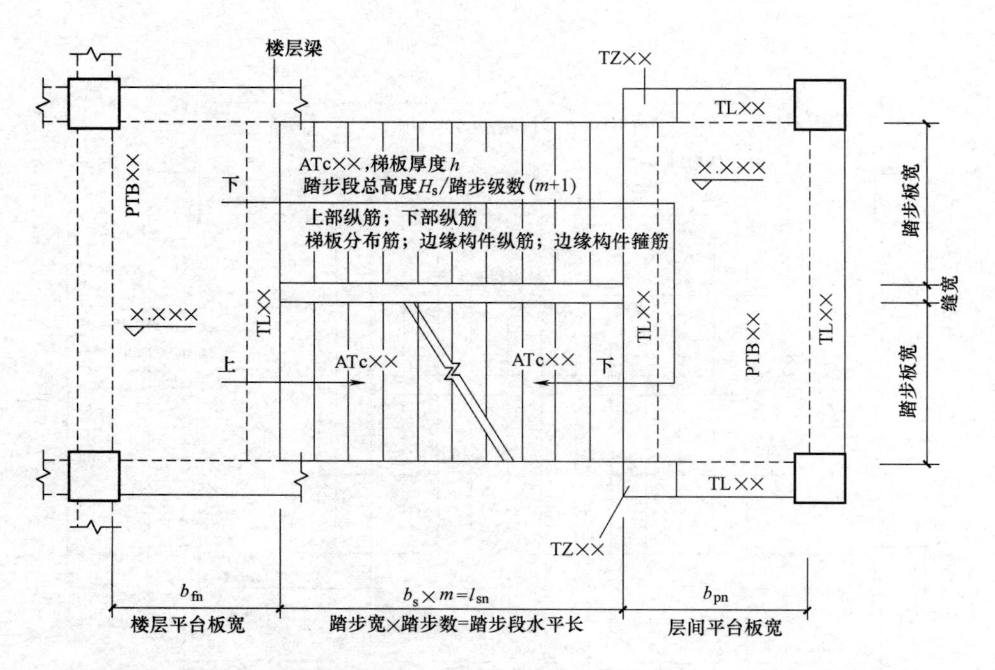

图 2-110 ATc 型楼梯注写方式（一）：标高×.×××～×.×××m 楼梯平面图
（楼梯休息平台与主体结构整体连接）

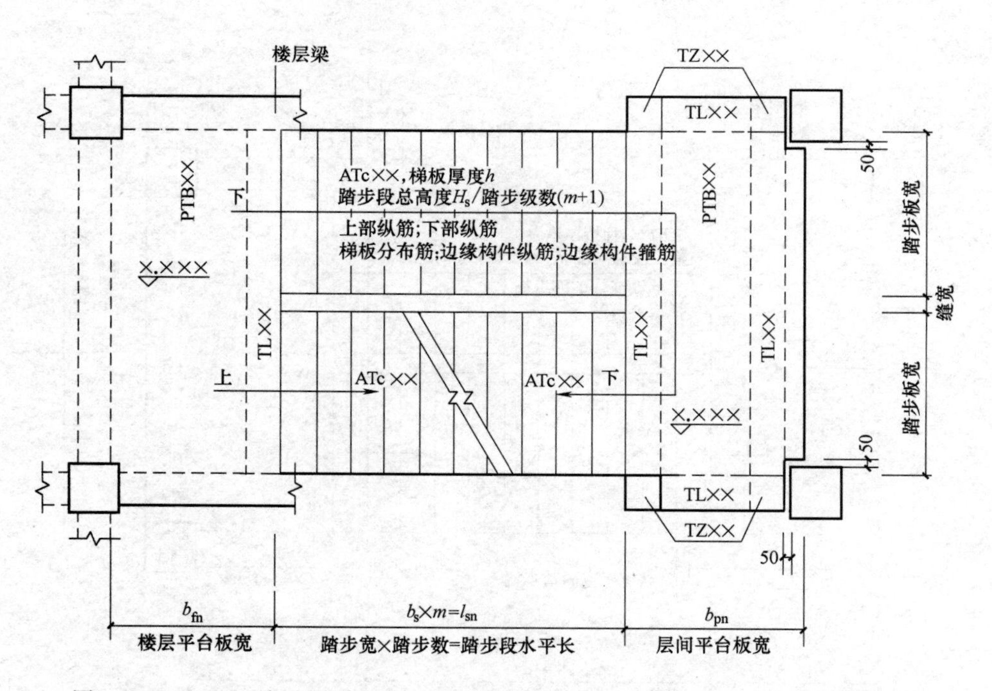

图 2-111 ATc 型楼梯注写方式（二）：标高×.×××～×.×××m 楼梯平面图
（楼梯休息平台与主体结构脱开连接）

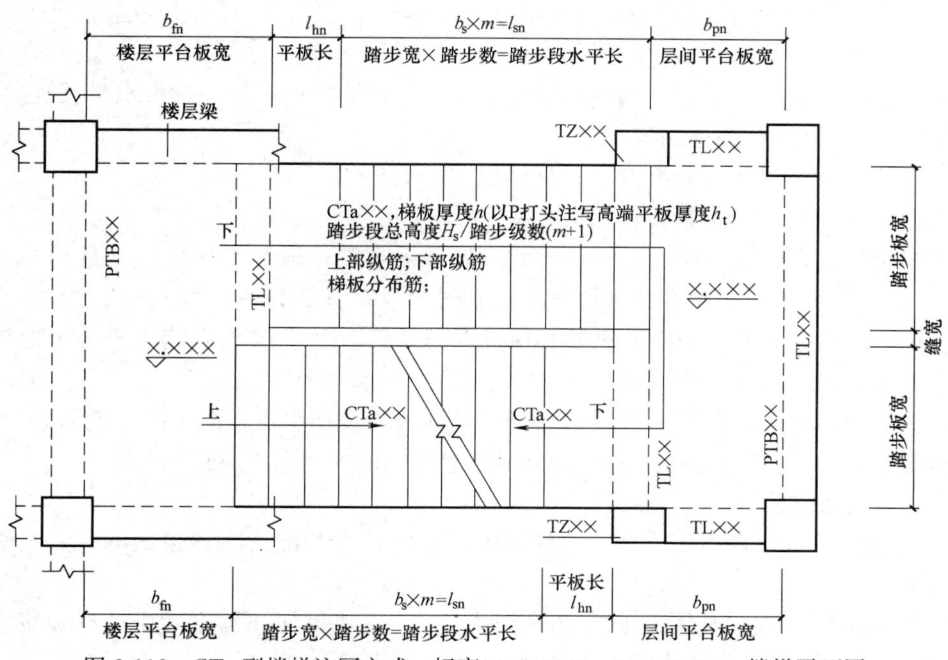

图 2-112 CTa 型楼梯注写方式：标高×.×××～×.×××m 楼梯平面图

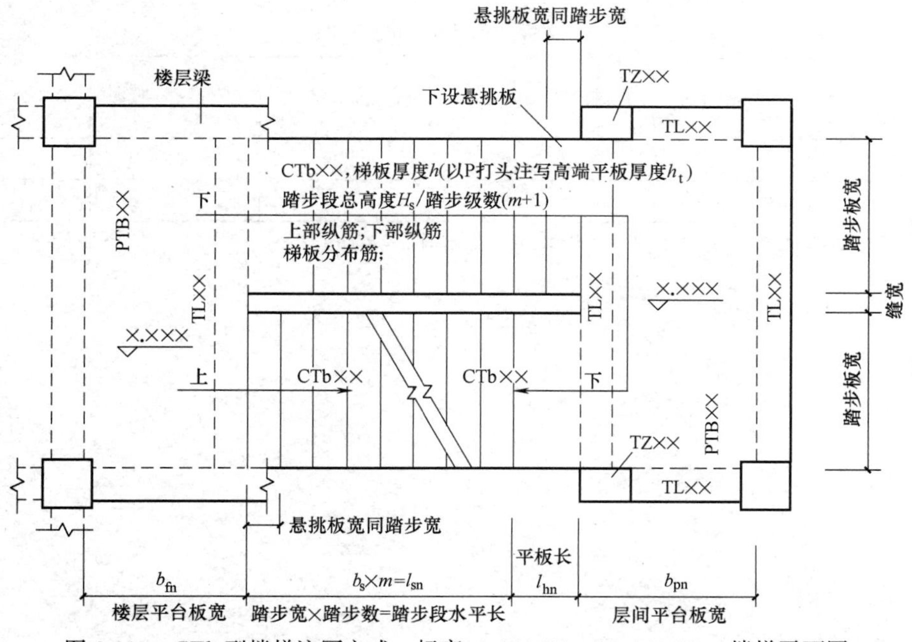

图 2-113 CTb 型楼梯注写方式：标高×.×××～×.×××m 楼梯平面图

4. 剖面注写方式

1）剖面注写方式需在楼梯平法施工图中绘制楼梯平面布置图和楼梯剖面图，注写方式分平面注写、剖面注写两部分。

2）楼梯平面布置图注写内容，包括楼梯间的平面尺寸、楼层结构标高、层间结构标高、楼梯的上下方向、梯板的平面几何尺寸、梯板类型及编号、平台板配筋、梯梁及梯柱配筋等。

3）楼梯剖面图注写内容，包括梯板集中标注、梯梁梯柱编号、梯板水平及竖向尺寸、楼层结构标高、层间结构标高等。

4）梯板集中标注的内容有四项，具体规定如下：

① 梯板类型及编号，如 AT××。

② 梯板厚度。注写方式为 $h=$×××。当梯板由踏步段和平板构成，且踏步段梯板厚度和平板厚度不同时，可在梯板厚度后面括号内以字母 P 打头注写平板厚度。

③ 梯板配筋。注明梯板上部纵筋和梯板下部纵筋，用分号“；”将上部与下部纵筋的配筋值分隔开来。

④ 梯板分布筋。以 F 打头注写分布钢筋具体值，该项也可在图中统一说明。

⑤ 对于 ATc 型楼梯，尚应注明梯板两侧边缘构件纵向钢筋及箍筋。

5. 列表注写方式

1）列表注写方式，系用列表方式注写梯板截面尺寸和配筋具体数值的方式来表达楼梯施工图。

2）列表注写方式的具体要求同剖面注写方式，仅将剖面注写方式中的梯板集中标注中的梯板配筋注写项改为列表注写项即可。

梯板列表格式见表 2-18。

梯板几何尺寸和配筋 **表 2-18**

梯板编号	踏步段总高度/踏步级数	板厚 h	上部纵向钢筋	下部纵向钢筋	分布筋

注：对于 ATc 型楼梯，尚应注明梯板两侧边缘构件纵向钢筋及箍筋。

装配式混凝土结构施工图识图诀窍

3.1 结构平面布置图

3.1.1 剪力墙平面布置图

1. 预制混凝土剪力墙平面布置图的表示方法

（1）预制混凝土剪力墙（简称“预制剪力墙”）平面布置图应按标准层绘制，内容包括预制剪力墙、现浇混凝土墙体、后浇段、现浇梁、楼面梁、水平后浇带或圈梁等。

（2）剪力墙平面布置图应标注结构楼层标高表，并注明上部结构嵌固部位位置。

（3）在平面布置图中，应标注未居中承重墙体与轴线的定位，需标明预制剪力墙的门窗洞口、结构洞的尺寸和定位，还需标明预制剪力墙的装配方向。

（4）在平面布置图中，还应标注水平后浇带或圈梁的位置。

2. 预制混凝土剪力墙编号规定

预制剪力墙编号由墙板代号、序号组成，表达形式应符合表 3-1 的规定。

预制混凝土剪力墙编号 **表 3-1**

预制墙板类型	代号	序号
预制外墙	YWQ	××
预制内墙	YNQ	××

注：1. 在编号中，如若干预制剪力墙的模板、配筋、各类预埋件完全一致，仅墙厚与轴线的关系不同，也可将其编为同一预制剪力墙编号，但应在图中注明与轴线的几何关系。
2. 序号可为数字，或数字加字母。

3. 标准图集中外墙板编号及示例

当选用标准图集的预制混凝土外墙板时，可选类型详见《预制混凝土剪力墙外墙板 15G365-1》。标准图集的预制混凝土剪力墙外墙由内叶墙板、保温层和外叶墙板组成。预制墙板表中需注写所选图集中内叶墙板编号和外叶墙板控制尺寸。

（1）标准图集中的内叶墙板

共有 5 种形式，编号规则见表 3-2，示例见表 3-3。

标准图集中内叶墙板编号 表 3-2

预制内叶墙板类型	示意图	编号
无洞口外墙		WQ — ×× ×× WQ：无洞口外墙；第一个××：标志宽度；第二个××：层高
一个窗洞高窗台外墙		WQC1 — ×× ×× — ×× ×× WQC1：一窗洞外墙（高窗台）；××依次为：标志宽度、层高、窗宽、窗高
一个窗洞矮窗台外墙		WQCA — ×× ×× — ×× ×× WQCA：一窗洞外墙（矮窗台）；××依次为：标志宽度、层高、窗宽、窗高
两窗洞外墙		WQC2 — ×× ×× — ×× ×× — ×× ×× WQC2：两窗洞外墙；××依次为：标志宽度、层高、左窗宽、左窗高、右窗宽、右窗高
一个门洞外墙		WQM — ×× ×× — ×× ×× WQM：一门洞外墙；××依次为：标志宽度、层高、门宽、门高

标准图集中内叶墙板编号示例（单位：mm） 表 3-3

预制墙板类型	示意图	墙板编号	标志宽度	层高	门/窗宽	门/窗高	门/窗宽	门/窗高
无洞口外墙		WQ-1828	1800	2800	—	—	—	—
一个窗洞高窗台外墙		WQC1-3028-1514	3000	2800	1500	1400	—	—
一个窗洞矮窗台外墙		WQCA-3028-1518	3000	2800	1500	1800	—	—
两窗洞外墙		WQC2-4828-0614-1514	4800	2800	600	1400	1500	1400

续表

预制墙板类型	示意图	墙板编号	标志宽度	层高	门/窗宽	门/窗高	门/窗宽	门/窗高
一个门洞外墙		WQM-3628-1823	3600	2800	1800	2300	—	—

（2）标准图集中的外叶墙板

共有两种类型（图 3-1）：

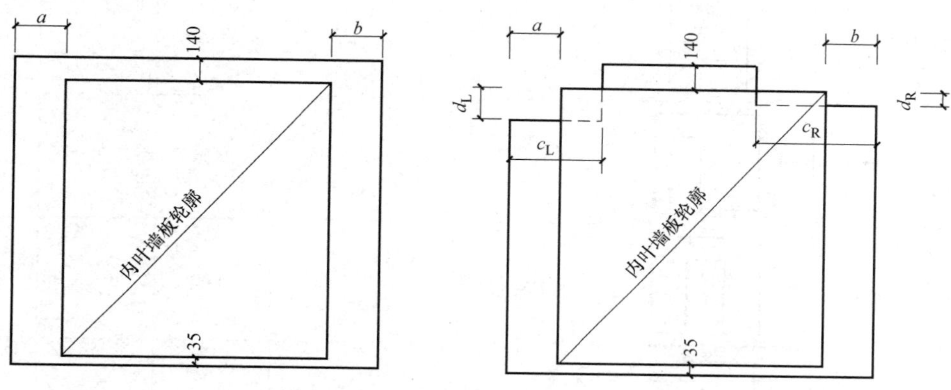

图 3-1　标准图集中外叶墙板内表面图

1）标准图集中外叶墙板 wy-1（a、b），按实际情况标注 a、b。

2）带阳台板外叶墙板 wy-2（a、b、c_L 或 c_R、d_L 或 d_R），选用时按外叶板实际情况标注 a、b、c、d。c_L 或 c_R、d_L 或 d_R 分别是阳台板处外叶墙板缺口尺寸。

4. 标准图集中内墙板编号及示例

当选用标准图集的预制混凝土内墙板时，可选类型详见《预制混凝土剪力墙内墙板》15G365-2。标准图集中，预制混凝土内墙板共有四种形式，编号规则见表 3-4，编号示例见表 3-5。

标准图集中预制混凝土剪力墙内墙板编号　　表 3-4

预制内墙板类型	示意图	编号
无洞口内墙		NQ—××　×× NQ：无洞口内墙；第一组××：标志宽度；第二组××：层高
固定门垛内墙		NQM1—××　××—××　×× NQM1：一门洞内墙（固定门垛）；××：标志宽度；××：层高；××：门宽；××：门高
中间内洞内墙		NQM2—××　××—××　×× NQM2：一门洞内墙（中间门洞）；××：标志宽度；××：层高；××：门宽；××：门高

续表

预制内墙板类型	示意图	编号
刀把内墙		NQM3 — ×× ××—×× ×× 一门洞内墙（刀把内墙）；标志宽度；层高；门宽；门高

标准图集中预制混凝土内墙板编号示例（单位：mm） **表 3-5**

预制内墙板类型	示意图	墙板编号	标志宽度	层高	门宽	门高
无洞口内墙		NQ-2128	2100	2800	—	—
固定门垛内墙		NQM1-3028-0921	3000	2800	900	2100
中间内洞内墙		NQM2-3029-1022	3000	2900	1000	2200
刀把内墙		NQM3-3329-1022	3300	2900	1000	2200

5. 后浇段表示方法

（1）后浇段编号

由后浇段类型代号和序号组成，表达形式应符合表 3-6 的规定。

后浇段编号 **表 3-6**

后浇段类型	代号	序号
约束边缘构件后浇段	YHJ	××
构造边缘构件后浇段	GHJ	××
非边缘构件后浇段	AHJ	××

注：在编号中，如若干后浇段的截面尺寸与配筋均相同，仅截面与轴线的关系不同时，可将其编为同一后浇段号；约束边缘构件后浇段包括有翼墙和转角墙两种；构造边缘构件后浇段包括构造边缘翼墙、构造边缘转角墙、边缘暗柱三种。

【例 3-1】 YHJ1，表示约束边缘构件后浇段，编号为 1。

【例 3-2】 GHJ5，表示构造边缘构件后浇段，编号为 5。

【例 3-3】 AHJ3，表示非边缘构件后浇段，编号为 3。

（2）后浇段表中表达的内容

包括：

1）注写后浇段编号，绘制该后浇段的截面配筋图，标注后浇段几何尺寸。

2）注写后浇段的起止标高，自后浇段根部往上以变截面位置或截面未变但配筋改变处为界分段注写。

3）注写后浇段的纵向钢筋和箍筋，注写值应与在表中绘制的截面配筋对应一致。纵向钢筋注纵筋直径和数量；后浇段箍筋、拉筋的注写方式与现浇剪力墙结构墙柱箍筋的注写方式相同。

4）预制墙板外露钢筋尺寸应标注至钢筋中线，保护层厚度应标注至箍筋外表面。

6. 预制混凝土叠合梁编号

预制混凝土叠合梁编号由代号和序号组成，表达形式应符合表 3-7 的规定。

预制混凝土叠合梁编号 **表 3-7**

名称	代号	序号
预制叠合梁	DL	××
预制叠合连梁	DLL	××

注：在编号中，如若干预制混凝土叠合梁的截面尺寸和配筋均相同，仅梁与轴线的关系不同，也可将其编为同一叠合梁编号，但应在图中注明与轴线的几何关系。

【例 3-4】 DL1，表示预制叠合梁，编号为 1。

【例 3-5】 DLL3，表示预制叠合连梁，编号为 3。

7. 预制外墙模板编号

预制外墙模板编号由类型代号和序号组成，表达形式应符合表 3-8 的规定。预制外墙模板表内容包括：平面图中编号、所在层号、所在轴号、外叶墙板厚度、构件重量、数量、构件详图页码（图号）。

预制外墙模板编号 **表 3-8**

名称	代号	序号
预制外墙模板	JM	××

注：序号可为数字，或数字加字母。

【例 3-6】 JM1，表示预制外墙模板，序号为 1。

3.1.2 叠合楼盖平面布置图

1. 叠合楼盖施工图的表示方法

1）叠合楼盖施工图主要包括预制底板平面布置图、现浇层配筋图、水平后浇带或圈梁布置图。

2）所有叠合板板块应逐一编号，相同编号的板块可择其一做集中标注，其他仅注写置于圆圈内的板编号，当板面标高不同时，在板编号的斜线下标注标高高差，下降为负（－）。叠合板编号，由叠合板代号和序号组成，表达形式应符合表 3-9 的规定。

叠合板编号 **表 3-9**

叠合板类型	代号	序号
叠合楼面板	DLB	××
叠合屋面板	DWB	××
叠合悬挑板	DXB	××

注：序号可为数字，或数字加字母。

【例 3-7】 DLB3，表示楼板为叠合板，序号为 3。

【例 3-8】 DWB2，表示屋面板为叠合板，序号为 2。

【例 3-9】 DXB1，表示悬挑板为叠合板，序号为 1。

2. 预制底板标注

预制底板平面布置图中需要标注叠合板编号、预制底板编号、各块预制底板尺寸和定位。当选用标准图集中的预制底板时，可直接在板块上标注标准图集中的底板编号；当自行设计预制底板时，可参照标准图集的编号规则进行编号。

预制底板为单向板时，还应标注板边调节缝和定位；预制底板为双向板时还应标注接缝尺寸和定位；当板面标高不同时，标注底板标高高差，下降为负（一），同时应给出预制底板表。

1）预制底板表中需要标明叠合板编号、板块内的预制底板编号及其与叠合板编号的对应关系、所在楼层、构件重量和数量、构件详图页码（自行设计构件为图号）、构件设计补充内容（线盒、留洞位置等）。

2）当选用标准图集的预制底板时，可选类型详见《桁架钢筋混凝土叠合板（60mm 厚底板）》15G366-1。标准图集中预制底板编号规则如表 3-10～表 3-12 所示。

标准图集中叠合板底板编号 **表 3-10**

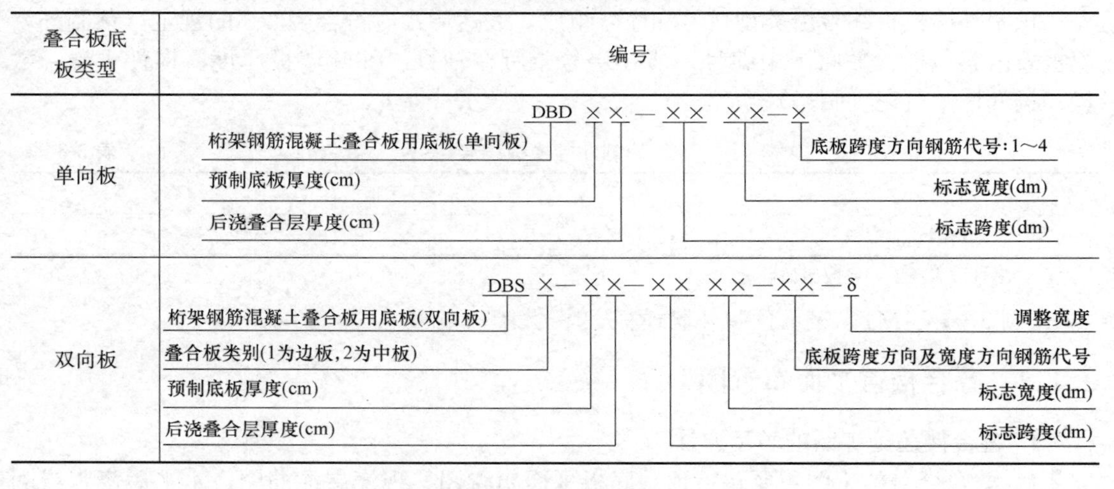

叠合板底板类型	编号
单向板	DBD ×× — ×× ××—× 桁架钢筋混凝土叠合板用底板(单向板) 预制底板厚度(cm) 后浇叠合层厚度(cm) 底板跨度方向钢筋代号:1～4 标志宽度(dm) 标志跨度(dm)
双向板	DBS ×— ××— ×× ××—××—δ 桁架钢筋混凝土叠合板用底板(双向板) 叠合板类别(1为边板,2为中板) 预制底板厚度(cm) 后浇叠合层厚度(cm) 调整宽度 底板跨度方向及宽度方向钢筋代号 标志宽度(dm) 标志跨度(dm)

单向板底板钢筋编号表 **表 3-11**

代号	1	2	3	4
受力钢筋规格及间距	⌀8@200	⌀8@150	⌀10@200	⌀10@150
分布钢筋规格及间距	⌀6@200	⌀6@200	⌀6@200	⌀6@200

【例 3-10】 底板编号 DBD67-3324-2 表示为单向受力叠合板用底板，预制底板厚度为 60mm，现浇叠合层厚度为 70mm，预制底板的标志跨度为 3300mm，预制底板的标志宽度为 2400mm，底板跨度方向配筋为⌀10@150。

【例 3-11】 底板编号 DBS1-67-3924-22 表示双向受力叠合板用底板，拼装位置为边板，预制底板厚度为 60mm，后浇叠合层厚度为 70mm，预制底板的标志跨度为 3900mm，预制底板的标志宽度为 2400mm，底板跨度方向、宽度方向配筋均为⌀8@150。

双向板底板跨度、宽度方向钢筋代号组合表 表3-12

编号 跨度方向钢筋 / 宽度方向钢筋	Φ8@200	Φ8@150	Φ10@200	Φ10@150
Φ8@200	11	21	31	41
Φ8@150	—	22	32	42
Φ8@100	—	—	—	43

3）叠合楼盖预制底板接缝需要在平面上标注其编号、尺寸和位置，并需给出接缝的详图，接缝编号规则见表3-13。

叠合板底板接缝编号 表3-13

名称	代号	序号
叠合板底板接缝	JF	××
叠合板底板密拼接缝	MF	—

① 当叠合楼盖预制底板接缝选用标准图集时，可在接缝选用表中写明节点选用图集号、页码、节点号和相关参数。

② 当自行设计叠合楼盖预制底板接缝时，需由设计单位给出节点详图。

【例3-12】 JF1，表示叠合板之间的接缝，序号为1。

3. 水平后浇带或圈梁标注

需在平面上标注水平后浇带或圈梁的分布位置，水平后浇带编号由代号和序号组成，表达形式应符合表3-14的规定。

水平后浇带编号 表3-14

名称	代号	序号
水平后浇带	SHJD	××

【例3-13】 SHJD3，表示水平后浇带，序号为3。

水平后浇带表的内容包括：平面中的编号、所在平面位置、所在楼层及配筋。

3.1.3 阳台板、空调板和女儿墙平面布置图

预制钢筋混凝土阳台板、空调板及女儿墙（简称"预制阳台板、预制空调板及预制女儿墙"）的制图规则适用于装配式剪力墙结构中的预制钢筋混凝土阳台板、空调板及女儿墙的施工图设计。

1. 预制阳台板、空调板及女儿墙的表示方法

1）预制阳台板、空调板及女儿墙施工图应包括按标准层绘制的平面布置图、构件选用表。平面布置图中需要标注预制构件编号、定位尺寸及连接做法。

2）叠合式预制阳台板现浇层注写方法与《混凝土结构施工图平面整体表示方法制图规则和构造详图（现浇混凝土框架、剪力墙、梁、板）》16G101-1的"有梁楼盖板平法施工图的表示方法"相同，同时应标注叠合楼盖编号。

2. 预制阳台板、空调板及女儿墙的编号

1）预制阳台板、空调板及女儿墙编号应由构件代号和序号组成，编号规则应符合表3-15的规定。

预制阳台板、空调板及女儿墙编号 表3-15

名称	代号	序号
阳台板	YYTB	××
空调板	YKTB	××
女儿墙	YNEQ	××

注：在女儿墙编号中，如若干女儿墙的厚度尺寸和配筋均相同，仅墙厚与轴线的关系不同，也可将其编为同一墙身号，但应在图中注明与轴线的几何关系。序号可为数字，或数字加字母。

【例3-14】 YKTB2，表示预制空调板，序号为2。

【例3-15】 YYTB3a：某工程有一块预制阳台板与已编号的YYB3除洞口位置外，其他参数均相同，为方便起见，将该预制阳台板序号编为3a。

【例3-16】 YNEQ5，表示预制女儿墙，序号为5。

2）注写选用标准预制阳台板、空调板及女儿墙编号时，编号规则见表3-16。标准预制阳台板、空调板及女儿墙可选型号详见《预制钢筋混凝土阳台板、空调板及女儿墙》15G368-1。

标准图集中预制阳台板编号 表3-16

预制构件类型	编号
阳台板	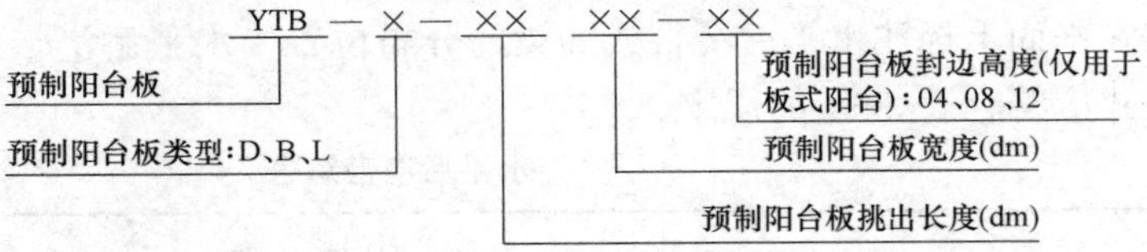 YTB — × — ×× ××—×× 预制阳台板 预制阳台板类型：D、B、L 预制阳台板封边高度(仅用于板式阳台)：04、08、12 预制阳台板宽度(dm) 预制阳台板挑出长度(dm) 注：1. 预制阳台板类型：D表示叠合板式阳台，B表示全预制板式阳台，L表示全预制梁式阳台。 2. 预制阳台封边高度：04表示400mm，08表示800mm，12表示1200mm。 3. 预制阳台板挑出长度从结构承重墙外表面算起
空调板	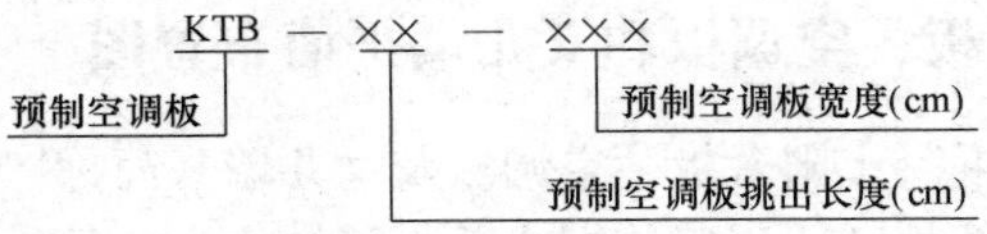 KTB — ×× — ××× 预制空调板 预制空调板宽度(cm) 预制空调板挑出长度(cm) 注：预制空调板挑出长度从结构承重墙外表面算起
女儿墙	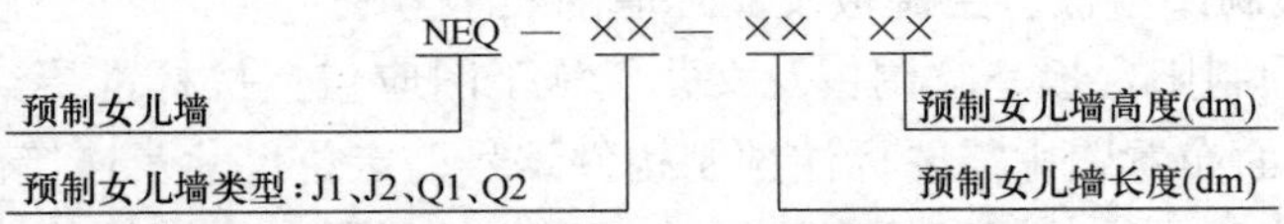 NEQ — ×× — ×× ×× 预制女儿墙 预制女儿墙类型：J1、J2、Q1、Q2 预制女儿墙高度(dm) 预制女儿墙长度(dm) 注：1. 预制女儿墙类型：J1型代表夹心保温式女儿墙（直板）；J2型代表夹心保温式女儿墙（转角板）；Q1型代表非保温式女儿墙（直板）；Q2型代表非保温式女儿墙（转角板）。 2. 预制女儿墙高度从屋顶结构层标高算起，600mm高表示为06，1400mm高表示为14

【例 3-17】 某住宅楼封闭式预制叠合板式阳台挑出长度为 1000mm，阳台开间为 2400mm，封边高度 800mm，则预制阳台板编号为 YTB-D-1024-08。

【例 3-18】 某住宅楼预制空调板实际长度为 840mm，宽度为 1300mm，则预制空调板编号为 KTB-84-130。

【例 3-19】 某住宅楼女儿墙采用夹心保温式女儿墙，其高度为 1400mm，长度为 3600mm，则预制女儿墙编号为 NEQ-J1-3614。

3）如果设计的预制阳台板、空调板及女儿墙与标准构件的尺寸、配筋不同，应由设计单位另行设计。

3. 预制阳台板、空调板及女儿墙平面布置图注写内容

（1）预制构件编号。

（2）各预制构件的平面尺寸、定位尺寸。

（3）预留洞口尺寸及相对于构件本身的定位（与标准构件中留洞位置一致时可不标）。

（4）楼层结构标高。

（5）预制钢筋混凝土阳台板、空调板板结构完成面与结构标高不同时的标高高差。

（6）预制女儿墙厚度、定位尺寸、女儿墙顶标高。

4. 构件表的主要内容

（1）预制阳台板空调板表的主要内容

1）预制构件编号。

2）选用标准图集的构件编号，自行设计构件可不写。

3）板厚（mm）叠合式还需注写预制底板厚度，表示方法为×××（××）。

4）构件重量。

5）构件数量。

6）所在层号。

7）构件详图页码：选用标准图集构件需注写所在图集号和相应页码；自行设计构件需注写施工图图号。

8）备注中可标明该预制构件是“标准构件”或“自行设计”。

（2）预制女儿墙表的主要内容

1）平面图中的编号。

2）选用标准图集中的构件的编号，自行设计构件可不写。

3）所在层号和轴线号，轴号标注方法与外墙板相同。

4）内叶墙厚。

5）构件重量。

6）构件数量。

7）构件详图页码：选用标准图集构件需注写所在图集号和相应页码；自行设计构件需注写施工图图号。

8）如果女儿墙内叶墙板与标准图集中的一致，外叶墙板有区别，可对外叶墙板调整后选用，调整参数（a、b）如图 3-2 所示。

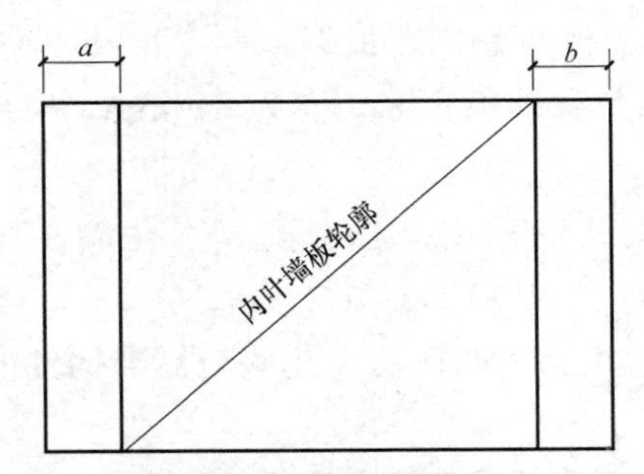

图 3-2 女儿墙外叶墙板调整选用参数示意图

9）备注中还可标明该预制构件是“标准构件”、“调整选用”或“自行设计”。

3.2 预制外墙板构件详图

3.2.1 无洞口外墙板详图识图

现以无洞口外墙板 WQ-2728 为例，说明其模板图（图 3-3）和配筋图（图 3-4）的读图方法及步骤。

1）内叶墙板宽 2100mm（不含出筋），高 2640mm（不含出筋，底部预留 20mm 高灌浆区，顶部预留 140mm 高后浇区，合计层高为 2800mm），厚 200mm。保温板宽 2640mm，高 2780mm，厚度按设计选用确定。外叶墙板宽 2680mm，高 2815mm，厚 60mm。

2）内叶墙板底部预埋 6 个灌浆套筒。

3）内叶墙板顶部有 2 个预埋吊件，编号 MJ1。布置在与内叶墙板内侧边间距 135mm，分别与内叶墙板左右两侧边间距 450mm 的对称位置处。

4）内叶墙板内侧面有 4 个临时支撑预埋螺母，编号 MJ2。矩形布置，距离内叶墙板左右两侧边均为 350mm，下部螺母距离内叶墙板下边缘 550mm，上部螺母与下部螺母间距 1390mm。

5）内叶墙板内侧面有 3 个预埋电气线盒。

6）内外两层钢筋网片，水平分布筋在外，竖向分布筋在内。

7）与灌浆套筒连接的竖向分布筋编号为 3a，自墙板边 300mm 开始布置，间距 300mm，两层网片上隔一设一。本图中墙板内、外侧均设置 3 根，共计 6 根。一、二、三级抗震要求时为 6⌀16，下端车丝，长度 23mm，与灌浆套筒机械连接。上端外伸 290mm，与上一层墙板中的灌浆套筒连接。四级抗震要求时为 6⌀14，下端车丝长度 21mm，上端外伸 275mm。

8）不连接灌浆套筒的竖向分布筋编号为 3b，沿墙板高度通长布置，不外伸。自墙板边 300mm 开始布置，间距 300mm，与连接灌浆套筒的竖向分布筋 3a 间隔布置。本图中，墙板内、外侧均设置 3 根，共计 6 根。

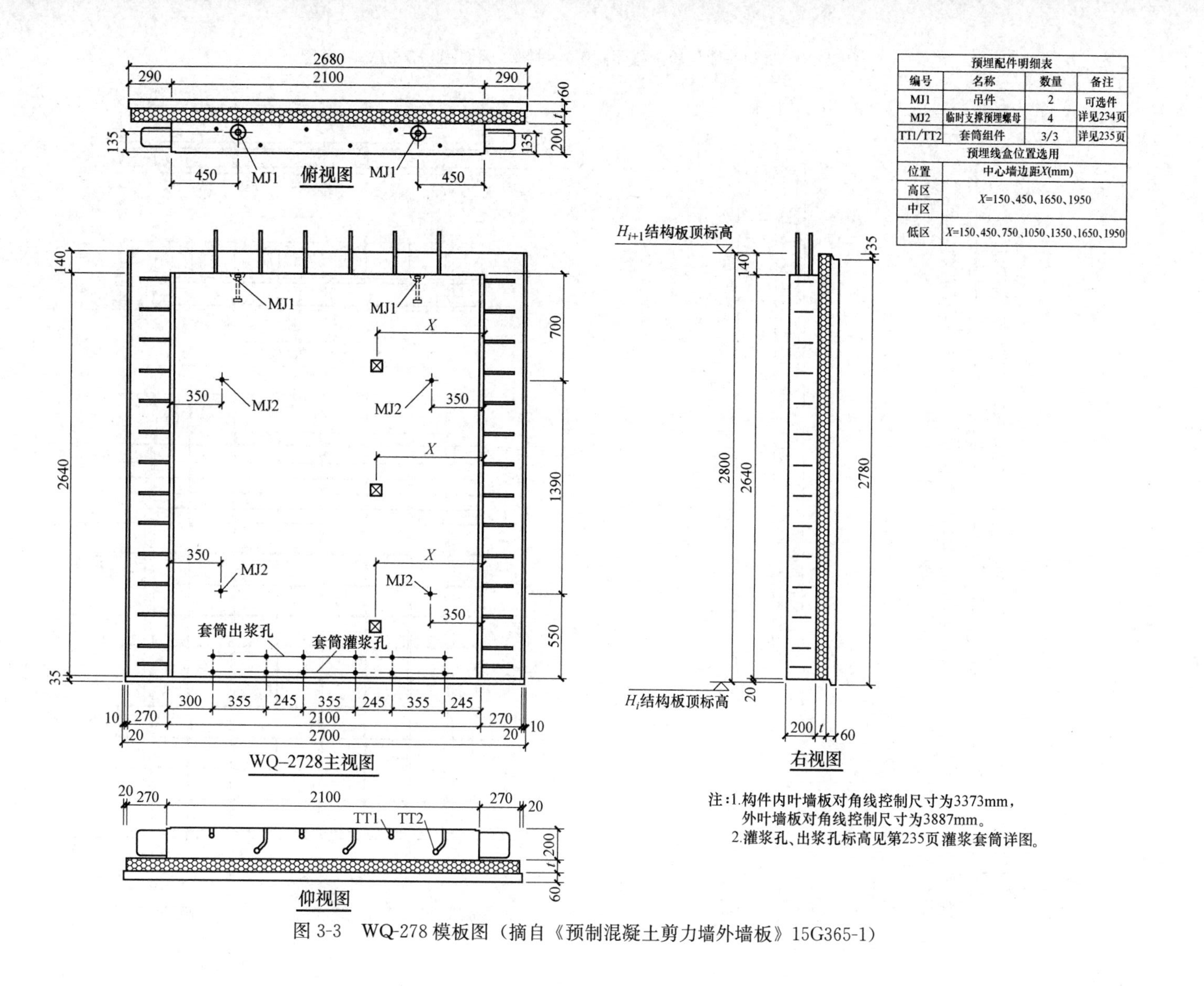

预埋配件明细表			
编号	名称	数量	备注
MJ1	吊件	2	可选件 详见234页
MJ2	临时支撑预埋螺母	4	
TT1/TT2	套筒组件	3/3	详见235页
预埋线盒位置选用			
位置	中心墙边距X(mm)		
高区	X=150、450、1650、1950		
中区			
低区	X=150、450、750、1050、1350、1650、1950		

注：1.构件内叶墙板对角线控制尺寸为3373mm，外叶墙板对角线控制尺寸为3887mm。

2.灌浆孔、出浆孔标高见第235页灌浆套筒详图。

图 3-3 WQ-278 模板图（摘自《预制混凝土剪力墙外墙板》15G365-1）

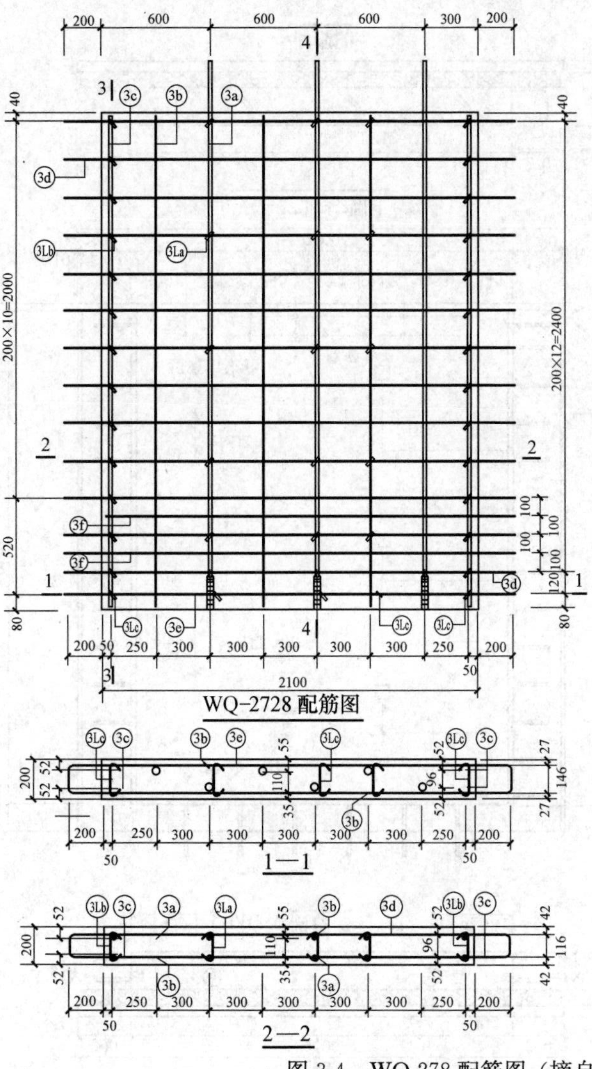

WQ-2728 钢筋表								
钢筋类型		钢筋编号	一级	二级	三级	四级非抗震	钢筋加工尺寸	备注
混凝土墙	竖向筋	3a	6Φ16	6Φ16	6Φ16		23 2466 290	一路车丝长度23
			–	–	–	6Φ14	21 2484 275	一路车丝长度21
		3b	6Φ6	6Φ6	6Φ6	6Φ6	2610	
		3c	4Φ12	4Φ12	4Φ12	4Φ12	2610	
	水平筋	3d	13Φ8	13Φ8	13Φ8	13Φ8	116 200 2100 200 116	
		3e	1Φ8	1Φ8	1Φ8	1Φ8	146 200 2100 200 146	
		3f	2Φ8	2Φ8	2Φ8	2Φ8	116 2050 116	
	拉筋	3La	Φ6@600	Φ6@600	Φ6@600	Φ6@600	30 130 30	
		3Lb	26Φ6	26Φ6	26Φ6	26Φ6	30 124 30	
		3Lc	5Φ6	5Φ6	5Φ6	5Φ6	30 154 30	

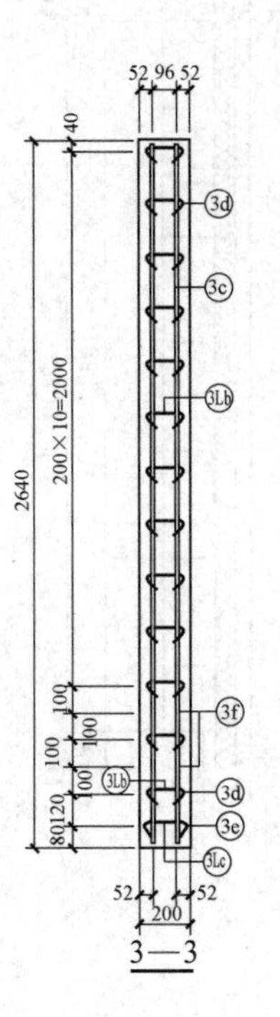

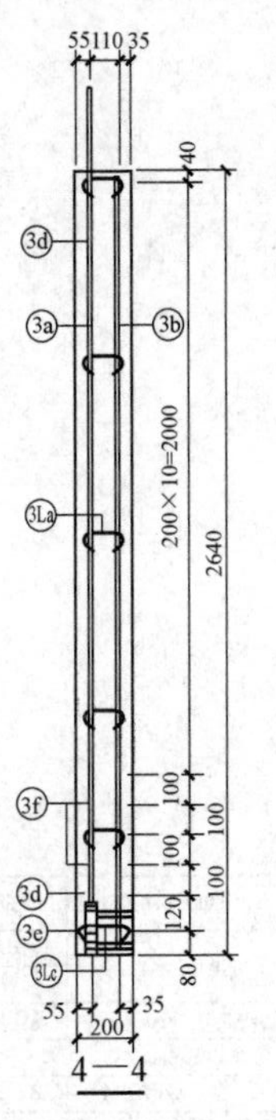

图 3-4 WQ-278 配筋图（摘自《预制混凝土剪力墙外墙板》15G365-1）

9）墙端端部竖向构造筋编号为 3c，距墙板边 50mm，沿墙板高度通长布置，不外伸。每端设置 2 根，共计 4 根。

10）墙体水平分布筋编号为 3d，自墙板顶部 40mm 处（中心距）开始，间距 200mm 布置，共计 13 道。水平分布筋在墙体两侧各外伸 200mm，同高度处的两根水平分布筋外伸后端部连接形成预留外伸 U 形筋的形式。

11）灌浆套筒处水平加密筋编号为 3e，自墙板底部 80mm 处（中心距）布置一根，在墙体两侧各外伸 200mm，同高度处的两根水平加密筋外伸后端部连接形成预留外伸 U 形筋的形式。

12）灌浆套筒顶部水平加密筋编号为 3f，灌浆套筒顶部以上至少 300mm 范围，与墙体水平分布筋间隔设置，形成间距 100mm 的加密区。共设置 2 道水平加密筋，不外伸，同高度处的两根水平加密筋端部连接做成封闭箍筋形式，箍住最外侧的端部竖向构造筋。

13）墙体拉结筋编号为 3La，矩形布置，间距 600mm。

14）端部拉结筋编号为 3Lb，端部竖向构造筋与墙体水平分布筋交叉点处拉结筋，每节点均设置，两端共计 26 根。

15）底部拉结筋编号为 3Lc，与灌浆套筒处水平加密筋节点对应的拉结筋，自端节点起，间距不大于 600mm，共计 5 根。

3.2.2 一个窗洞外墙板详图识图

现以一个窗洞外墙板 WQCA-3028-1516 为例，说明其模板图（图 3-5）和配筋图（图 3-6）的读图方法及步骤。

1）内叶墙板宽 2400mm（不含出筋），高 2640mm（不含出筋），厚 200mm。保温板宽 2940mm，高 2780mm。外叶墙板宽 2980mm，高 2815mm，厚 60mm。窗洞口宽 1500mm，高 1600mm，宽度方向居中布置，窗台与内叶墙板底间距 730mm（建筑面层为 100mm 时间距为 580mm）。

2）墙板底部预埋 12 个灌浆套筒，每侧 6 个。窗洞口正下方设置 2 组灌浆套管。

3）内叶墙板顶部有 2 个预埋吊件，编号 MJ1，与内叶墙板内侧边间距 135mm，与内叶墙板左右两侧边间距 475mm。

4）内叶墙板内侧面有 4 个临时支撑预埋螺母，编号 MJ2。矩形布置，距离内叶墙板左右两侧边均为 300mm，下部螺母距离内叶墙板下边缘 550mm，上部螺母与下部螺母间距 1390mm。

5）窗洞两侧各有 2 个预埋电气线盒，窗洞下部有 1 个预埋电气线盒。窗台下设置 2 块 B-5 型聚苯板轻质填充块，对称布置，外侧与窗洞边间距 50mm，顶部与窗台间距 50mm。

6）宽度方向平均分为两个灌浆分区，长度均为 1200mm。

7）连梁底部纵筋编号为 1Za，沿墙宽通长布置，两侧均外伸 200mm。

8）连梁腰筋编号为 1Zb，沿墙宽通长布置，两侧均外伸 200mm。与墙板顶部距离 35mm，与连梁底部纵筋间距 235mm（当建筑面层为 100mm 时间距 185mm）。

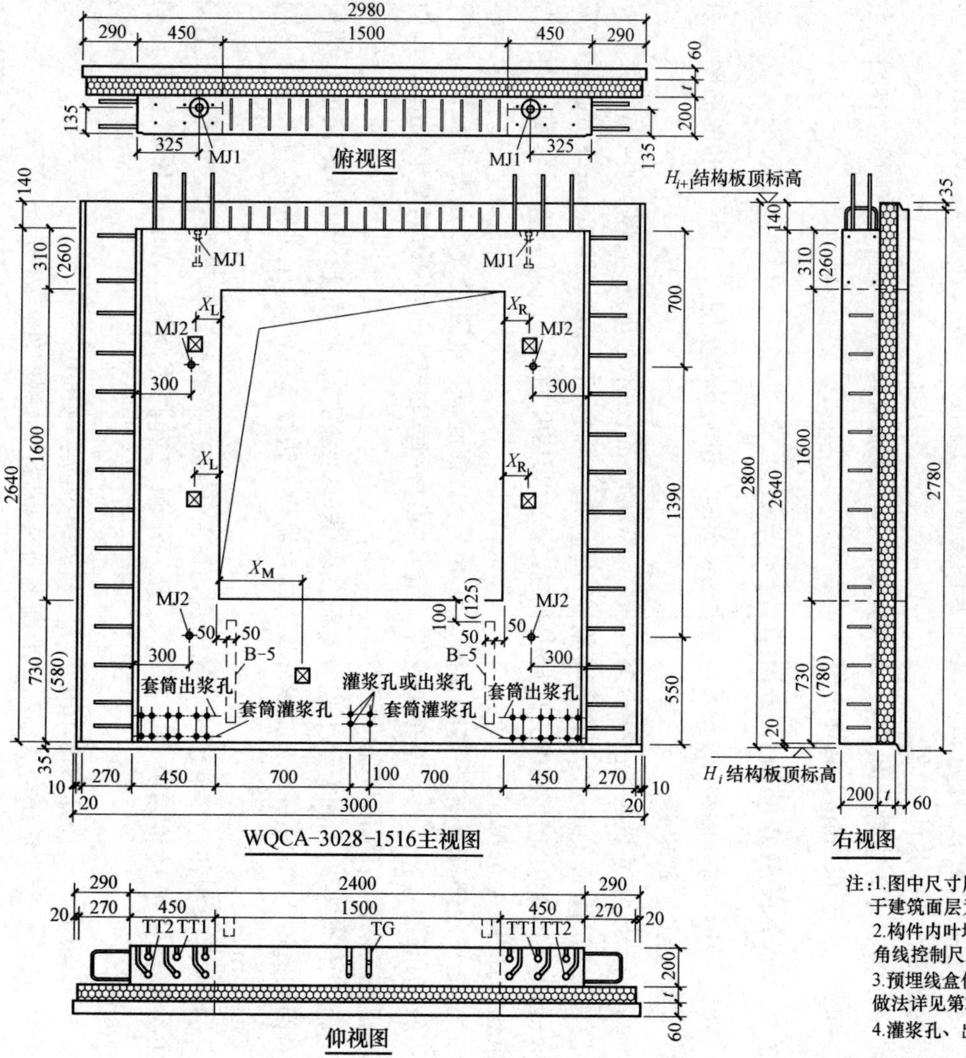

俯视图

WQCA-3028-1516主视图

右视图

仰视图

预埋配件明细表			
编号	名称	数量	备注
MJ1	吊件	2	可选件
MJ2	临时支撑预埋螺母	4	详见234页
B-5	填充用聚苯板	2	详见235页
TT1/TT2	套筒组件	6/6	详见235页
TG	套管组件	2	详见234页
预埋线盒位置选用			
位置	中心洞边距 X_L、X_R、X_M(mm)		
高区	X_L、X_R=130、280		
中区			
低区	X_M=50、250、450、650、850、1050、1250、1450		

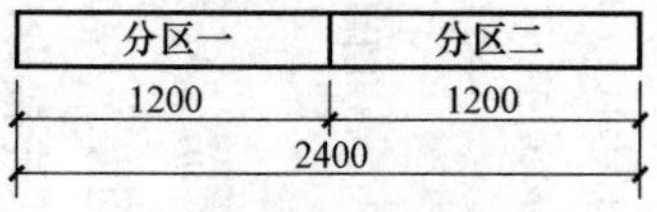

分区一	分区二
1200	1200
2400	

灌浆分区示意图

注：1.图中尺寸用于建筑面层为50mm的墙板，括号内尺寸用于建筑面层为100mm的墙板。
2.构件内叶墙板对角线控制尺寸为3568mm，外叶墙板对角线控制尺寸为4099mm。
3.预埋线盒位置与填充聚苯板碰撞时，应调整聚苯板尺寸，做法详见第233页。
4.灌浆孔、出浆孔竖向定位尺寸详见15G365-1第235页。

图 3-5　WQCA-3028-1516 模板图（摘自《预制混凝土剪力墙外墙板》15G365-1）

WQCA-3028-1516 钢筋表

钢筋类型		钢筋编号	一级	二级	三级	四级非抗震	钢筋加工尺寸	备注
连梁	纵筋	1Za	2⌀16	2⌀16	2⌀16	2⌀16	200 2400 200	外露长度200
		1Zb	2⌀10	2⌀10	2⌀10	2⌀10		
	箍筋	1G	16⌀10	15⌀8	15⌀8	15⌀8	(240) 110 290 160	焊接封闭箍筋
	拉筋	1L	16⌀8	15⌀8	15⌀8	15⌀6	10d 170 10d	d为拉筋直径
边缘构件	纵筋	2Za	12⌀16	12⌀16	–		23 2466 290	一端车丝长度23
			–	–	12⌀14	–	21 2484 275	一端车丝长度21
			–	–	–	12⌀12	18 2500 260	一端车丝长度18
		2Zb	4⌀10	4⌀10	4⌀10	4⌀10	2610	
	箍筋	2Ga	20⌀8	–	–	–	330 120	焊接封闭箍筋
		2Gb	22⌀8	22⌀8	22⌀6	22⌀6	200 415 120	焊接封闭箍筋
		2Gc	2⌀8	2⌀8	2⌀6	2⌀6	200 425 140	焊接封闭箍筋
		2Gd	8⌀8	8⌀8	8⌀6	8⌀6	400 120	焊接封闭箍筋
		2La	80⌀8	60⌀8	60⌀6	60⌀6	10d 130 10d	d为拉筋直径
		2Lb	22⌀6	22⌀6	22⌀6	22⌀6	30 130 30	
		2Lc	4⌀8	4⌀8	4⌀6	4⌀6	10d 150 10d	d为拉筋直径
窗下墙	水平筋	3a	2⌀10	2⌀10	2⌀10	2⌀10	400 1500 400	
	水平筋	3b	8⌀8	8⌀8	8⌀8	8⌀8	150 1500 150	
	竖向筋	3c	14⌀8	14⌀8	14⌀8	14⌀8	80 700 (750) 80	
	拉筋	3L	⌀6@400	⌀6@400	⌀6@400	⌀6@400	30 160 30	

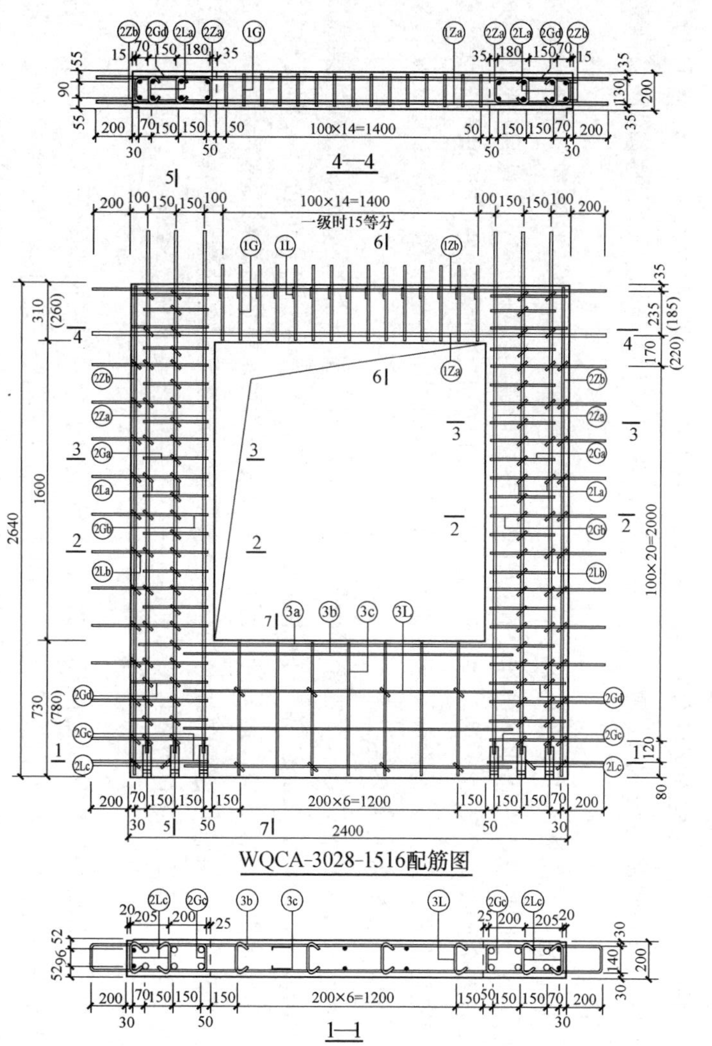

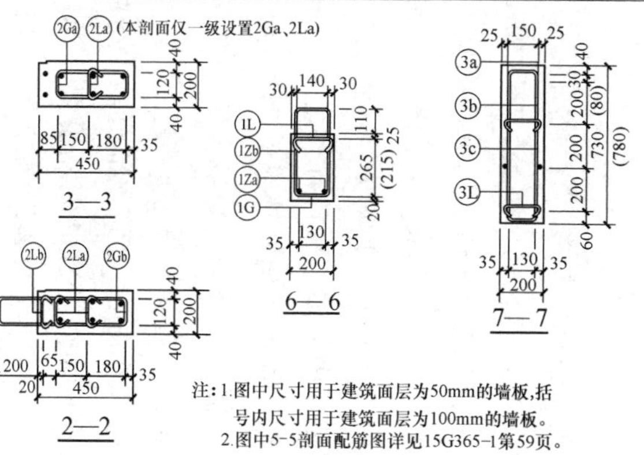

注：1.图中尺寸用于建筑面层为50mm的墙板，括号内尺寸用于建筑面层为100mm的墙板。
2.图中5-5剖面配筋图详见15G365-1第59页。

图 3-6 WQCA-3028-1516 配筋图（摘自《预制混凝土剪力墙外墙板》15G365-1）

9）连梁箍筋编号为1G，焊接封闭箍筋，箍住连梁底部纵筋和腰筋，上部外伸110mm至水平后浇带或圈梁混凝土内。仅布置在窗洞正上方，距离窗洞边缘50mm开始，等间距设置。一级抗震要求时为16Φ10，二、三级抗震要求时为15Φ8，四级抗震要求时为15Φ6。

10）连梁拉筋编号为1L，拉结连梁腰筋和箍筋。弯钩平直段长度为10d。一级抗震要求时为16Φ8，二、三级抗震要求时为15Φ8，四级抗震要求时为15Φ6。

11）窗洞口边缘构件竖向纵筋编号为2Za，与灌浆套筒连接的边缘构件竖向纵筋，距离窗洞边缘50mm开始布置，间距150mm布置3排，两层网片共两根竖向筋。一、二级抗震要求时为12Φ16，下端车丝，长度23mm，与灌浆套筒机械连接。上端外伸290mm，与上一层墙板中的灌浆套筒连接。

12）墙端端部竖向构造纵筋编号为2Zb，距墙板边30mm，沿墙板高度通长布置，不连接灌浆套筒，不外伸。每端设置2根。

13）窗洞口边缘构件箍筋编号为2Ga，套筒顶部300mm以上范围和连梁高度范围内设置，间距300mm。套筒顶部范围内与墙体水平分布筋2Gb间隔设置。连梁高度范围内与连梁处水平加密筋2Gd间隔设置。焊接封闭箍筋，箍住最外侧的窗洞口边缘构件竖向分布筋。仅在一级抗震要求时设置，窗洞两侧各设置10Φ8。

14）墙体水平分布筋编号为2Gb，距墙板底部200mm处开始布置，间距200mm至连梁底部。内外两层网片上同高度处两根水平分布筋在端部弯折连接形成封闭箍筋状。一端箍住窗洞口处边缘构件竖向分布筋，另一端外伸200mm，外伸后形成预留外伸U形筋的形式。窗洞两侧各设置11道。一、二级抗震要求时为22Φ8，三、四级抗震要求时为22Φ6。

15）灌浆套筒处水平分布筋编号为2Gc，距墙板底部80mm处（中心距）布置。内外两层网片上同高度处两根水平分布筋在端部弯折连接形成封闭箍筋状，一端箍住窗洞口边缘构件最外侧竖向分布筋，另一端外伸200mm，外伸后形成预留外伸U形筋的形式。窗洞两侧各设置一道。该处箍筋并不在墙体钢筋网片平面内。一、二级抗震要求时为2Φ8，三、四级抗震要求时为2Φ6。

16）套筒顶和连梁处水平加密筋编号为2Gd，套筒顶部以上150mm范围和连梁高度范围内设置，间距200mm。套筒顶部以上设置2道，与墙体水平分布筋2Gb间隔设置。连梁高度范围内设置2道。内外两层网片上同高度处两根水平加密筋在端部弯折连接形成封闭箍筋状。一端箍住窗洞口边缘构件最外侧竖向分布筋，另一端箍住墙体端部竖向构造纵筋2Zb，不外伸。窗洞两侧共设置8道。一、二级抗震要求时为8Φ8，三、四级抗震要求时为8Φ6。

17）窗洞口边缘构件拉结筋编号为2La，窗洞口边缘构件竖向纵筋与各类水平筋（墙体水平分布筋、边缘构件箍筋等）交叉点处拉结筋（无箍筋拉结处），不含灌浆套筒区域。弯钩平直段长度10d。一级抗震要求时窗洞口两侧每侧40Φ8，二级抗震要求时窗洞口两侧每侧30Φ8，三、四级抗震要求时窗洞口两侧每侧30Φ6。

18）墙端端部竖向构造纵筋拉结筋编号为2Lb，墙端端部竖向构造纵筋2Zb与墙体水平分布筋 2Gb 交叉点处拉结筋，每端 11 道，弯钩平直段长度 30mm。

19）灌浆套筒处拉结筋编号为 2Lc，灌浆套筒处水平分布筋与灌浆套筒和墙端端部竖向构造纵筋交叉点处拉结筋，弯钩平直段长度 10d。一、二级抗震要求时为 4⌀8。三、四级抗震要求时为 4⌀6。

20）窗下水平加强筋编号为 3a，窗台下布置，距窗台面 40mm，端部伸入窗洞口两侧混凝土内 400mm。

21）窗下墙水平分布筋编号为 3b，窗下墙处布置，端部伸入窗洞口两侧混凝土内 150mm。

22）窗下墙竖向分布筋编号为 3c，窗下墙处，距窗洞口边缘 150mm 开始布置，间距 200mm。端部弯折 90°，弯钩长度为 80mm，两侧竖向筋通过弯钩连接。

23）窗下墙拉结筋编号为 3d，窗下墙处，矩形布置。

3.2.3 两个窗洞外墙板详图识图

现以两个窗洞外墙板 WQC2-4830-0615-1515 为例，说明其模板图（图 3-7）和配筋图（图 3-8）的读图方法及步骤。

1）内叶墙板宽 4200mm（不含出筋），高 2840mm（不含出筋），厚 200mm。保温板宽 4740mm，高 2980mm。外叶墙板宽 4780mm，高 3015mm，厚 60mm。左窗洞口宽 600mm，高 1500mm，距内叶墙板左侧 750mm。右窗洞口宽 1500mm，高 1500mm，距内叶墙板右侧 750mm。两窗窗台平齐，窗台与内叶墙板底间距 930mm（建筑面层为 100mm 时间距为 980mm）。

2）墙板底部预埋 14 个灌浆套筒。内叶墙板正下方设置 2 组灌浆套管。

3）墙板顶部有 2 个预埋吊件，编号 MJ1，左侧 MJ1 与内叶墙板左侧边间距 300mm，右侧 MJ1 与内叶墙板右侧边间距 950mm。

4）墙板内侧面有 3 组共 6 个临时支撑预埋螺母，编号 MJ2。矩形布置，左侧一组与内叶墙板左侧边间距 350mm，中间一组与左窗洞口边间距 300mm，右侧一组与内叶墙板右侧边间距 350mm。下部螺母距离内叶墙板下边缘 550mm，上部螺母与下部螺母间距 1390mm。

5）左窗洞口左侧、右窗洞口两侧各有 2 个预埋电气线盒，窗洞下部有 1 个预埋电气线盒，共计 7 个。

6）左窗洞口窗台下设置 1 块 B-50 型聚苯板轻质填充块，填充块外侧与窗洞边间距 50mm，顶部与窗台间距 200mm。右窗洞口窗台下设置 1 块 B-50 型和 2 块 B-30 型聚苯板轻质填充块，对称布置，填充块外侧与窗洞边间距 100mm，顶部与窗台间距 200mm。

7）内叶墙板宽度方向平均分为三个灌浆分区，长度均为 1400mm。

8）连梁底部纵筋编号为 1Za，沿墙宽通长布置，两侧均外伸 200mm。一级抗震要求时为 2⌀18，其他为 2⌀16。

9）连梁腰筋编号为 1Zb，沿墙宽通长布置，两侧均外伸 200mm。一级抗震要求时为 4⌀10，其他为 2⌀10。

10）连梁箍筋编号为1G，箍住连梁底部纵筋和腰筋，上部外伸110mm至水平后浇带或圈梁混凝土内。在左窗洞左侧至右窗洞右侧上方连梁处布置，距离窗洞边缘50mm开始，等间距设置。一级抗震要求时为27Φ10，二、三级抗震要求时为27Φ8，四级抗震要求时为27Φ6。

11）连梁拉筋编号为1L，连梁腰筋和箍筋交叉点处拉结筋，弯钩平直段长度为10d。一、二、三级抗震要求时为27Φ8，四级抗震要求时为27Φ6。

12）与灌浆套筒连接的竖向纵筋编号为2Za，包含窗洞口边缘构件竖向纵筋和墙端部竖向纵筋。左窗洞左侧和右窗洞右侧窗洞口边缘构件竖向纵筋距离窗洞边缘50mm开始布置，间距150mm布置3排，两层网片共12根竖向筋全部连接灌浆套筒。墙端部竖向纵筋距墙端100mm，仅在一层网片纵筋上连接灌浆套筒，计2根竖向筋。

13）不连接灌浆套筒的竖向纵筋编号为2Zb，包括墙端端部竖向构造纵筋和墙端不与灌浆套筒连接的竖向纵筋。墙端端部竖向构造纵筋距墙板边30mm，每端设置2根，共计4根。墙端不与灌浆套筒连接的竖向纵筋距墙板边100mm，每端设置1根。以上共计6根，均沿墙板高度通长布置，不连接灌浆套筒，不外伸。

14）墙体水平分布筋编号为2Gb，左窗洞左侧和右窗洞右侧各设置12道，套筒顶部至连梁底部之间均布，距墙板底部200mm处开始间距200mm布置。两层网片上同高度处两根2Gb在端部弯折连接形成封闭箍筋状。一端箍住窗洞口处边缘构件竖向分布筋，另一端外伸200mm，外伸后形成预留外伸U形筋的形式。一、二级抗震要求时为24Φ8，三、四级抗震要求时为24Φ6。

15）灌浆套筒处水平分布筋编号为2Gc，左窗洞左侧和右窗洞右侧各1道，距墙板底部80mm处（中心距）布置。两层网片上同高度处两根水平分布筋在端部弯折连接形成封闭箍筋状，一端箍住窗洞口边缘构件最外侧竖向分布筋，另一端外伸200mm，外伸后形成预留外伸U形筋的形式。一、二级抗震要求时为2Φ8，三、四级抗震要求时为2Φ6。

16）套筒顶和连梁处水平加密筋编号为2Gd，左窗洞左侧和右窗洞右侧各设置4道，套筒顶部以上300mm范围和连梁高度范围内设置，间距200mm。套筒顶部以上设置2道，与墙体水平分布筋2Gb间隔设置。连梁高度范围内设置2道。一、二级抗震要求时为4Φ8，三、四级抗震要求时为4Φ6。

17）窗洞口边缘构件拉结筋编号为2La，窗洞口边缘构件竖向纵筋与各类水平筋交叉点处拉结筋（无箍筋拉结处），不含灌浆套筒区域。弯钩平直段长度10d。一、二级抗震要求时为86Φ8，三、四级抗震要求时为86Φ6。

18）墙端端部竖向构造纵筋拉结筋编号为2Lb，墙端端部竖向构造纵筋与墙体水平分布筋交叉点处拉结筋，每端12道，弯钩平直段长度30mm。

19）灌浆套筒处拉结筋编号为2Lc，灌浆套筒处水平分布筋与灌浆套筒和墙端端部竖向构造纵筋交叉点处拉结筋，弯钩平直段长度10d。一、二级抗震要求时为6Φ8。三、四级抗震要求时为6Φ6。

20）两窗下水平加强筋编号为3a，距窗台面40mm，沿两窗洞下通长布置，端部伸入左窗洞左侧和右窗洞右侧混凝土内400mm。

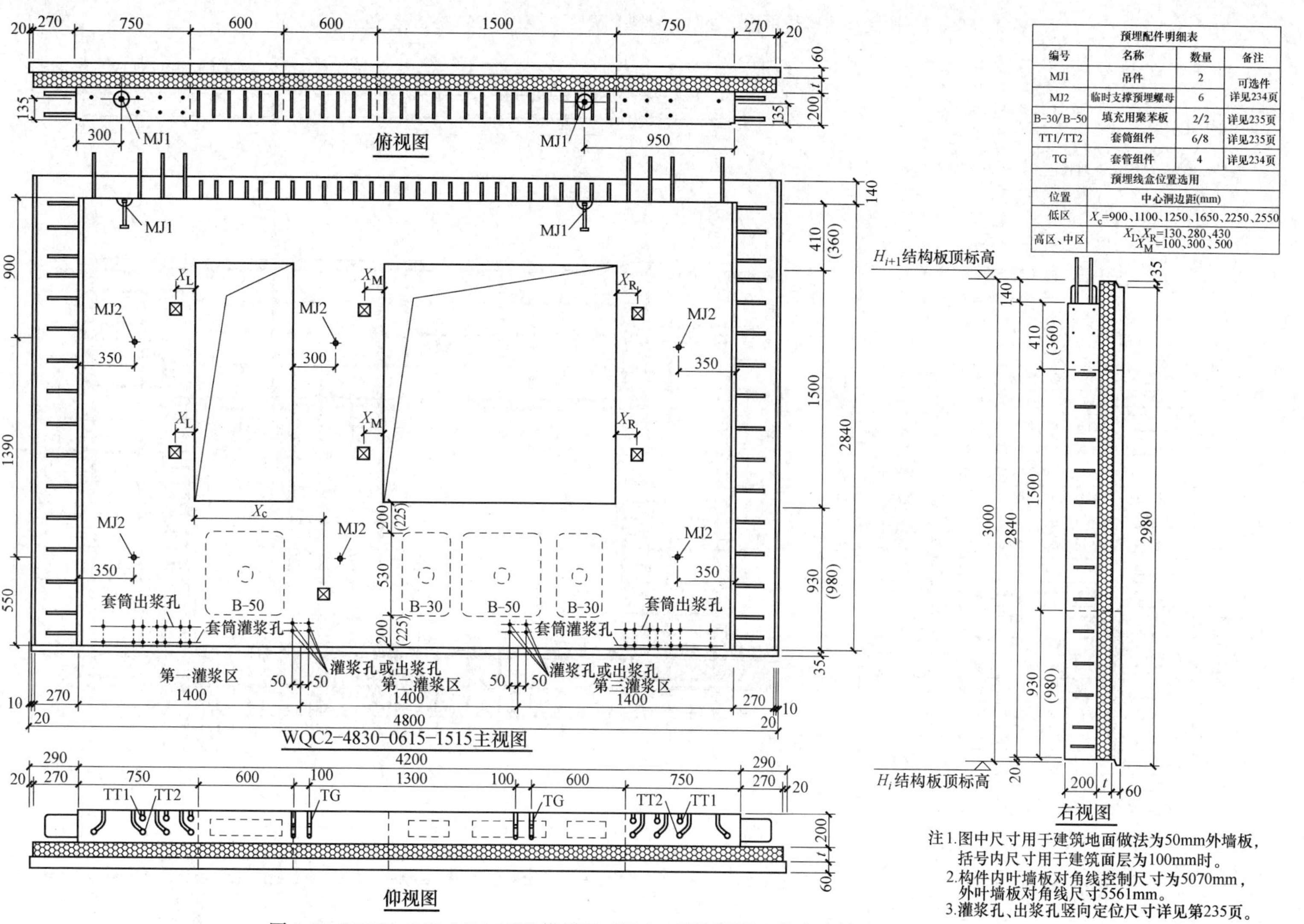

预埋配件明细表			
编号	名称	数量	备注
MJ1	吊件	2	可选件 详见234页
MJ2	临时支撑预埋螺母	6	
B-30/B-50	填充用聚苯板	2/2	详见235页
TT1/TT2	套筒组件	6/8	详见235页
TG	套管组件	4	详见234页

预埋线盒位置选用	
位置	中心洞边距(mm)
低区	X_c=900、1100、1250、1650、2250、2550
高区、中区	X_L、X_R=130、280、430 X_M=100、300、500

注 1.图中尺寸用于建筑地面做法为50mm外墙板，括号内尺寸用于建筑面层为100mm时。
2.构件内叶墙板对角线控制尺寸为5070mm，外叶墙板对角线尺寸5561mm。
3.灌浆孔、出浆孔竖向定位尺寸详见第235页。

图 3-7 WQC2-4830-0615-1515 模板图（摘自《预制混凝土剪力墙外墙板》15G365-1）

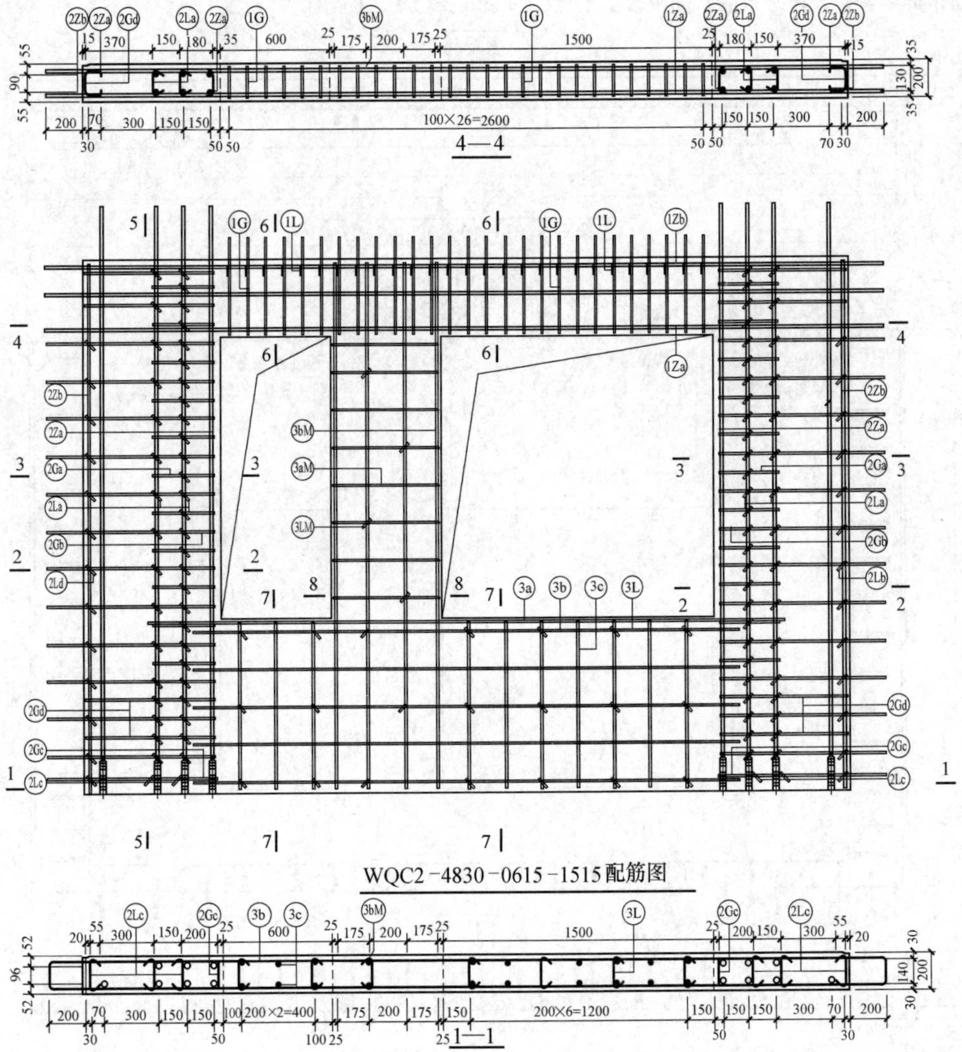

4—4

WQC2-4830-0615-1515配筋图

1—1

WQC2-4830-0615-1515钢筋表

钢筋类型		钢筋编号	一级	二级	三级	四级非抗震	钢筋加工尺寸	备注
连梁	纵筋	1Za	2Φ18	2Φ16	2Φ16	2Φ16	200 4200 200	外露长度200
		1Zb	4Φ10	2Φ10	2Φ10	2Φ10		
	箍筋	1G	27Φ10	27Φ8	27Φ8	27Φ6	(240) 110 290 160	焊接封闭箍筋
	拉筋	1L	27Φ8	27Φ8	27Φ8	27Φ6	10d 170 10d	d为拉筋直径
边缘构件	纵筋	2Za	14Φ16	14Φ16	–	–	23 2666 290	一端车丝长度23
			–	–	14Φ14	–	21 2684 275	一端车丝长度21
			–	–	–	14Φ12	18 2700 260	一端车丝长度18
		2Zb	6Φ10	6Φ10	6Φ10	6Φ10	2810	
	箍筋	2Ga	22Φ8	–	–	–	330 120	焊接封闭箍筋
		2Gb	24Φ8	24Φ8	24Φ6	24Φ6	200 415 120	焊接封闭箍筋
		2Gc	2Φ8	2Φ8	2Φ6	2Φ6	200 425 140	焊接封闭箍筋
		2Gd	4Φ8	4Φ8	4Φ6	4Φ6	700 140	焊接封闭箍筋
		2La	86Φ8	86Φ8	86Φ6	86Φ6	10d 130 10d	d为拉筋直径
		2Lb	24Φ6	24Φ6	24Φ6	24Φ6	30 130 30	
		2Lc	6Φ8	6Φ8	6Φ6	6Φ6	10d 150 10d	d为拉筋直径
混凝土墙	水平筋	3a	2Φ10	2Φ10	2Φ10	2Φ10	400 2700 400	
	水平筋	3b	10Φ8	10Φ8	10Φ8	10Φ8	150 2700 150	
	竖向筋	3c	20Φ8	20Φ8	20Φ8	20Φ8	900 80 (950) 80	
	拉筋	3L	Φ6@400	Φ6@400	Φ6@400	Φ6@400	30 158 30	
	水平筋	3aM	14Φ8	14Φ8	14Φ8	14Φ8	570	
	竖向筋	3bM	8Φ8	8Φ8	8Φ8	8Φ8	2810	
	拉筋	3LM	7Φ6	7Φ6	7Φ6	7Φ6	30 172 30	

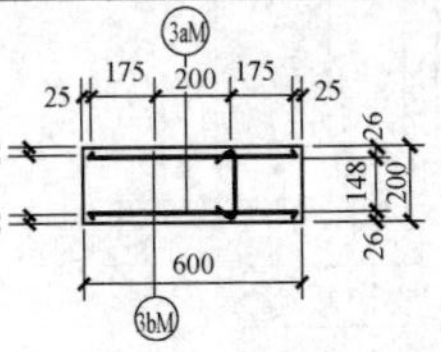

8—8

注：1.图中尺寸用于建筑地面做法为50mm外墙板，括号内尺寸用于建筑面层为100mm时。
2.图中2-2、3-3、5-5、6-6、7-7剖面配筋图详见15G365-1第103页。

图 3-8　WQC2-4830-0615-1515配筋图（摘自《预制混凝土剪力墙外墙板》15G365-1）

21）窗下墙位置处水平筋编号为 3b，沿两窗洞下通长布置，端部伸入左窗洞左侧和右窗洞右侧混凝土内 150mm，共布置 5 道。

22）窗下墙位置处竖向筋编号为 3c，左窗洞下布置 3 道，右窗洞下布置 7 道。距窗洞口边缘 150mm 开始布置，间距 200mm。端部弯折 90°，弯钩长度为 80mm，两侧竖向筋通过弯钩连接。

23）窗间墙位置处水平筋编号为 3aM，两窗洞间水平布置，作为窗下墙水平分布筋在两窗洞间的延伸。

24）窗间墙位置处竖向筋编号为 3bM，两窗洞间竖向布置，沿墙板高度方向通长。

3.2.4 一个门洞外墙板详图识图

现以一个门洞外墙板 WQM-3930-2424 为例，说明其模板图（图 3-9）和配筋图（图 3-10）的读图方法及步骤。

1）内叶墙板宽 3300mm（不含出筋），高 2840mm（不含出筋），厚 200mm。保温板宽 3840mm，高 2830mm。外叶墙板宽 3880mm，高 2830mm，厚 60mm。门洞口宽 2400mm，高 2430mm，在墙板宽度方向居中布置。

2）墙板底部预埋 12 个灌浆套筒，每侧 6 个。

3）墙板顶部有 2 个预埋吊件，编号 MJ1，布置在与内叶墙板内侧边间距 135mm，分别与内叶墙板左右两侧边间距 325mm 的对称位置处。

4）墙板内侧面有 4 个临时支撑预埋螺母，编号 MJ2。矩形布置，距离内叶墙板左右两侧边均为 300mm，下部螺母距离内叶墙板下边缘 550mm，上部螺母与下部螺母间距 1390mm。

5）门洞两侧各有 2 个预埋电气线盒，共计 4 个。

6）门洞外墙板底部有 4 个临时加固预埋螺母，编号 MJ3。对称布置，门洞两侧 2 个，距离门洞两侧边均为 150mm，下部螺母与内叶墙板底间距 250mm，上部螺母与下部螺栓间距 200mm。

7）连梁底部纵筋编号为 1Za，沿墙宽通长布置，两侧均外伸 200mm，一级抗震要求时配置为 2⌀16。

8）连梁腰筋编号为 1Zb，沿墙宽通长布置，两侧均外伸 200mm。二级抗震要求时配置为 4⌀10。

9）连梁拉筋编号为 1L，连梁腰筋和箍筋交叉点处拉结筋，弯钩平直段长度为 $10d$。一级抗震要求时为 25⌀8，二、三级抗震要求时为 24⌀8，四级抗震要求时为 24⌀6。

10）连梁箍筋编号为 1G，箍住连梁底部纵筋和腰筋，上部外伸 110mm 至水平后浇带或圈梁混凝土内。仅门洞正上方布置，距离门洞边缘 50mm 开始，等间距设置。一级抗震要求时为 25⌀10，二、三级抗震要求时为 24⌀8，四级抗震要求时为 24⌀6。

11）门洞口边缘构件竖向纵筋编号为 2Za，距离门洞边缘 50mm 开始布置，间距 150mm 布置 3 排，两层网片共 12 根。

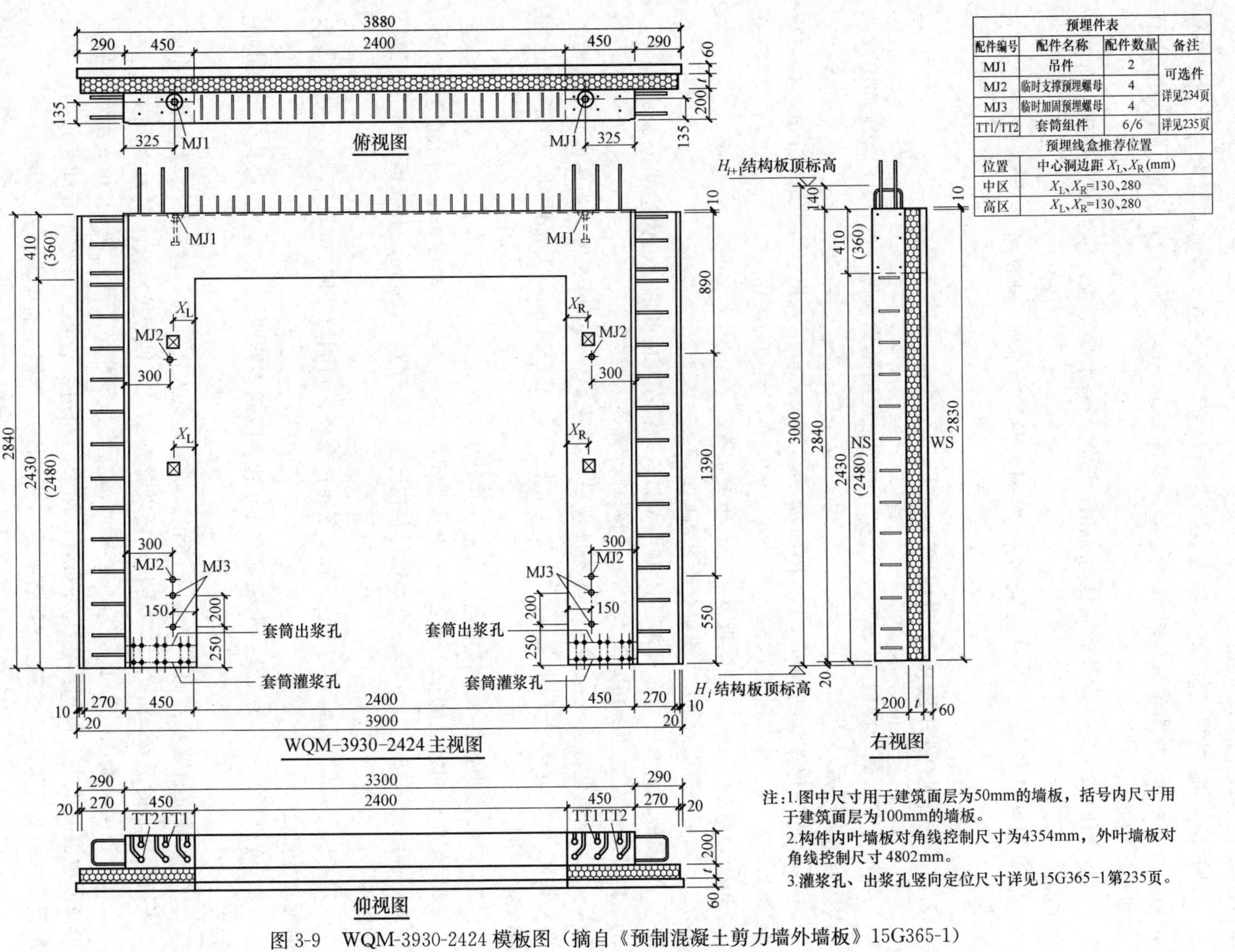

预埋件表			
配件编号	配件名称	配件数量	备注
MJ1	吊件	2	可选件
MJ2	临时支撑预埋螺母	4	详见234页
MJ3	临时加固预埋螺母	4	详见234页
TT1/TT2	套筒组件	6/6	详见235页
预埋线盒推荐位置			
位置	中心洞边距 X_L、X_R(mm)		
中区	X_L、X_R=130、280		
高区	X_L、X_R=130、280		

注:1.图中尺寸用于建筑面层为50mm的墙板，括号内尺寸用于建筑面层为100mm的墙板。

2.构件内叶墙板对角线控制尺寸为4354mm，外叶墙板对角线控制尺寸4802mm。

3.灌浆孔、出浆孔竖向定位尺寸详见15G365-1第235页。

图 3-9　WQM-3930-2424 模板图（摘自《预制混凝土剪力墙外墙板》15G365-1）

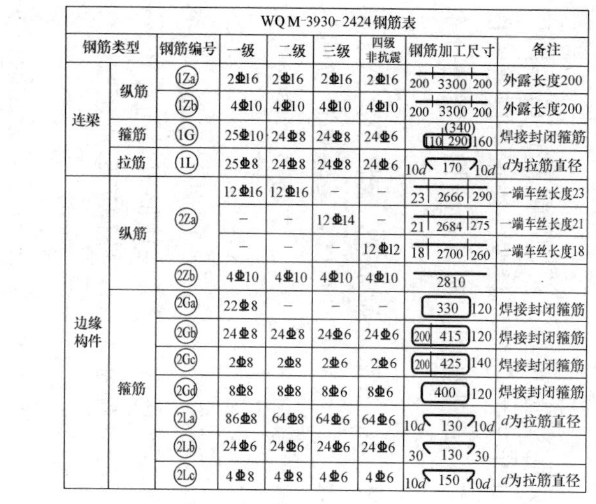

钢筋类型		钢筋编号	一级	二级	三级	四级非抗震	钢筋加工尺寸	备注
WQM-3930-2424钢筋表								
连梁	纵筋	1Za	2Φ16	2Φ16	2Φ16	2Φ16	200 3300 200	外露长度200
		1Zb	4Φ10	4Φ10	4Φ10	4Φ10	200 3300 200	外露长度200
	箍筋	1G	25Φ10	24Φ8	24Φ8	24Φ6	(340) 110 290 160	焊接封闭箍筋
	拉筋	1L	25Φ8	24Φ8	24Φ8	24Φ6	10d 170 10d	d为拉筋直径
边缘构件	纵筋	2Za	12Φ16	12Φ16	–	–	23 2666 290	一端车丝长度23
			–	–	12Φ14	–	21 2684 275	一端车丝长度21
			–	–	–	12Φ12	18 2700 260	一端车丝长度18
		2Zb	4Φ10	4Φ10	4Φ10	4Φ10	2810	
	箍筋	2Ga	22Φ8	–	–	–	330 120	焊接封闭箍筋
		2Gb	24Φ8	24Φ8	24Φ6	24Φ6	200 415 120	焊接封闭箍筋
		2Gc	2Φ8	2Φ8	2Φ6	2Φ6	200 425 140	焊接封闭箍筋
		2Gd	8Φ8	8Φ8	8Φ6	8Φ6	400 120	焊接封闭箍筋
		2La	86Φ8	64Φ8	64Φ6	64Φ6	10d 130 10d	d为拉筋直径
		2Lb	24Φ6	24Φ6	24Φ6	24Φ6	30 130 30	
		2Lc	4Φ8	4Φ8	4Φ6	4Φ6	10d 150 10d	d为拉筋直径

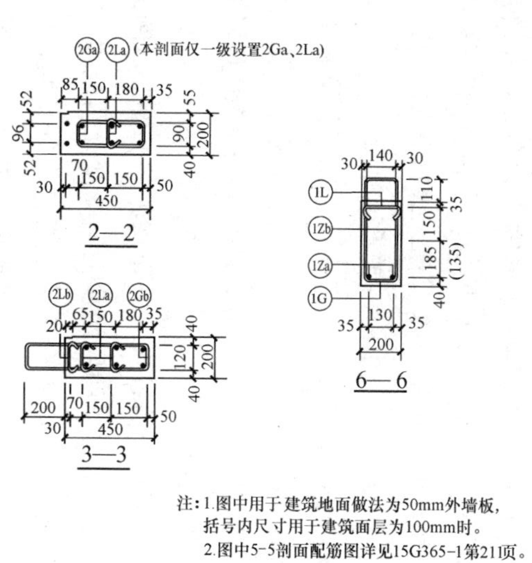

注：1.图中用于建筑地面做法为50mm外墙板，括号内尺寸用于建筑面层为100mm时。
2.图中5-5剖面配筋图详见15G365-1第21页。

WQM-3930-2424配筋图

4—4

1—1

图 3-10　WQM-3930-2424 配筋图（摘自《预制混凝土剪力墙外墙板》15G365-1）

12）墙端端部竖向构造纵筋编号为 2Zb，距墙板边 30mm，每端设置 2 根，共计 4 根。不连接灌浆套筒，不外伸。

13）窗洞口边缘构件箍筋编号为 2Ga，套筒顶部 300mm 以上范围和连梁高度范围内设置，间距 200mm。套筒顶部以上范围内与墙体水平分布筋间隔设置。连梁高度范围内与连梁处水平加密筋间隔设置。焊接封闭箍筋，箍住最外侧的窗洞口边缘构件竖向分布筋。仅在一级抗震要求时设置 22Φ8。

14）墙体水平分布筋编号为 2Gb，距墙板底部 200mm 处开始布置，套筒顶部至连梁底部之间间距 200mm 均布，门洞两侧各设置 12 道。一端箍住门洞口处边缘构件竖向分布筋，另一端外伸 200mm，外伸后形成预留外伸 U 形筋的形式。一、二级抗震要求时为 24Φ8，三、四级抗震要求时为 24Φ6。

15）灌浆套筒处水平分布筋编号为 2Gc，距墙板底部 80mm 处（中心距）布置，门洞两侧各设置 1 道。两层网片上同高度处两根水平分布筋在端部弯折连接形成封闭箍筋状，一端箍住门洞口边缘构件最外侧竖向分布筋，另一端外伸 200mm，外伸后形成预留外伸 U 形筋的形式。一、二级抗震要求时为 2Φ8，三、四级抗震要求时为 2Φ6。

16）套筒顶和连梁处水平加密筋编号为 2Gd，套筒顶部以上 300mm 范围和连梁高度范围内设置，间距 200mm。套筒顶部以上设置 2 道，与墙体水平分布筋间隔设置。连梁高度范围内设置 2 道。一、二级抗震要求时为 8Φ8，三、四级抗震要求时为 8Φ6。

17）窗洞口边缘构件拉结筋编号为 2La，窗洞口边缘构件竖向纵筋与各类水平筋交叉点处拉结筋（无箍筋拉结处），不含灌浆套筒区域。弯钩平直段长度 $10d$。一级抗震要求时为 86Φ8，二级抗震要求时为 64Φ8，三、四级抗震要求时为 64Φ6。

18）墙端端部竖向构造纵筋拉结筋编号为 2Lb，墙端端部竖向构造纵筋与墙体水平分布筋交叉点处拉结筋，每端 12 道，弯钩平直段长度 30mm。

19）灌浆套筒处拉结筋编号为 2Lc，灌浆套筒处水平分布筋与墙端端部竖向构造纵筋交叉点处拉结筋，弯钩平直段长度 $10d$。一、二级抗震要求时为 4Φ8，三、四级抗震要求时为 4Φ6。

3.3　预制内墙板构件详图

3.3.1　无洞口内墙板详图识图

现以无洞口内墙板 NQ-1828 为例，说明其模板图（图 3-11）和配筋图（图 3-12）的读图方法及步骤。

1）墙板宽 1800mm（不含出筋），高 2640mm（不含出筋，底部预留 20mm 高灌浆区，顶部预留 140mm 高后浇区，合计层高为 2800mm），厚 200mm。

2）墙板底部预埋 5 个灌浆套筒，在墙板宽度方向上均匀布置（间距 300mm），两层钢筋网片上的套筒交错布置，图示内侧 2 个，外侧 3 个。

3）墙板顶部有 2 个预埋吊件，编号 MJ1。在墙板厚度上居中布置，在墙板宽度上位于两侧四分之一位置处。

4）墙板内侧面有 4 个临时支撑预埋螺母，编号 MJ2。矩形布置，距离墙板两侧边均为 350mm，下部两螺母距离墙板下边缘 550mm，上部两螺母与下部两螺母间距 1390mm。

5）墙板内侧面有 3 个预埋电气线盒。

6）竖向分布筋编号为 3a：与灌浆套筒连接的竖向分布筋，当为四级抗震要求时可选用 5⌀14，具体尺寸也会发生变化。下端车丝，与本墙板中的灌浆套筒机械连接。上端外伸，与上一层墙板中的灌浆套筒连接。自墙板边 300mm 开始布置，间距 300mm，两侧隔一设一，本图中墙板内侧设置 3 根，外侧设置 2 根，共计 5 根。

7）竖向分布筋编号为 3b：与竖向分布筋 3a 对应的竖向分布筋。不连接灌浆套筒，不外伸，沿墙板高度通长布置。自墙板边 300mm 开始布置，间距 300mm，与竖向分布筋 3a 间隔布置，本图中墙板内侧设置 2 根，外侧设置 3 根，共计 5 根。

8）端部竖向构造筋编号为 3c：距墙板边 50mm，沿墙板高度通长布置。每端设置 2 根，共计 4 根。

9）墙体水平分布筋编号为 3d：自墙板顶部 40mm 处（中心距）开始，间距 200mm 布置，单侧共计 13 根水平分布筋。水平分布筋在墙体两侧各外伸 200mm，同高度处的两根水平分布筋外伸后形成预留外伸 U 形筋的形式。

10）灌浆套筒处水平分布筋编号为 3e：自墙板底部 80mm 处（中心距）布置一根，在墙体两侧各外伸 200mm，同高度处的两根水平加密筋外伸后形成预留外伸 U 形筋的形式。

11）灌浆套筒顶部水平加密筋编号为 3f：灌浆套筒顶部以上至少 300mm 范围，与原有水平分布筋一起，形成间距 100mm 的加密区。图中单侧设置 2 根水平加密筋，不外伸，同高度处的两根水平加密筋做成封闭箍筋形式。

12）墙体拉结筋编号为 3La：矩形布置，间距 600mm。墙体高度上自顶部节点向下布置（底部水平筋加密区，因高度不满足 2 倍间距要求，实际布置间距变小）。墙体宽度方向上因有端部拉结筋 3Lb，自第三列节点开始布置。共计 10 根。

13）端部拉结筋编号为 3Lb：与端部竖向构造筋节点对应的拉结筋，每节点均设置，两端共计 26 根。

14）底部拉结筋编号为 3Lc：与灌浆套筒处水平分布筋节点对应的拉结筋，自端节点起隔一布一，共计 4 根。

3.3.2 固定门垛内墙板详图识图

现以固定门垛内墙板 NQM1-2128-0921 为例，说明其模板图（图 3-13）和配筋图（图 3-14）的读图方法及步骤。

1）墙板宽 2100mm（不含出筋），高 2640mm（不含出筋），厚 200mm。门洞口宽 900mm，高 2130mm（当建筑面层为 100mm 时，门洞口高 2180mm）。门洞口不居中布置，一侧墙板宽 450mm，另一侧墙板宽 750mm。

预埋配件明细表			
编号	名称	数量	备注
MJ1	吊件	2	可选件
MJ2	临时支撑预埋螺母	4	详见第181页
TT1/TT2	套筒组件	3/3	详见第181页
预埋线盒位置选用			
位置	中心墙边距X、X'(mm)		
高区	X=150、450、1350、1650		
中区			
低区	X=150、450、750、1050、1350、1650		

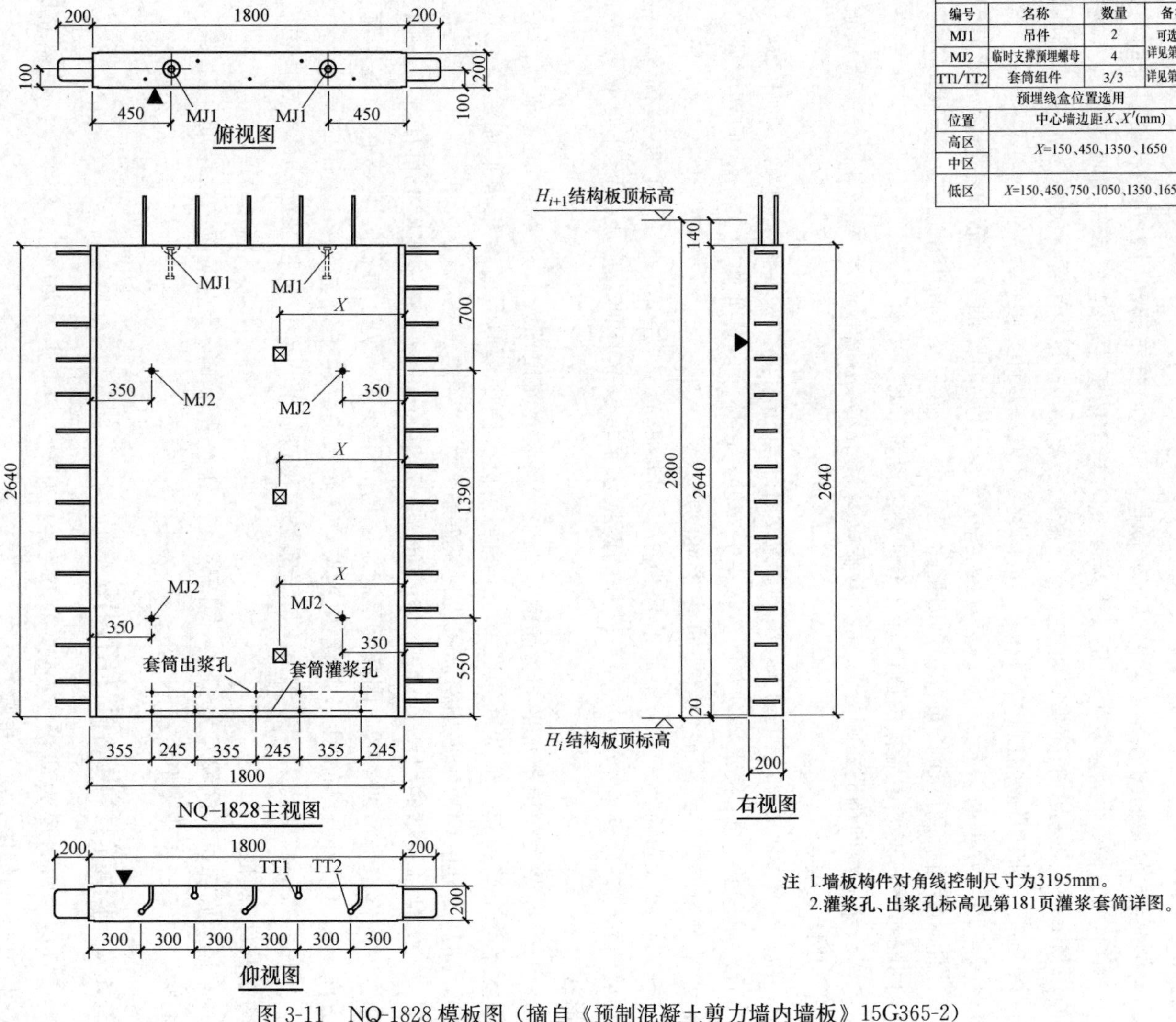

注 1.墙板构件对角线控制尺寸为3195mm。
2.灌浆孔、出浆孔标高见第181页灌浆套筒详图。

图 3-11 NQ-1828 模板图（摘自《预制混凝土剪力墙内墙板》15G365-2）

NQ-1828 钢筋表								
钢筋类型		钢筋编号	一级	二级	三级	四级非抗震	钢筋加工尺寸	备注
混凝土墙	竖向筋	3a	5Φ16	5Φ16	5Φ16	–	23 2466 290	一端车丝长度23
			–	–	–	5Φ14	21 2484 275	一端车丝长度21
		3b	5Φ6	5Φ6	5Φ6	5Φ6	2610	
		3c	4Φ12	4Φ12	4Φ12	4Φ12	2610	
	水平筋	3d	13Φ8	13Φ8	13Φ8	13Φ8	116 200 1800 200 116	
		3e	2Φ8	2Φ8	2Φ8	2Φ8	146 200 1800 200 146	
		3f	2Φ8	2Φ8	2Φ8	2Φ8	116 1750 116	
	拉筋	3La	Φ6@600	Φ6@600	Φ6@600	Φ6@600	30 130 30	
		3Lb	26Φ6	26Φ6	26Φ6	26Φ6	30 124 30	
		3Lc	4Φ6	4Φ6	4Φ6	4Φ6	30 154 30	

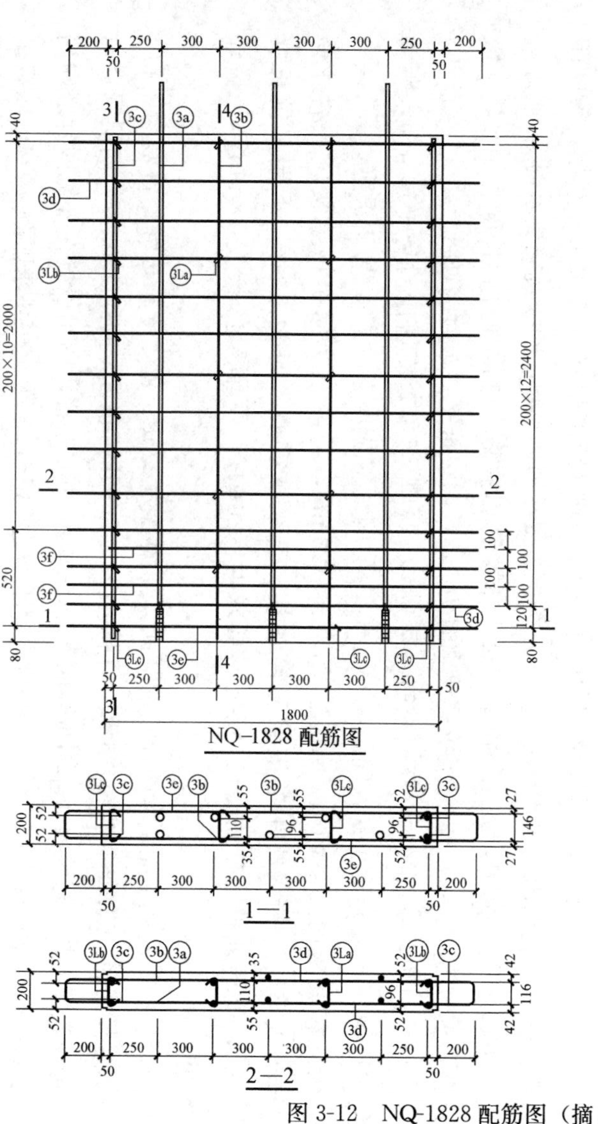

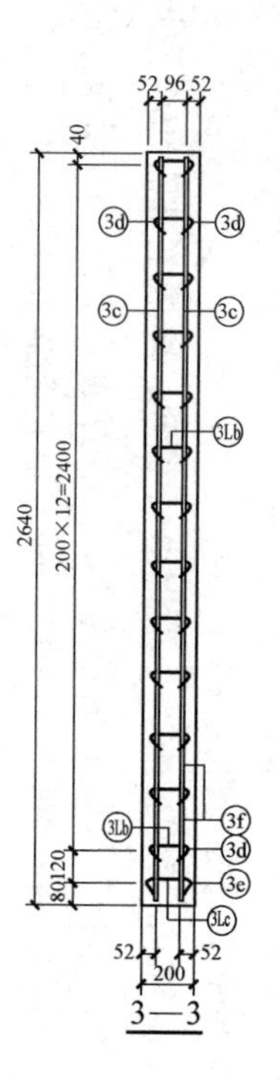

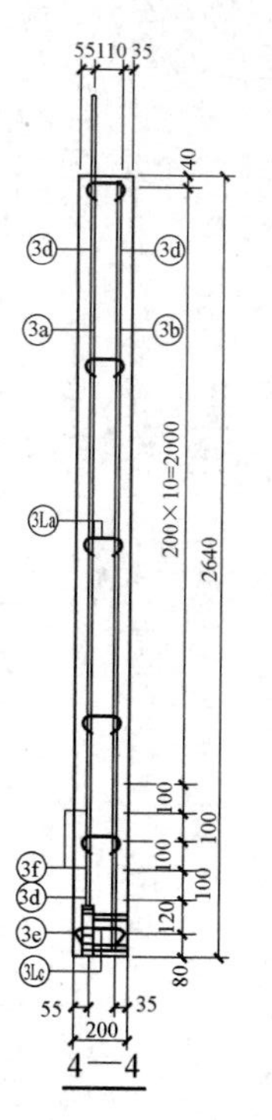

图 3-12 NQ-1828 配筋图（摘自 15G365-2《预制混凝土剪力墙内墙板》）

2）墙板底部预埋 13 个灌浆套筒。其中，门洞两侧的 3 排竖向筋均设置灌浆套筒，且两层网片的竖向筋同时设置，计 12 个灌浆套筒。门洞区域外按间距 300mm，两层钢筋网片上交错布置的形式设置了 1 个灌浆套筒，图示设置在了外侧网片竖向筋上，以上合计 13 个灌浆套筒。

3）墙板顶部有 2 个预埋吊件，编号 MJ1，在墙板厚度上居中布置。因门洞导致墙板重心不居中，MJ1 在墙板宽度上不对称布置，门洞一侧 MJ1 中心与墙板侧边间距 325mm，另一侧 MJ1 中心与墙板侧边间距 250mm。

4）墙板内侧面有 4 个临时支撑预埋螺母，编号 MJ2。矩形布置，门洞一侧 MJ2 中心与墙板侧边间距 300mm，另一侧 MJ2 中心与墙板侧边间距 350mm。下部两螺母距离墙板下边缘 550mm，上部两螺母与下部两螺母间距 1390mm。

5）门洞两侧墙板下部有 4 个预埋临时加固螺母，每侧 2 个，对称布置，编号 MJ3。矩形布置，MJ3 与门洞口侧边间距 150mm，下部两螺母距离墙板下边缘 250mm，上部两螺母与下部两螺母间距 200mm。

6）门洞两侧各有 2 个预埋电气线盒，墙板下部有 1 个预埋电气线盒，共计 5 个。

7）连梁底部纵筋编号为 1Za：墙宽通长布置，两侧均外伸 200mm。

8）连梁腰筋编号为 1Zb：墙宽通长布置，上下 2 排，各 2 根，两侧均外伸 200mm。上排筋中心与墙板顶部距离 35mm，上排筋与下排筋间距 235mm（当建筑面层为 100mm 时，间距为 210mm），下排筋与底部纵筋间距 200mm（当建筑面层为 100mm 时，间距为 175mm）。

9）连梁箍筋编号为 1G：焊接封闭箍筋，箍住连梁底部纵筋和腰筋，上部外伸 110mm 至水平后浇带或圈梁混凝土内。门洞正上方，距离门洞边缘 50mm 开始，等间距设置。一级抗震要求时为 10⌀10，二、三级抗震要求时为 9⌀8，四级抗震要求时为 9⌀6。

10）连梁拉筋编号为 1L：拉结连梁上排腰筋和箍筋。弯钩平直段长度为 10d。一级抗震要求时为 10⌀8，二、三级抗震要求时为 9⌀8，四级抗震要求时为 9⌀6。

11）门洞右侧边缘构件竖向纵筋编号为 2ZaR：与灌浆套筒连接的竖向分布筋，距离门洞边缘 50mm 开始布置，间距 150mm，两层网片对应布置 3 排，共 6 根竖向筋。一、二级抗震要求时为 6⌀16，下端车丝，长度 23mm，与灌浆套筒机械连接。上端外伸 290mm，与上一层墙板中的灌浆套筒连接。三级抗震要求时为 6⌀14，下端车丝长度 21mm，上端外伸 275mm。四级抗震要求时为 6⌀12，下端车丝长度 18mm，上端外伸 260mm。

12）门洞左侧与灌浆套筒连接的竖向纵筋编号为 2ZaL：包含 6 根边缘构件竖向筋和 1 根墙身竖向筋。边缘构件竖向筋距离门洞边缘 50mm 开始布置，间距 150mm，两层网片对应布置 3 排，共 6 根竖向筋。墙身竖向筋距墙边 100mm 布置，图示设置在外侧网片竖向筋上。以上合计 7 根竖向筋。一、二级抗震要求时为 7⌀16，三级抗震要求时为 7⌀14，四级抗震要求时为 7⌀12，下端车丝长度和上端外伸长度与门洞右侧边缘构件竖向纵筋相同。

13）墙体右端端部竖向构造纵筋编号为 2ZbR：距墙板边 30mm，沿墙板高度通长布置，不外伸。每层网片处设置 1 根，共计 2 根。

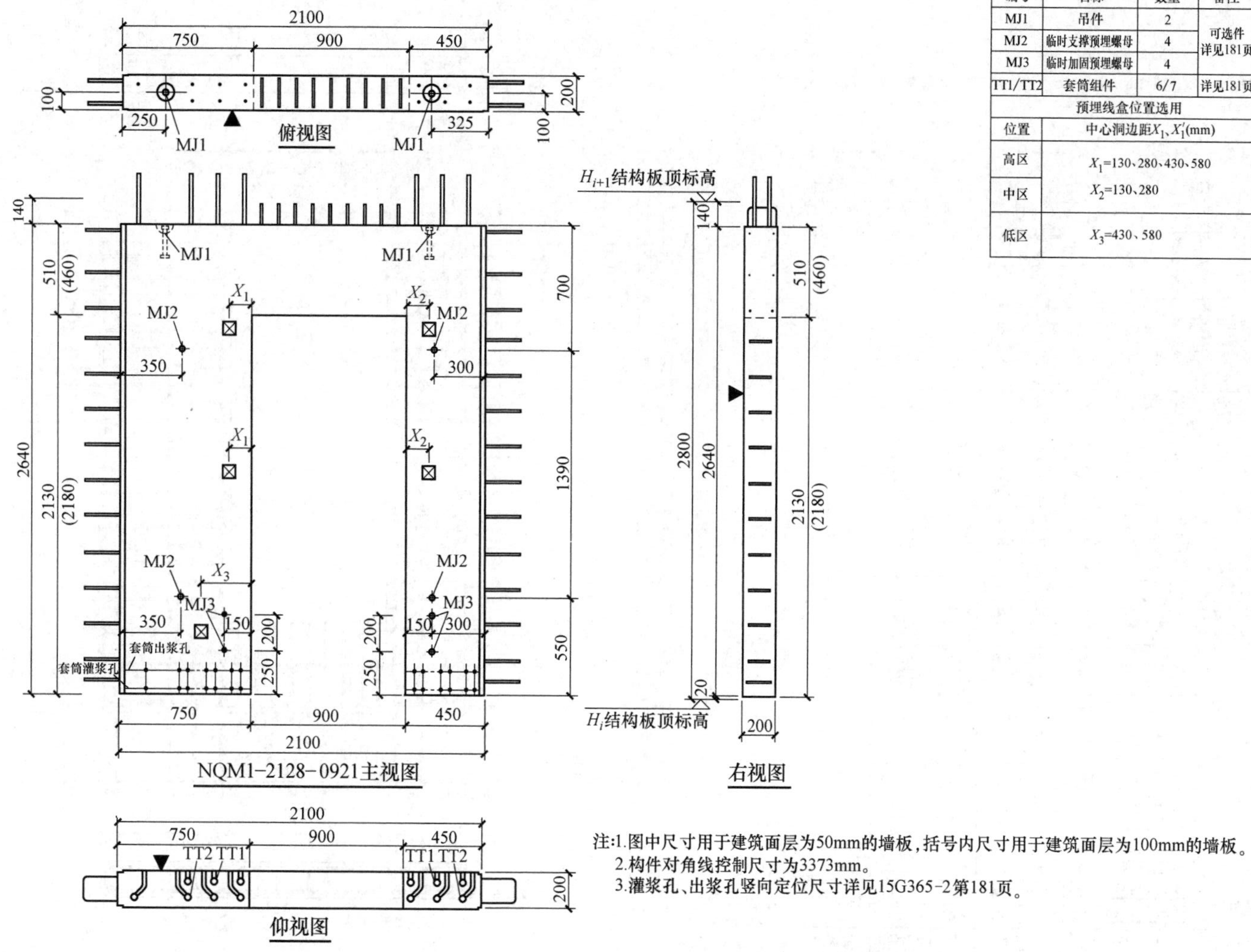

预埋配件明细表			
编号	名称	数量	备注
MJ1	吊件	2	可选件详见181页
MJ2	临时支撑预埋螺母	4	
MJ3	临时加固预埋螺母	4	
TT1/TT2	套筒组件	6/7	详见181页

预埋线盒位置选用	
位置	中心洞边距X_1、X_1'(mm)
高区	X_1=130、280、430、580
中区	X_2=130、280
低区	X_3=430、580

注:1.图中尺寸用于建筑面层为50mm的墙板，括号内尺寸用于建筑面层为100mm的墙板。
2.构件对角线控制尺寸为3373mm。
3.灌浆孔、出浆孔竖向定位尺寸详见15G365-2第181页。

图 3-13　NQM1-2128-0921 模板图（摘自《预制混凝土剪力墙内墙板》15G365-2）

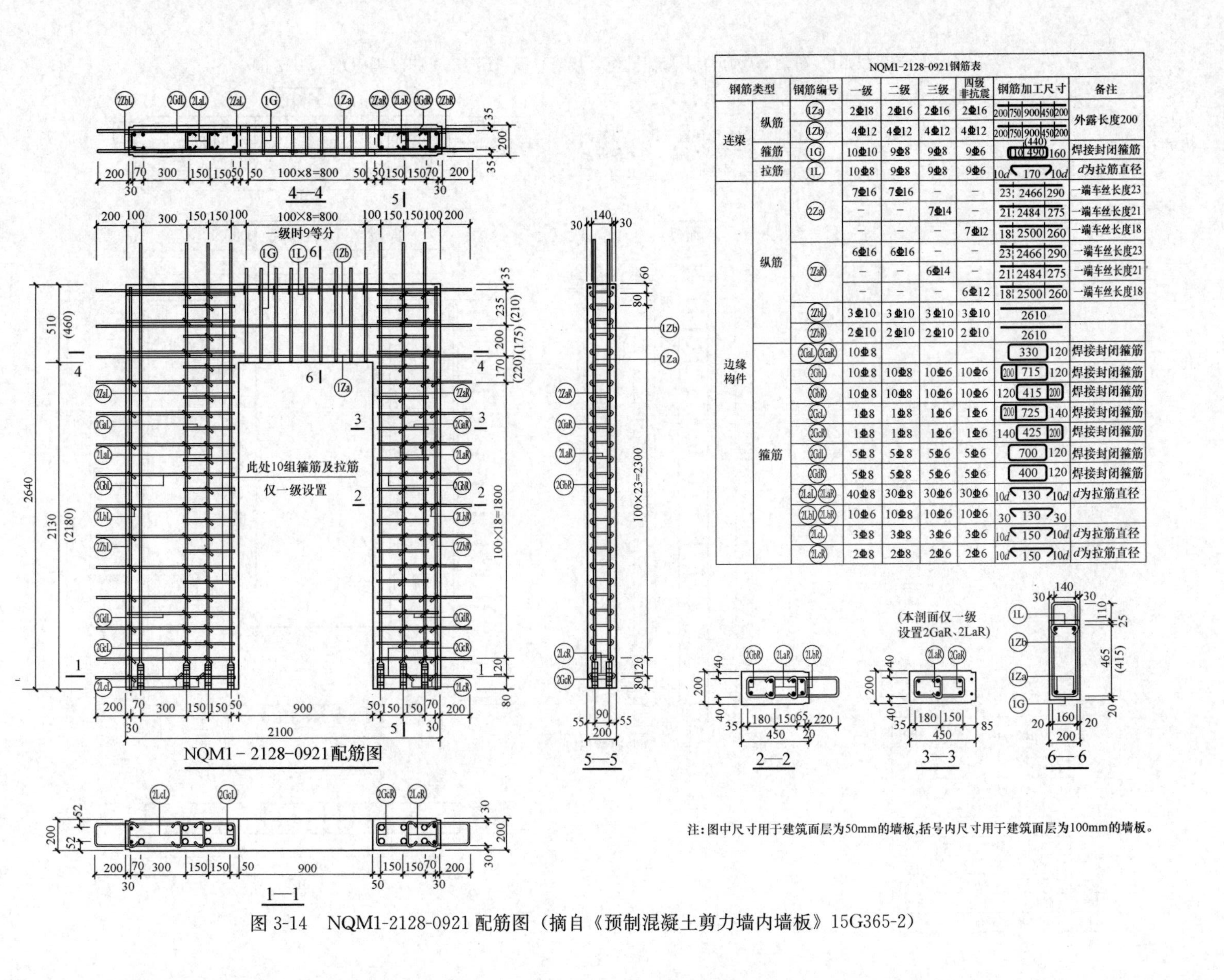

NQM1-2128-0921钢筋表

钢筋类型		钢筋编号	一级	二级	三级	四级 非抗震	钢筋加工尺寸	备注
连梁	纵筋	1Za	2Φ18	2Φ16	2Φ16	2Φ16	200 750 900 450 200	外露长度200
		1Zb	4Φ12	4Φ12	4Φ12	4Φ12	200 750 900 450 200	
	箍筋	1G	10Φ10	9Φ8	9Φ8	9Φ6	110 490 (440) 160	焊接封闭箍筋
	拉筋	1L	10Φ8	9Φ8	9Φ8	9Φ6	10d 170 10d	d为拉筋直径
边缘构件	纵筋	2Za	7Φ16	7Φ16	—	—	23 2466 290	一端车丝长度23
			—	—	7Φ14	—	21 2484 275	一端车丝长度21
			—	—	—	7Φ12	18 2500 260	一端车丝长度18
		2ZaR	6Φ16	6Φ16	—	—	23 2466 290	一端车丝长度23
			—	—	6Φ14	—	21 2484 275	一端车丝长度21
			—	—	—	6Φ12	18 2500 260	一端车丝长度18
		2ZbL	3Φ10	3Φ10	3Φ10	3Φ10	2610	
		2ZbR	2Φ10	2Φ10	2Φ10	2Φ10	2610	
	箍筋	2GaL 2GaR	10Φ8				330 120	焊接封闭箍筋
		2GbL	10Φ8	10Φ8	10Φ6	10Φ6	200 715 120	焊接封闭箍筋
		2GbR	10Φ8	10Φ8	10Φ6	10Φ6	120 415 200	焊接封闭箍筋
		2GcL	1Φ8	1Φ8	1Φ6	1Φ6	200 725 140	焊接封闭箍筋
		2GcR	1Φ8	1Φ8	1Φ6	1Φ6	140 425 200	焊接封闭箍筋
		2GdL	5Φ8	5Φ8	5Φ6	5Φ6	700 120	焊接封闭箍筋
		2GdR	5Φ8	5Φ8	5Φ6	5Φ6	400 120	焊接封闭箍筋
		2LaL 2LaR	40Φ8	30Φ8	30Φ6	30Φ6	10d 130 10d	d为拉筋直径
		2LbL 2LbR	10Φ6	10Φ8	10Φ6	10Φ6	30 130 30	
		2LcL	3Φ8	3Φ8	3Φ6	3Φ6	10d 150 10d	d为拉筋直径
		2LcR	2Φ8	2Φ8	2Φ6	2Φ6	10d 150 10d	d为拉筋直径

注：图中尺寸用于建筑面层为50mm的墙板，括号内尺寸用于建筑面层为100mm的墙板。

图 3-14 NQM1-2128-0921 配筋图（摘自《预制混凝土剪力墙内墙板》15G365-2）

14）门洞左侧不与灌浆套筒连接的竖向纵筋编号为 2ZbL：包含 2 根墙端端部竖向构造筋和 1 根墙身竖向筋，沿墙板高度通长布置，不外伸。墙端端部竖向构造筋距墙板边 30mm，每层网片处设置 1 根，计 2 根。与墙体竖向纵筋对应位置处设置 1 根，合计 3 根。

15）门洞口边缘构件箍筋编号为 2GaL 和 2GaR：套筒顶部 300mm 以上范围和连梁高度范围内设置，间距 200mm。套筒顶部 300mm 以上范围内与墙体水平分布筋间隔设置。连梁高度范围内与连梁处水平加密筋间隔设置。焊接封闭箍筋，箍住最外侧的门洞口边缘构件竖向分布筋。

16）墙体水平分布筋编号为 2GbL 和 2GbR：套筒顶部至连梁底部之间均布，距墙板底部 200mm 处开始布置，间距 200mm。两层网片上同高度处两根水平分布筋在端部弯折连接形成封闭箍筋状。一端箍住门洞口处边缘构件竖向分布筋，另一端外伸 200mm，外伸后形成预留外伸 U 形筋的形式。一、二级抗震要求时为 10⌀8，三、四级抗震要求时为 10⌀6。

17）灌浆套筒处水平分布筋编号为 2GcL 和 2GcR：距墙板底部 80mm 处（中心距）布置，两层网片上同高度处两根水平分布筋在端部弯折连接形成封闭箍筋状。一端箍住门洞口处边缘构件最外侧竖向分布筋，另一端外伸 200mm，外伸后形成预留外伸 U 形筋的形式。一、二级抗震要求时为 1⌀8，三、四级抗震要求时为 1⌀6。

18）套筒顶和连梁处水平加密筋编号为 2GdL 和 2GdR：套筒顶部以上 300mm 范围和连梁高度范围内设置，间距 200mm。套筒顶部以上 300mm 范围内与墙体水平分布筋间隔设置。连梁高度范围内均布。两层网片上同高度处两根水平加密筋在端部弯折连接形成封闭箍筋状。一端箍住门洞口处边缘构件竖向分布筋，另一端箍住墙体端部竖向构造纵筋。一、二级抗震要求时为 5⌀8，三、四级抗震要求时为 5⌀6。

19）门洞口边缘构件拉结筋编号为 2LaL 和 2LaR：门洞口边缘构件竖向分布筋与各类水平筋（水平分布筋、箍筋等）交叉点处拉结筋（无箍筋拉结处），不含灌浆套筒区域。弯钩平直段长度 $10d$。一级抗震要求时门洞口两侧每侧 40⌀8，二级抗震要求时门洞口两侧每侧 30⌀8，三、四级抗震要求时门洞口两侧每侧 30⌀6。

20）墙端端部竖向构造纵筋拉结筋编号为 2LbL 和 2LbR：墙端端部竖向构造纵筋与墙体水平分布筋交叉点处拉结筋，每端 10 道，弯钩平直段长度 30mm。

21）灌浆套筒处拉结筋编号为 2LcL 和 2LcR：灌浆套筒处水平分布筋与灌浆套筒和墙端边缘竖向构造纵筋交叉点处拉结筋，弯钩平直段长度 $10d$。一、二级抗震要求时左侧 3⌀8，右侧 2⌀8。三、四级抗震要求时左侧 3⌀6，右侧 2⌀6。

3.3.3 中间门洞内墙板详图识图

现以中间门洞内墙板 NQM2-2128-0921 为例，说明其模板图（图 3-15）和配筋图（图 3-16）的读图方法及步骤。

1）墙板宽 2100mm（不含出筋），高 2640mm（不含出筋，底部预留 20mm 高灌浆区，顶部预留 140mm 高后浇区，合计层高为 2800mm），厚 200mm。门洞口宽 900mm，高 2130mm（当建筑面层为 100mm 时，门洞口高 2180mm）。门洞口居中布置，两侧墙板宽均为 600mm。

2）墙板底部预埋 12 个灌浆套筒。门洞两侧边缘构件的竖向筋均设置灌浆套筒，每侧 6 个，共计 12 个灌浆套筒。

3）墙板顶部有 2 个预埋吊件，编号 MJ1。MJ1 在墙板厚度上居中布置，在墙板宽度上对称布置，与墙板侧边间距 325mm。

4）墙板内侧面有 4 个临时支撑预埋螺母，编号 MJ2。矩形布置，与墙板侧边间距 300mm。下部两螺母距离墙板下边缘 550mm，上部两螺母与下部两螺母间距 1390mm。

5）门洞两侧墙板下部有 4 个预埋临时加固螺母，每侧 2 个，对称布置，编号 MJ3。矩形布置，距门洞口侧边 150mm，下部两螺母距离墙板下边缘 250mm，上部两螺母与下部两螺母间距 200mm。

6）门洞两侧各有 3 个预埋电气线盒，共计 6 个。

7）连梁底部纵筋编号为 1Za：墙宽通长布置，两侧均外伸 200mm。一级抗震要求时为 2Φ18，其他等级抗震要求时为 2Φ16。

8）连梁腰筋编号为 1Zb：墙宽通长布置，上下 2 排，各 2 根，两侧均外伸 200mm。上排筋中心与墙板顶部距离 35mm，上排筋与下排筋间距 235mm（当建筑面层为 100mm 时，间距 210mm），下排筋与底部纵筋间距 200mm（当建筑面层为 100mm 时，间距 175mm）。

9）连梁箍筋编号为 1G：焊接封闭箍筋，箍住连梁底部纵筋和腰筋，上部外伸 110mm 至水平后浇带或圈梁混凝土内。门洞正上方，距离门洞边缘 50mm 开始，等间距设置，间距 100mm。一级抗震要求时为 9Φ10，二、三级抗震要求时为 9Φ8，四级抗震要求时为 9Φ6。

10）连梁拉筋编号为 1L：拉结连梁上排腰筋和箍筋。弯钩平直段长度为 $10d$。一、二、三级抗震要求时为 9Φ8，四级抗震要求时为 9Φ6。

11）门洞两侧边缘构件竖向纵筋编号为 2Za：与灌浆套筒连接的边缘构件竖向纵筋. 距离门洞边缘 50mm 开始布置，间距 150mm，每侧布置 3 排，两层网片共 12 根竖向筋。一、二级抗震要求时为 12Φ16，下端车丝，长度 23mm，与灌浆套筒机械连接。上端外伸 290mm，与上一层墙板中的灌浆套筒连接。三级抗震要求时为 12Φ14，下端车丝长度 21mm，上端外伸 275mm。四级抗震要求时为 12Φ12，下端车丝长度 18mm，上端外伸 260mm。

12）墙端端部竖向构造纵筋编号为 2Zb：距墙板边 30mm，沿墙板高度通长布置，不外伸。每端设置 2 根，共计 4 根。

13）门洞口边缘构件箍筋编号为 2Ga：套筒顶部 300mm 以上范围和连梁高度范围内设置，间距 200mm。套筒顶部 300mm 以上范围内与墙体水平分布筋间隔设置。连梁高度范围内与连梁处水平加密筋间隔设置。

14）墙体水平分布筋编号为 2Gb：套筒顶部至连梁底部之间均布，距墙板底部 200mm 处开始布置，间距 200mm。两层网片上同高度处两根水平分布筋在端部弯折连接形成封闭箍筋状，一端箍住门洞口处边缘构件最外侧竖向分布筋，另一端外伸 200mm，外伸后形成预留外伸 U 形筋的形式。一、二级抗震要求时为 20Φ8，三、四级抗震要求时为 20Φ6。

预埋件表			
编号	名称	数量	备注
MJ1	吊件	2	可选件 详见181页
MJ2	临时支撑预埋螺母	4	
MJ3	临时加固预埋螺母	4	
TT1/TT2	套筒组件	6/6	详见181页
预埋线盒位置选用			
位置	中心洞边距X_1、X_1'(mm)		
高区	X_1、X_2=130、280、430		
中区			
低区	X_3、X_4=430		

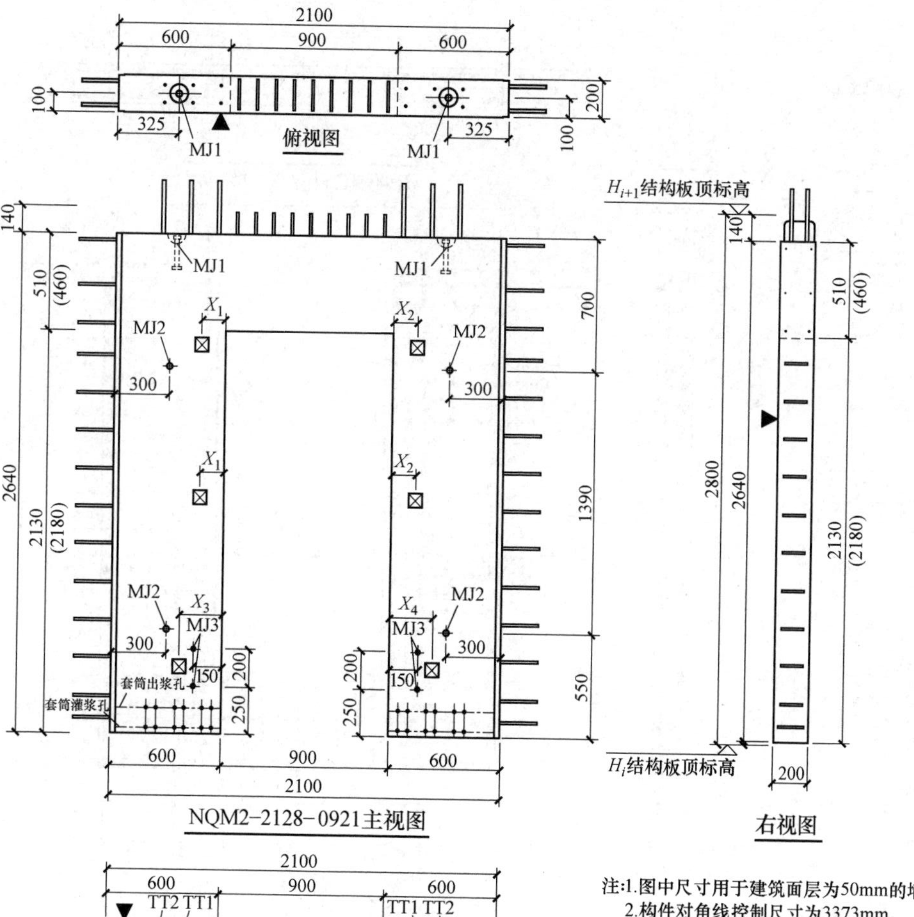

注:1.图中尺寸用于建筑面层为50mm的墙板,括号内尺寸用于建筑面层为100mm的墙板。
2.构件对角线控制尺寸为3373mm。
3.灌浆孔、出浆孔竖向定位尺寸详见15G365-2第181页。

图 3-15 NQM2-2128-0921 模板图(摘自《预制混凝土剪力墙内墙板》15G365-2)

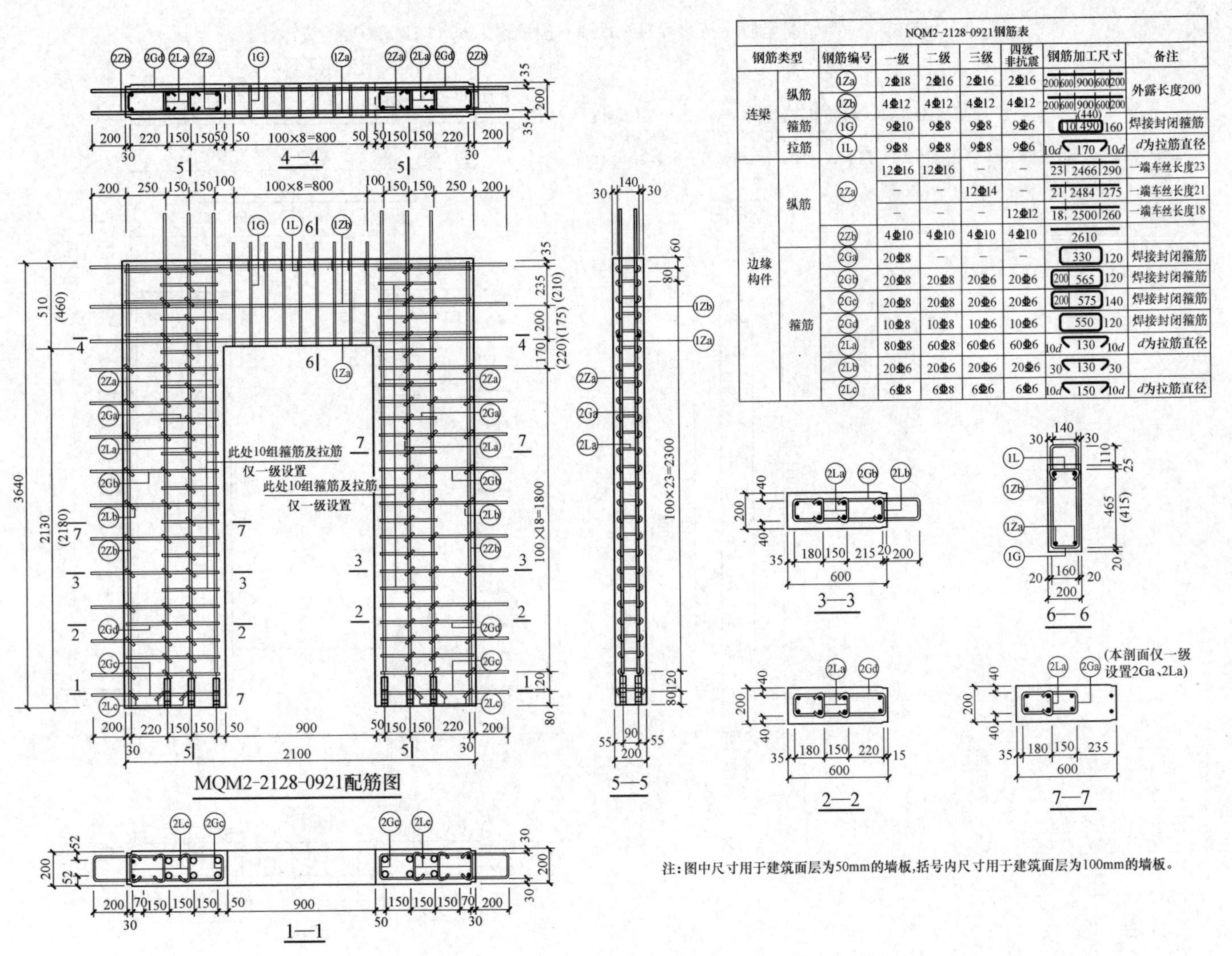

NQM2-2128-0921钢筋表

钢筋类型		钢筋编号	一级	二级	三级	四级非抗震	钢筋加工尺寸	备注
连梁	纵筋	1Za	2Φ18	2Φ16	2Φ16	2Φ16	200 600 900 600 200	外露长度200
		1Zb	4Φ12	4Φ12	4Φ12	4Φ12	200 600 900 600 200	
	箍筋	1G	9Φ10	9Φ8	9Φ8	9Φ6	(440) 110 490 160	焊接封闭箍筋
	拉筋	1L	9Φ8	9Φ8	9Φ8	9Φ6	10d 170 10d	d为拉筋直径
边缘构件	纵筋	2Za	12Φ16	12Φ16	–	–	23 2466 290	一端车丝长度23
			–	–	12Φ14	–	21 2484 275	一端车丝长度21
			–	–	–	12Φ12	18 2500 260	一端车丝长度18
		2Zb	4Φ10	4Φ10	4Φ10	4Φ10	2610	
	箍筋	2Ga	20Φ8	–	–	–	330 120	焊接封闭箍筋
		2Gb	20Φ8	20Φ8	20Φ6	20Φ6	200 565 120	焊接封闭箍筋
		2Gc	20Φ8	20Φ8	20Φ6	20Φ6	200 575 140	焊接封闭箍筋
		2Gd	10Φ8	10Φ8	10Φ6	10Φ6	550 120	焊接封闭箍筋
		2La	80Φ8	60Φ8	60Φ6	60Φ6	10d 130 10d	d为拉筋直径
		2Lb	20Φ6	20Φ6	20Φ6	20Φ6	30 130 30	
		2Lc	6Φ8	6Φ8	6Φ6	6Φ6	10d 150 10d	d为拉筋直径

注：图中尺寸用于建筑面层为50mm的墙板，括号内尺寸用于建筑面层为100mm的墙板。

图 3-16　NQM2-2128-0921 配筋图（摘自《预制混凝土剪力墙内墙板》15G365-2）

15）灌浆套筒处水平分布筋编号为2Gc：距墙板底部80mm处（中心距）布置，两层网片上同高度处两根水平分布筋在端部弯折连接形成封闭箍筋状，一端箍住门洞口处边缘构件最外侧竖向分布筋，另一端外伸200mm，外伸后形成预留外伸U形筋的形式。一、二级抗震要求时为2⌀8，三、四级抗震要求时为2⌀6。

16）套筒顶和连梁处水平加密筋编号为2Gd：套筒顶部以上300mm范围和连梁高度范围内设置，间距200mm。套筒顶部以上300mm范围内与墙体水平分布筋间隔设置。两层网片上同高度处两根水平加密筋在端部弯折连接形成封闭箍筋状。一端箍住门洞口处边缘构件最外侧竖向分布筋，另一端箍住墙体端部竖向构造纵筋。一、二级抗震要求时为10⌀8，三、四级抗震要求时为10⌀6。

17）门洞口边缘构件拉结筋编号为2La：灌浆套筒以上区域门洞口边缘构件竖向分布筋与各类水平向筋（水平分布筋、箍筋等）交叉点处拉结筋（无箍筋拉结处），不含灌浆套筒区域。弯钩平直段长度10d。一级抗震要求时门洞口两侧每侧40⌀8，二级抗震要求时门洞口两侧每侧30⌀8，三、四级抗震要求时门洞口两侧每侧30⌀6。

18）墙端端部竖向构造纵筋拉结筋编号为2Lb：灌浆套筒以上区域墙端端部竖向构造纵筋与墙体水平分布筋交叉点处拉结筋，每端10道，弯钩平直段长度30mm。

19）灌浆套筒处拉结筋编号为2Lc：灌浆套筒处水平分布筋与灌浆套筒和墙端端部竖向构造纵筋交叉点处拉结筋，弯钩平直段长度10d。一、二级抗震要求时左侧6⌀8，三、四级抗震要求时左侧6⌀6。

3.3.4 刀把内墙板详图识图

现以刀把内墙板NQM3-2128-0921为例，说明其模板图（图3-17）和配筋图（图3-18）的读图方法及步骤。

1）墙板宽2100mm（不含出筋），高2640mm（不含出筋，底部预留20mm高灌浆区，顶部预留140mm高后浇区，合计层高为2800mm），厚200mm。门洞口宽900mm，高2130mm（当建筑面层为100mm时门洞口高2180mm）。门洞口居右布置，无门垛，左侧墙板宽1200mm。

2）墙板底部预埋9个灌浆套筒。

3）墙板顶部有2个预埋吊件，编号MJ1。MJ1在墙板厚度上居中布置，在墙板宽度上因门洞关系不对称布置，左侧MJ1与墙板左侧边间距380mm，右侧MJ1与墙板右侧边间距1020mm。

4）墙板内侧面有4个临时支撑预埋螺母，编号MJ2。矩形布置，与墙板左侧边和门洞边间距均为300mm。下部两螺母距离墙板下边缘550mm，上部两螺母与下部两螺母间距1390mm。

5）门洞左侧墙板侧边和门洞顶部各有2个预埋临时加固螺母，共计4个，编号MJ3，在墙板厚度上居中布置。门洞左侧下部螺母距离墙板下边缘250mm，上部螺母与下部螺母间距200mm。门洞顶部右侧螺母距离墙板右边缘250mm，左侧螺母与右侧螺母间距200mm。

6）门洞左侧有3个预埋电气线盒。

7）连梁底部纵筋编号为1Za：门洞口顶部以上40mm布置，两侧均伸出门洞口范围640mm。

预埋件表			
编号	名称	数量	备注
MJ1	吊件	2	可选件 详见181页
MJ2	临时支撑预埋螺母	4	
MJ3	临时加固预埋螺母	2	
TT1/TT2	套筒组件	5/4	详见181页
预埋线盒位置选用			
位置	中心洞边距X X'(mm)		
高区 中区	X_1=130、280、430、580、730、880、1030		
低区	X_3=430、580、730、880、1030		

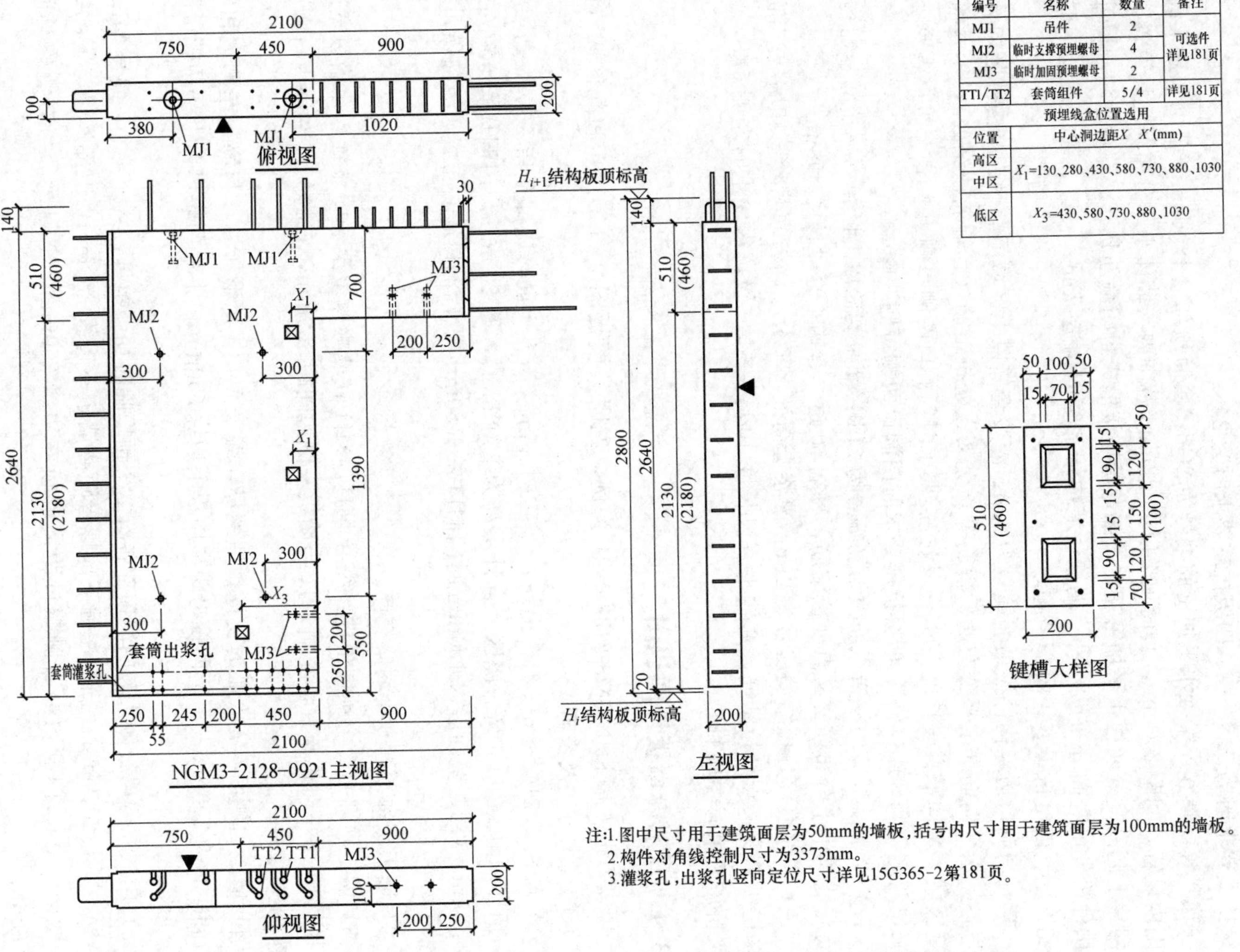

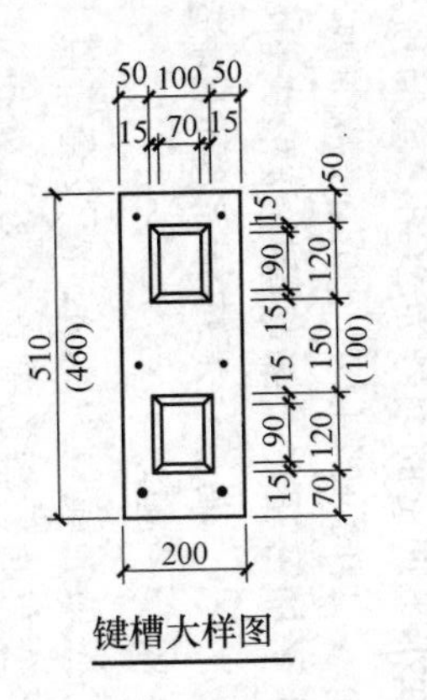

注:1.图中尺寸用于建筑面层为50mm的墙板,括号内尺寸用于建筑面层为100mm的墙板。
2.构件对角线控制尺寸为3373mm。
3.灌浆孔,出浆孔竖向定位尺寸详见15G365-2第181页。

图 3-17　NQM3-2128-0921 模板图（摘自《预制混凝土剪力墙内墙板》15G365-2）

NQM3-2128-0921钢筋表

钢筋类型		钢筋编号	一级	二级	三级	四级非抗震	钢筋加工尺寸	备注
连梁	纵筋	1Za	2Φ16	2Φ16	2Φ16	2Φ16	640 900 640	单侧外露长度640
		1Zb	4Φ12	4Φ12	4Φ12	4Φ12	480 900 480	单侧外露长度480
	箍筋	1G	10Φ10	9Φ8	9Φ8	9Φ6	(440) 110 490 160	焊接封闭箍筋
	拉筋	1L	10Φ8	9Φ8	9Φ8	9Φ6	10d 170 10d	d为拉筋直径
边缘构件	纵筋	2Za	6Φ16	6Φ16	–	–	23 2466 290	一端车丝长度23
			–	–	6Φ14	–	21 2484 275	一端车丝长度21
			–	–	–	6Φ12	18 2500 260	一端车丝长度18
	箍筋	2Ga	10Φ8	3Φ8	3Φ6	3Φ6	330 120	焊接封闭箍筋
		2La	40Φ8	33Φ8	33Φ6	33Φ6	10d 130 10d	d为拉筋直径
		2Lb	2Φ8	2Φ8	2Φ6	2Φ6	10d 154 10d	d为拉筋直径
墙身	竖向筋	3a	3Φ16	3Φ16	3Φ16	–	23 2466 290	一端车丝长度23
			–	–	–	3Φ14	21 2484 275	一端车丝长度21
		3b	1Φ6	1Φ6	1Φ6	1Φ6	2610	
		3c	2Φ12	2Φ12	2Φ12	2Φ12	2610	
	水平筋	3d	13Φ8	13Φ8	13Φ8	13Φ8	116 200 1165	
		3e	2Φ8	2Φ8	2Φ8	2Φ8	116 1150	
		3f	1Φ8	1Φ8	1Φ8	1Φ8	146 200 1180	
	拉筋	3La	7Φ6	7Φ6	7Φ6	7Φ6	30 130 30	
		3Lb	13Φ6	13Φ6	13Φ6	13Φ6	30 124 30	
		3Lc	2Φ6	2Φ6	2Φ6	2Φ6	30 154 30	

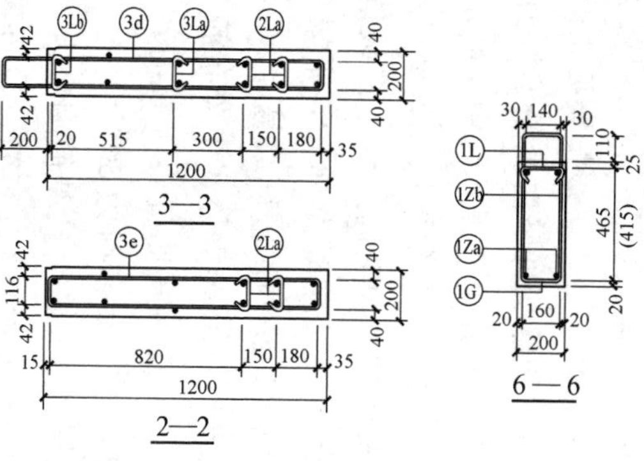

NQM3-2128-0921配筋图

注：1.图中尺寸用于建筑面层为50mm的墙板，括号内尺寸用于建筑面层为100mm的墙板。
2.图中5-5剖面配筋图详见15G365-2第143页。

图 3-18 NQM3-2128-0921 配筋图（摘自《预制混凝土剪力墙内墙板》15G365-2）

8）连梁腰筋编号为1Zb：上下2排，各2根，两侧均伸出门洞口范围480mm。

9）连梁箍筋编号为1G：焊接封闭箍筋，箍住连梁底部纵筋和腰筋，上部外伸110mm至水平后浇带或圈梁混凝土内。门洞正上方，距离门洞边缘50mm开始，等间距设置。一级抗震要求时为10Φ10，二、三级抗震要求时为9Φ8，四级抗震要求时为9Φ6。

10）连梁拉筋编号为1L：拉结连梁上排腰筋和箍筋。弯钩平直段长度为10d。一级抗震要求时为10Φ8，二、三级抗震要求时为9Φ8，四级抗震要求时为9Φ6。

11）门洞侧边缘构件竖向纵筋编号为2Za：与灌浆套筒连接的边缘构件竖向纵筋，距离门洞边缘50mm开始布置，间距150mm布置3排，两层网片共6根竖向筋。一、二级抗震要求时为6Φ16，下端车丝，长度23mm，与灌浆套筒机械连接。上端外伸290mm，与上一层墙板中的灌浆套筒连接。三级抗震要求时为6Φ14，下端车丝21mm，上端外伸275mm。四级抗震要求时为6Φ12，下端车丝长度18mm，上端外伸260mm。

12）门洞口边缘构件箍筋编号为2Ga：一级抗震要求时在套筒顶部300mm以上范围设置，间距200mm，与墙体水平分布筋间隔布置。焊接封闭箍筋，箍住门洞口边缘构件最外侧竖向分布筋。其他抗震等级时，仅在连梁高度范围内布置，二级抗震要求时为3Φ8，三、四级抗震要求时为3Φ6。

13）门洞口边缘构件拉结筋编号为2La：灌浆套筒以上区域门洞口边缘构件竖向分布筋与各类水平向筋（水平分布筋、箍筋等）交叉点处拉结筋（无箍筋拉结处），不含灌浆套筒区域。弯钩平直段长度10d。一级抗震要求时为40Φ8，二级抗震要求为33Φ8，三、四级抗震要求时为33Φ6。

14）墙端端部竖向构造纵筋拉结筋编号为3La：灌浆套筒以上区域墙端端部竖向构造纵筋与墙体水平分布筋交叉点处拉结筋，弯钩平直段长度30mm。

15）灌浆套筒处拉结筋编号为2Lb：灌浆套筒处水平分布筋与门洞口边缘构件竖向分布筋交叉点处拉结筋，弯钩平直段长度10d。一、二级抗震要求时左侧2Φ8，三、四级抗震要求时左侧2Φ6。

16）灌浆套筒处拉结筋编号为3Lb：灌浆套筒处水平分布筋与墙端端部竖向构造纵筋交叉点处拉结筋，弯钩平直段长度30mm。

17）连接灌浆套筒的墙体竖向分布筋编号为3a：距墙板左侧边250mm两层网片布置2根，间隔300mm单侧网片上布置1根。一、二、三级抗震要求时为3Φ16，下端车丝，长度23mm，与灌浆套筒机械连接。上端外伸290mm，与上一层墙板中的灌浆套筒连接。四级抗震要求时为3Φ14，下端车丝21mm，上端外伸275mm。

18）不连接灌浆套筒的墙体竖向分布筋编号为3b：与连接灌浆套筒的墙体竖向分布筋对应分布的钢筋，距墙板边550mm，沿墙板高度通长布置，不外伸。

19）墙端端部竖向构造纵筋编号为3c：距墙板左侧边30mm，沿墙板高度通长布置，不外伸。墙板左端设置2根。

20）墙体水平分布筋编号为3d：套筒顶部以上区域均布，距墙板底部200mm处开始布置，间距200mm，共13道。在连梁高度范围内的3道水平筋，与连梁底部纵筋和腰筋搭接布置。两层网片上同高度处两根水平分布筋在端部弯折连接形成封闭箍筋状，一端箍住门洞口处边缘构件最外侧竖向分布筋，另一端外伸200mm，外伸后形成预留外伸U形筋的形式。

21）套筒顶水平加密筋编号为 3e：套筒顶部以上 300mm 范围内设置，间距 200mm，共 2 道，与墙体水平分布筋间隔设置。两层网片上同高度处两根水平加密筋在端部弯折连接形成封闭箍筋状。一端箍住门洞口处边缘构件最外侧竖向分布筋，另一端外伸 200mm，外伸后形成预留外伸 U 形筋的形式。

22）灌浆套筒处水平分布筋编号为 3f：距墙板底部 80mm 处布置，两层网片上同高度处两根水平分布筋在端部弯折连接形成封闭箍筋状，一端箍住门洞口处边缘构件最外侧竖向纵筋，另一端外伸 200mm，外伸后形成预留外伸 U 形筋的形式。因灌浆套筒尺寸关系，该处箍筋并不在钢筋网片平面内。

3.4 楼盖连接节点详图

3.4.1 混凝土叠合板连接构造识图

现以双向叠合板整体式接缝连接构造为例来说明，双向叠合板整体式接缝连接构造是指两相邻双向叠合板之间的接缝处理形式，如图 3-19 所示。包括后浇带形式的接缝和密拼接缝。

后浇带形式的双向叠合板整体式接缝是指两相邻叠合板之间留设一定宽度的后浇带，通过浇筑后浇带混凝土使相邻两叠合板连成整体的连接构造形式。包括四种接缝形式：板底纵筋直线搭接（图 3-19*a*）、板底纵筋末端带 135°弯钩连接（图 3-19*b*）、板底纵筋末端带 90°弯钩搭接（图 3-19*c*）和板底纵筋弯折锚固（图 3-19*d*）。

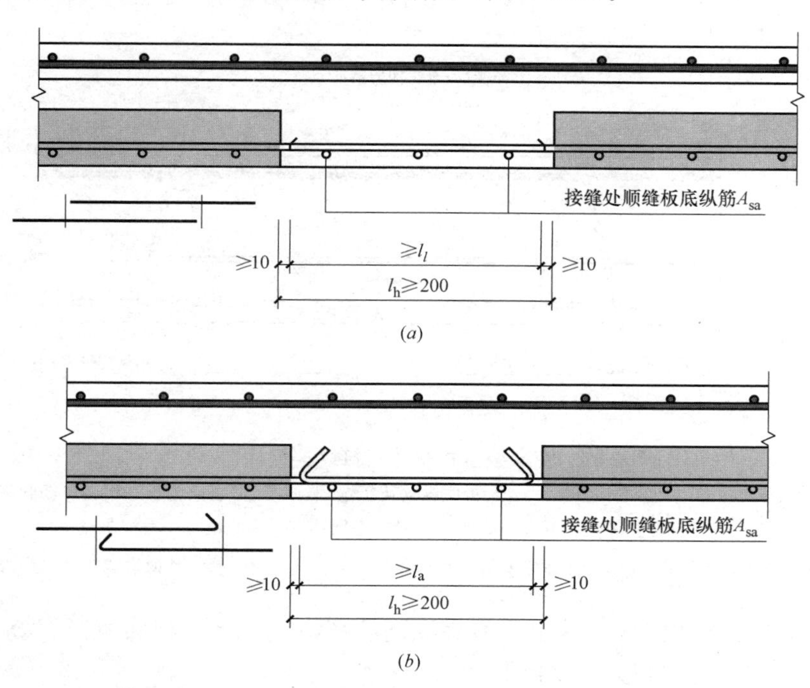

图 3-19 双向叠合板整体式接缝连接构造（一）

（*a*）板底纵筋直线搭接；（*b*）板底纵筋末端带 135°弯钩连接

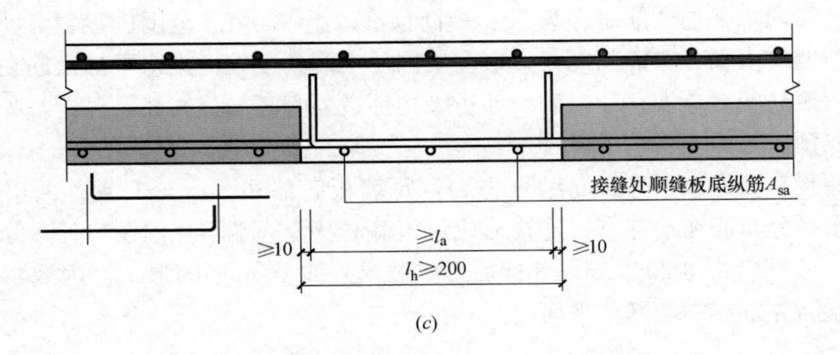

(*c*)

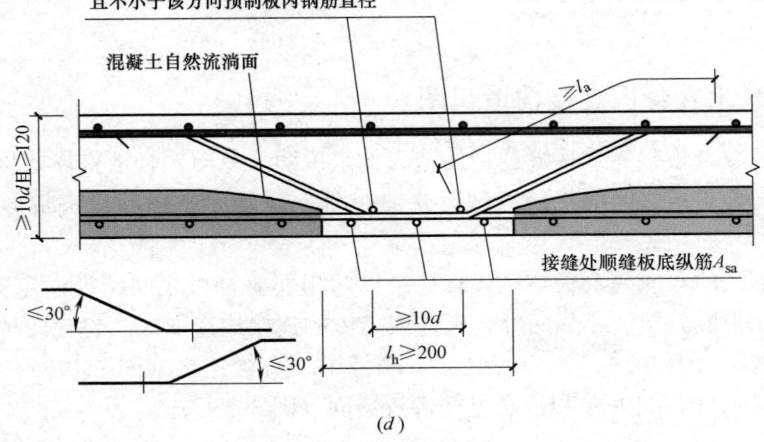

(*d*)

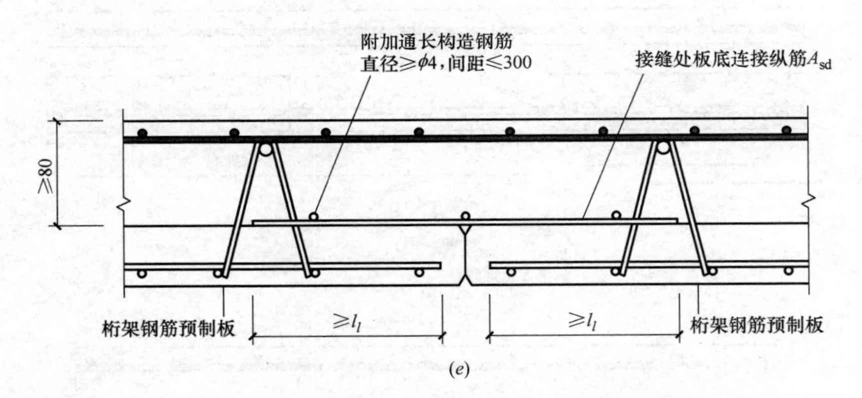

(*e*)

图 3-19 双向叠合板整体式接缝连接构造（二）

（*c*）板底纵筋末端带 90°弯钩搭接；（*d*）板底纵筋弯折锚固；（*e*）密拼接缝——板底纵筋间接搭接

l_l——纵向受拉钢筋搭接长度；l_a——受拉钢筋锚固长度；l_h——后浇段宽度；

A_{sa}——接缝处顺缝板底纵筋；A_{sd}——接缝处板底连接纵筋；d——接缝两侧预制板板底弯折纵筋直径的较大值

双向叠合板整体式密接接缝也称板底纵筋间接搭接，是指相邻两桁架叠合板紧贴放置，不留空隙的接缝连接形式，如图 3-19（*e*）所示。

1）图（*a*）中，板底外伸纵筋搭接长度≥l_l（由板底外伸纵筋直径确定），且外伸纵筋末端距离另一侧板边≥10mm。后浇带接缝处设置顺缝板底纵筋，位于外伸板底纵筋以下，和外伸板底纵筋一起构成接缝网片，顺缝板底纵筋具体钢筋规格由设计确定。板面钢筋网片跨接缝贯通布置，一般顺缝方向板面纵筋在上，垂直接缝方向板面纵筋在下。

2）图（*b*）中，预留弯钩外伸纵筋搭接长度≥l_a（由板底外伸纵筋直径确定），且外伸纵筋末端距离另一侧板边≥10mm。顺缝板底纵筋及板面钢筋网片的设置与图（*a*）构造形式相同。

3）图（*c*）中，与图（*b*）要求相同，只是板底预留的外伸纵筋末端为90°弯钩。

4）图（*d*）中，两侧板底预留外伸纵筋30°弯起，后弯折与板面纵筋搭接。预留外伸纵筋弯折折角处需附加2根顺缝方向通长构造钢筋，其直径≥6mm，且不小于该方向预制板内钢筋直径。板底预留外伸纵筋自弯折折角处起长度≥l_a。顺缝板底纵筋及板面钢筋网片的设置与图（*a*）构造形式相同。

5）图（*e*）中，适用于桁架钢筋叠合板板筋无外伸（垂直桁架方向），且叠合板现浇层混凝土厚度≥80mm的情况。密拼接缝处需紧贴叠合板预制混凝土面设置垂直于接缝方向的板底连接纵筋和平行于接缝方向的附加通长构造钢筋。板底连接纵筋在下，附加通长构造钢筋在上，形成密拼接缝网片。其中，板底连接纵筋与两预制板同方向钢筋搭接长度均≥l_l，钢筋级别、直径和间距需设计确定。附加通长构造钢筋需满足直径≥4mm，间距≤300mm的要求。板面钢筋网片跨接缝贯通布置，与图（*a*）构造形式相同。

3.4.2 混凝土叠合梁连接构造识图

现以叠合梁后浇段对接连接构造为例来说明，叠合梁通过后浇段对接连接时，叠合梁端面设键槽面，梁上部纵筋跨后浇段贯通布置。外伸梁底纵筋通过直线搭接、套筒灌浆连接、机械连接或焊接方式实现连接，如图3-20所示。后浇段内箍筋距叠合梁端面50mm处开始加密布置，间距≤5*d*（*d*为连接纵筋的最小直径），且≤100mm。

1）图（*a*）中，梁底纵筋采用直线搭接时，搭接长度≥l_l，且梁底纵筋端部与对向梁端面间距≥10mm。

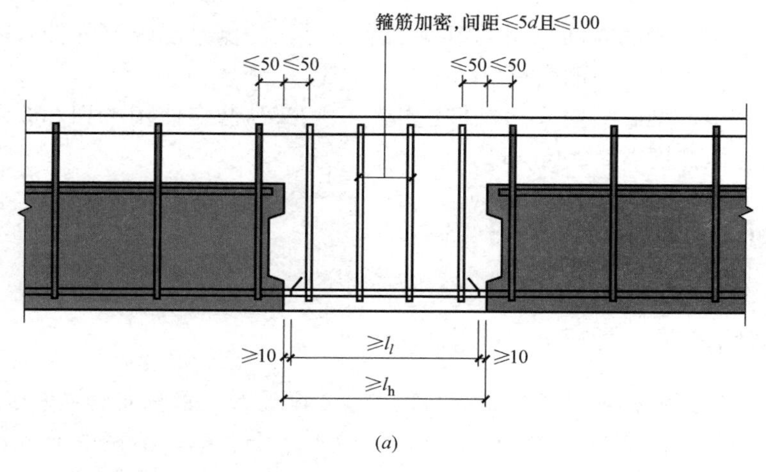

(*a*)

图3-20 叠合梁后浇段对接连接构造（一）

（*a*）梁底纵筋直线搭接

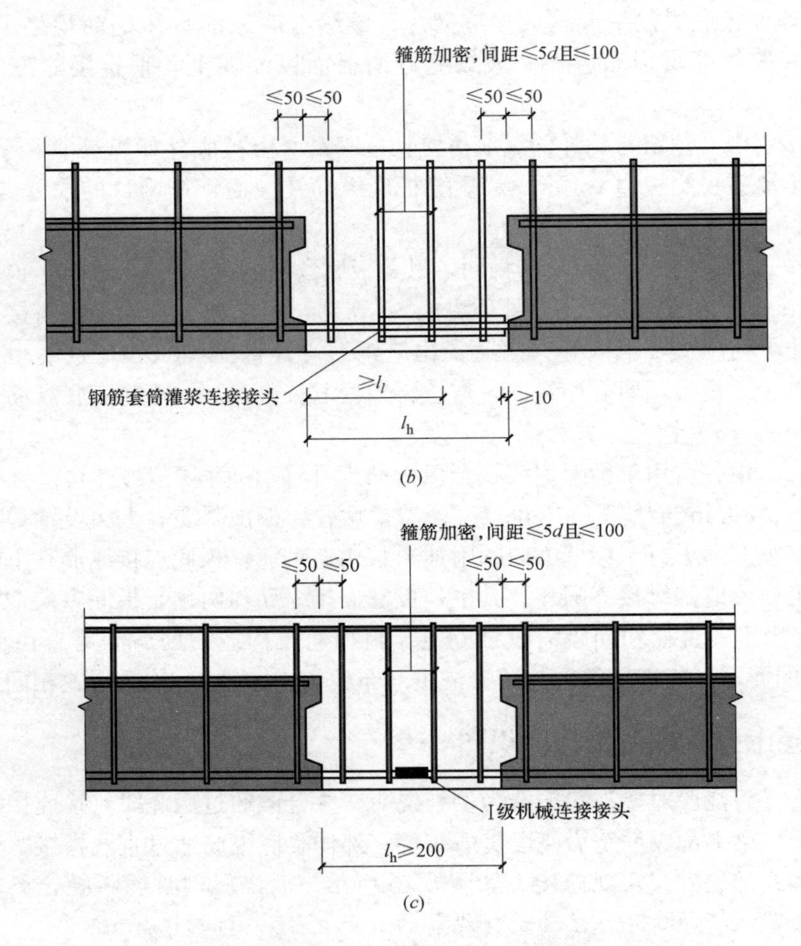

图 3-20　叠合梁后浇段对接连接构造（二）

（*b*）梁底纵筋套筒灌浆连接；（*c*）梁底纵筋机械连接或焊接

2）图（*b*）中，梁底纵筋采用套筒灌浆连接时，一侧梁底纵筋外伸长度不小于灌浆套筒长度，灌浆套筒与另一侧梁端面间距≥10mm。

3）图（*c*）中，梁底纵筋采用机械连接时，底部纵筋应使用 HPB300 级钢筋机械连接接头，且后浇段宽度需≥200mm。

3.5　预制墙连接节点详图

3.5.1　预制墙的竖向接缝构造识图

预制墙间竖向接缝构造是指预制墙与预制墙之间通过设置竖向后浇带接缝的形式，实现两预制墙之间的连接构造。后浇段的宽度一般不小于墙厚且不宜小于 200mm，后浇段具体宽度及后浇段内竖向分布钢筋具体规格由设计确定。现以预制墙间的竖向接缝构造（无附加连接钢筋）为例来说明，如图 3-21 所示。

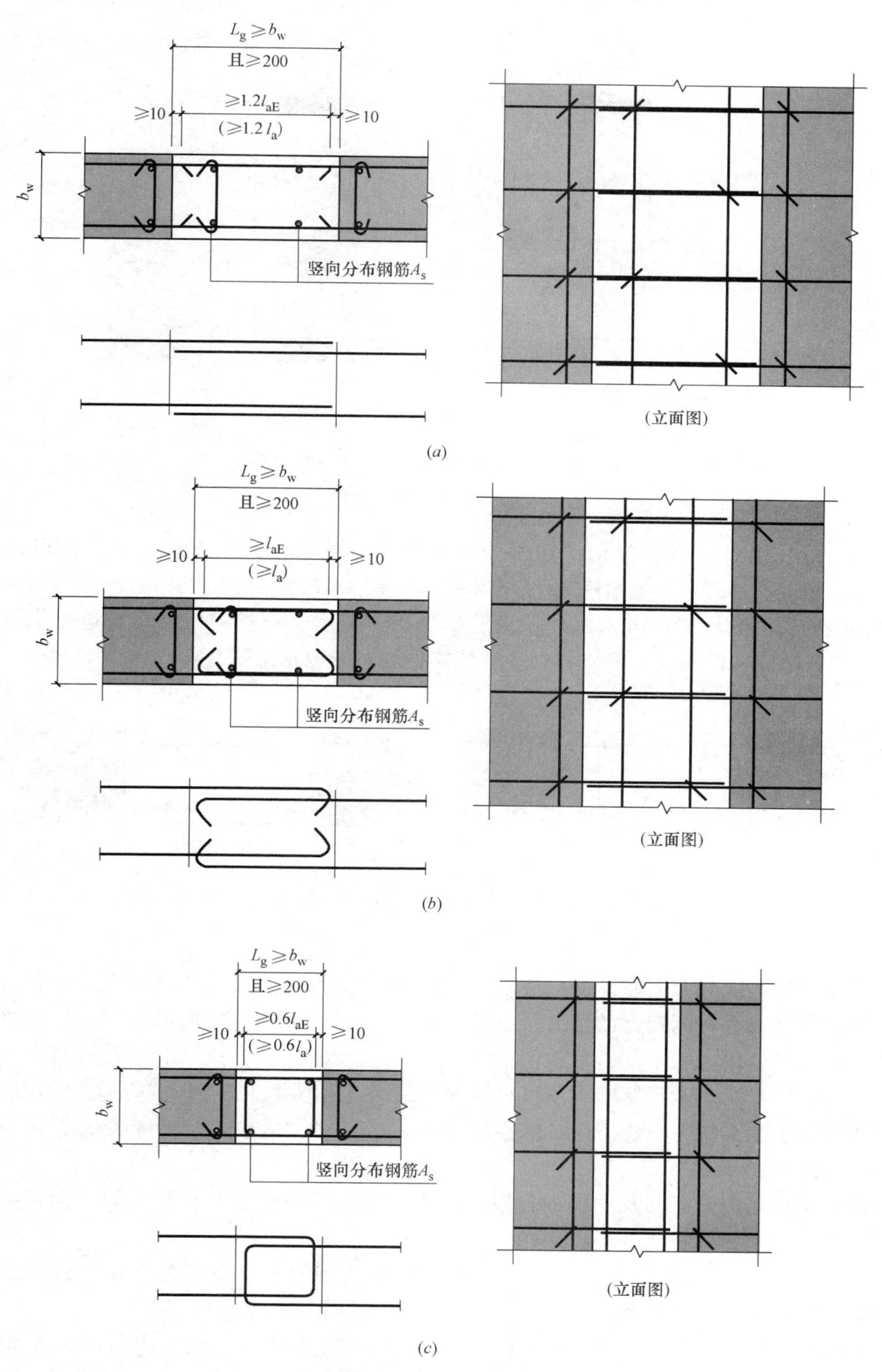

图 3-21　预制墙间的竖向接缝构造（无附加连接钢筋）（一）

(a) 预留直线钢筋搭接；(b) 预留弯钩钢筋连接；(c) 预留 U 形钢筋连接

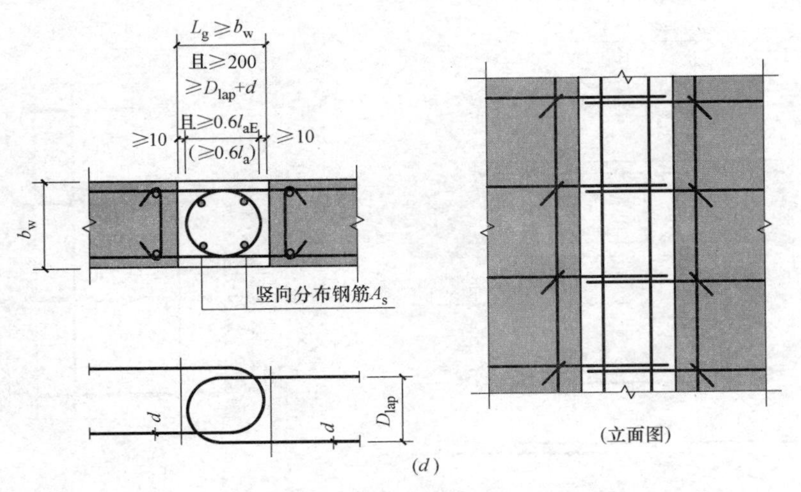

图 3-21　预制墙间的竖向接缝构造（无附加连接钢筋）（二）

（d）预留半圆形钢筋连接

1）图（*a*）中，两预制墙均预留水平向外伸直线钢筋，上下错位搭接。搭接长度$\geqslant 1.2l_{aE}$（l_a）。水平向外伸钢筋端部距离对向预制墙体间距≥10mm。当预制墙预留水平向外伸钢筋位置允许时，可采用外伸钢筋水平错位或水平弯折错位的形式进行搭接（图3-22，需在墙体构件预制生产阶段处理好墙体钢筋间的位置关系）。

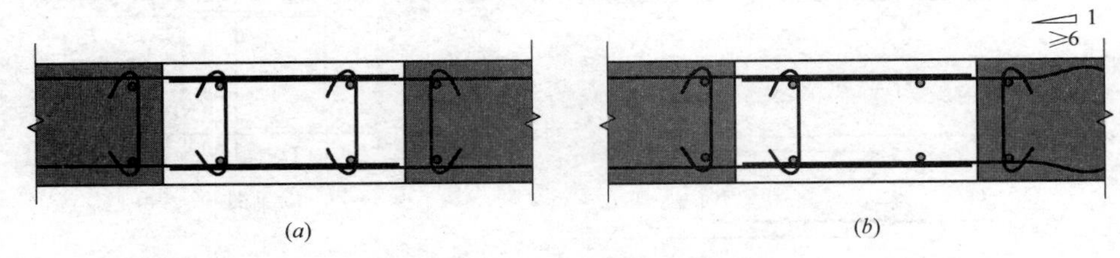

图 3-22　预留钢筋不同错位形式

（*a*）水平错位布置；（*b*）水平弯折错位

后浇段内竖向分布钢筋设置在预制墙外伸水平向钢筋内侧，不少于4根，钢筋直径不应小于墙体竖向分布钢筋直径且不应小于8mm。接缝网片拉筋竖向间距为墙体水平向分布纵筋间距的两倍，水平交错布置。

2）图（*b*）中，两预制墙均预留直线外伸钢筋，末端做135°或90°弯钩。两预制墙水平向外伸钢筋上下错位直线搭接，搭接长度$\geqslant l_{aE}$（l_a）。水平向外伸钢筋端部距离对向预制墙体间距≥10mm。

后浇段内竖向分布筋及拉筋的设置，与预留直线钢筋搭接的预制墙间竖向接缝构造相同。

3）图（*c*）中，两预制墙均预留U形外伸连接钢筋，上下错位搭接，搭接长度≥$0.6l_{aE}$（l_a）。U形连接钢筋端部距离对向预制墙体间距≥10mm。

后浇段内竖向分布钢筋设置在两预制墙外伸U形连接钢筋搭接形成的矩形角部内侧，不少于4根，钢筋直径不应小于墙体竖向分布钢筋直径且不应小于8mm。竖向分布钢筋连接构造宜采用Ⅰ级接头机械连接。后浇段内不设置拉筋。

4）图（d）中，两预制墙均预留半圆形外伸连接钢筋，上下错位搭接，搭接长度≥$0.6l_{aE}$（l_a），且不小于半圆形钢筋中心弯弧直径与半圆形钢筋直径之和。半圆形连接钢筋端部距离对向预制墙体间距≥10mm。

后浇段内设置不少于4根竖向分布钢筋，钢筋直径不应小于墙体竖向分布钢筋直径且不应小于8mm。后浇段内竖向分布钢筋设置在预制墙外伸半圆形连接钢筋内侧。竖向分布钢筋连接构造宜采用Ⅰ级接头机械连接。后浇段内不设置拉筋。

3.5.2　预制墙的水平接缝构造识图

现以预制墙水平接缝连接构造为例，来说明预制墙水平接缝连接构造，包括预制墙边缘构件的竖向钢筋连接构造、预制墙竖向分布钢筋逐根与部分连接构造、抗剪用钢筋的连接构造等，如图3-23所示。

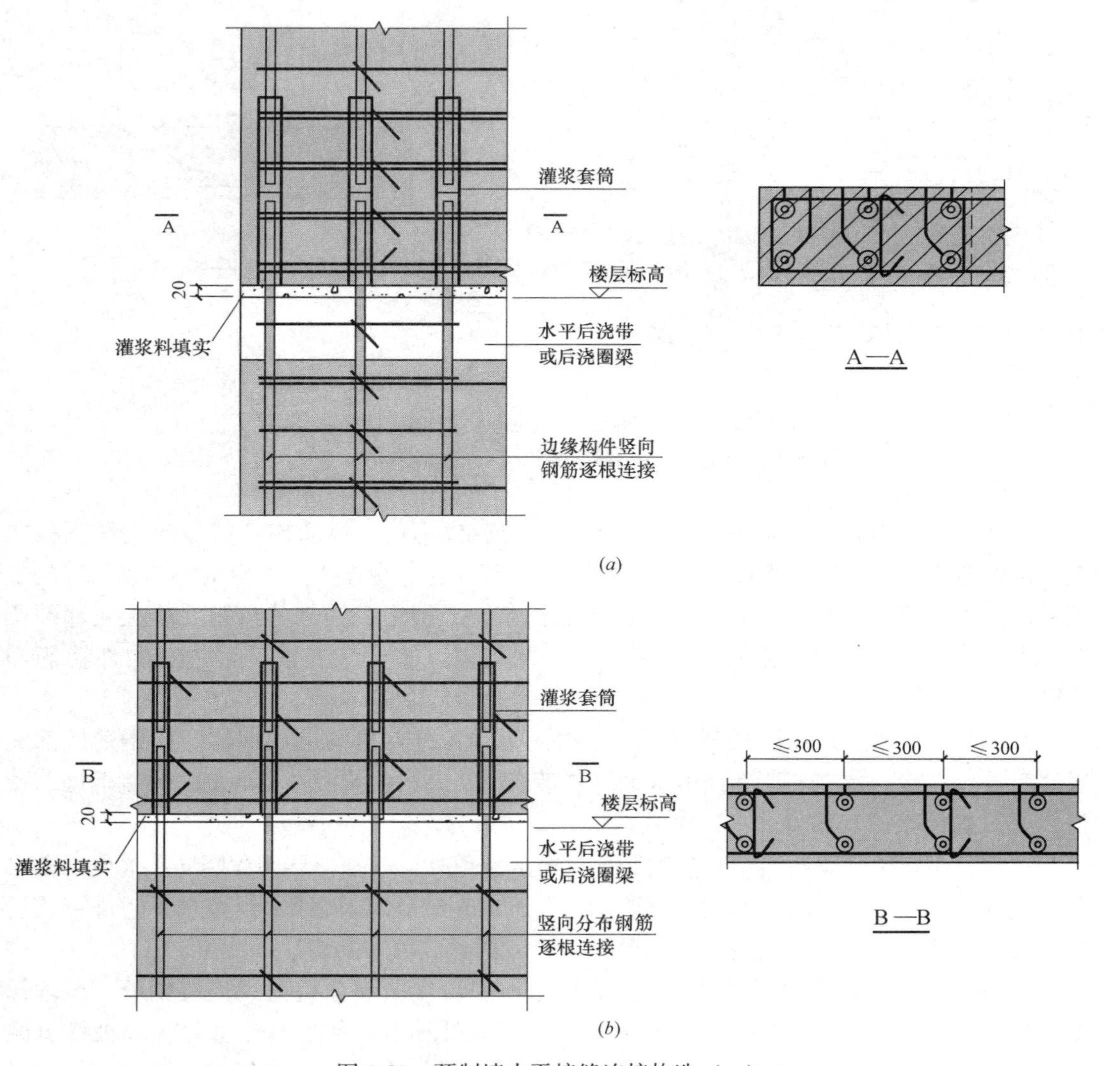

图3-23　预制墙水平接缝连接构造（一）

（a）预制墙边缘构件的竖向钢筋连接构造；（b）预制墙竖向分布钢筋逐根连接

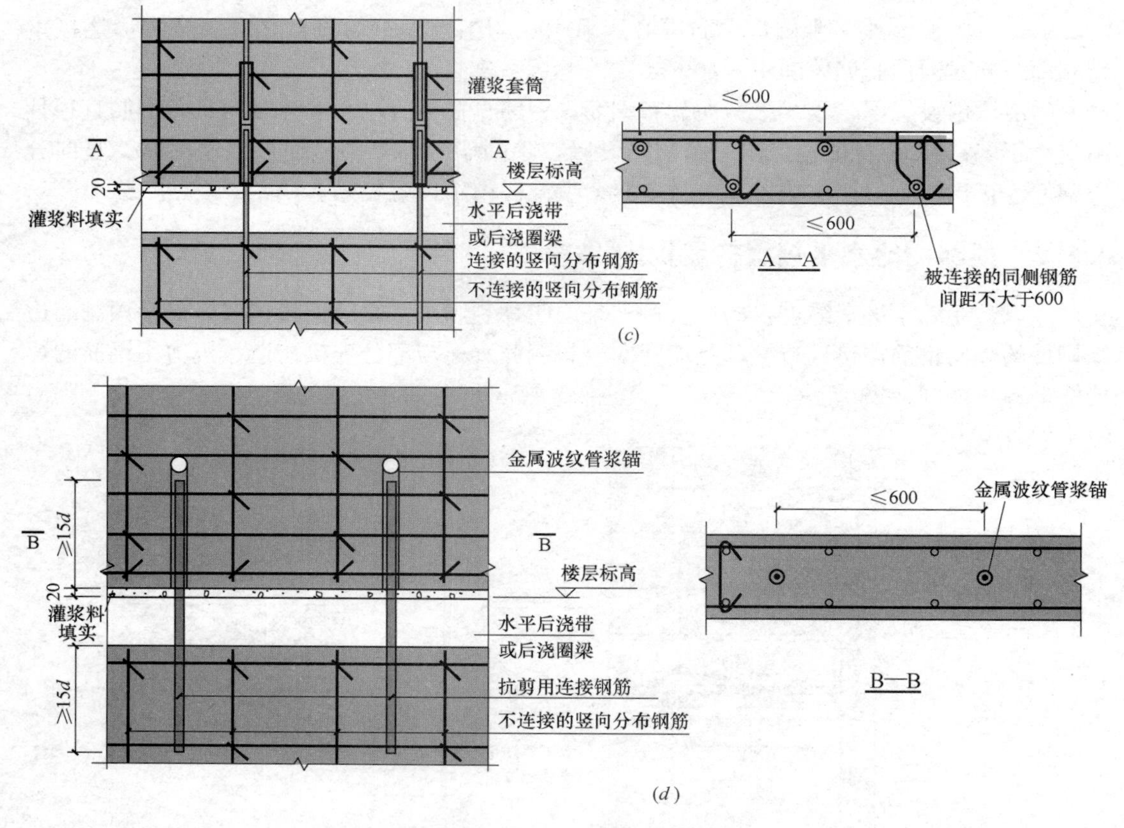

图 3-23 预制墙水平接缝连接构造（二）

（c）预制墙竖向分布钢筋部分连接；（d）抗剪用钢筋的连接构造

1）图（a）中，预制墙边缘构件的竖向钢筋连接构造，边缘构件的竖向钢筋逐根向上预留外伸段与上层边缘构件的竖向钢筋底部灌浆套筒进行连接。边缘构件的预制混凝土顶部预留水平后浇带或后浇圈梁位置到楼层标高。上层边缘构件的预制混凝土底部预留20mm的灌浆填实高度。水平后浇带或后浇圈梁内，按设计要求设置边缘构件箍筋和拉筋。

2）图（b）中，预制墙的竖向钢筋逐根向上预留外伸段与上层墙体竖向钢筋底部灌浆套筒进行连接。预制墙顶部预留水平后浇带或后浇圈梁位置到楼层标高。预制墙底部预留20mm的灌浆填实高度。

3）图（c）中，预制墙的竖向钢筋部分向上预留外伸段与上层墙体竖向钢筋底部灌浆套筒进行连接，被连接的同侧钢筋间距不大于600mm。预制墙顶部预留水平后浇带或后浇圈梁位置到楼层标高。预制墙底部预留20mm的灌浆填实高度。

4）图（d）中，抗剪用钢筋的连接构造，预制墙体中预埋抗剪用连接钢筋，预埋深度≥15d（抗剪用连接钢筋直径）。抗剪用连接钢筋外伸至上层墙体中通过金属波纹管浆锚连接，连接长度≥15d（抗剪用连接钢筋直径）。预制墙体顶部需预留水平后浇带或后浇圈梁位置到楼层标高。预制墙底部预留20mm的灌浆填实高度。

3.5.3 连梁及楼（屋）面梁与预制墙的连接构造识图

连梁及楼（屋）面梁与预制墙连接构造，包括预制连梁与墙后浇段连接构造、预制连梁与缺口墙连接构造、后浇连梁与预制墙连接构造、预制连梁对接连接构造和预制墙中部缺口处构造。

其中预制连梁与墙后浇段连接构造，是指预制墙设置竖向后浇段，预制连梁纵筋在后浇段内锚固的构造形式，分为预制连梁纵筋锚固采用机械连接和预制连梁纵筋在后浇段内锚固两种形式。现以预制连梁与墙后浇段连接构造为例来说明，如图 3-24 所示。

1）图（*a*）中，预制连梁纵筋锚固采用机械连接的预制连梁与墙后浇段连接构造，预制连梁端面设置键槽，无外伸纵筋，但在相应位置处预埋钢筋机械连接接头。对于连梁底部纵筋，需预埋钢筋Ⅰ级机械连接接头，通过机械连接接头接长纵筋，伸入预制墙竖向后浇段内锚固或搭接。

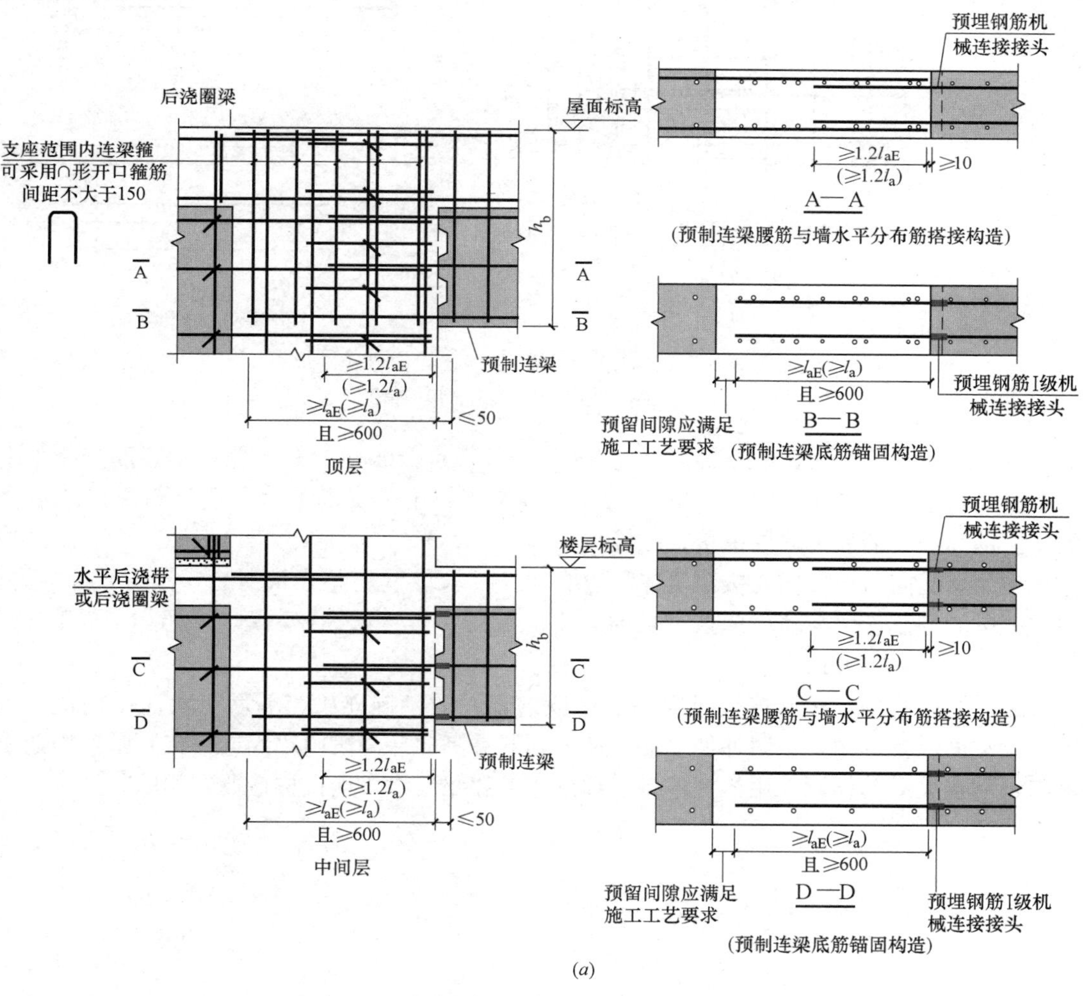

图 3-24 预制连梁与墙后浇段连接构造（一）

（*a*）预制连梁纵筋锚固段采用机械连接

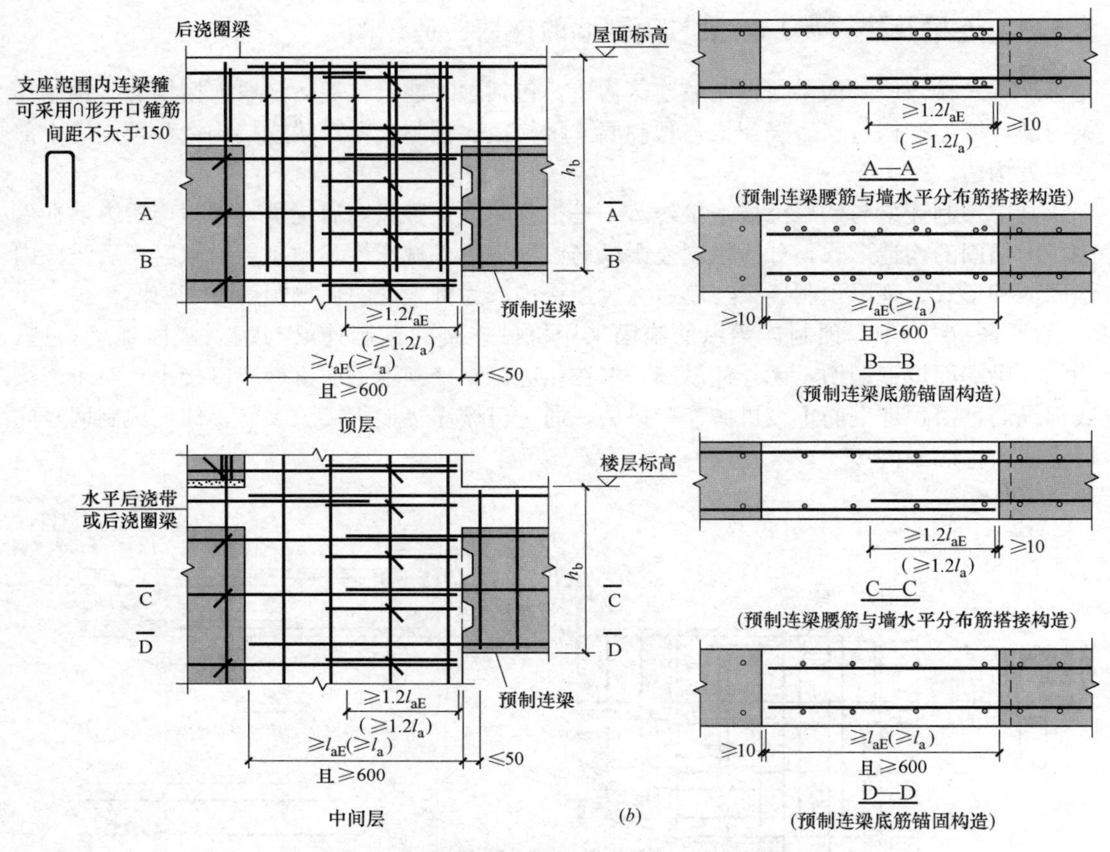

图 3-24 预制连梁与墙后浇段连接构造（二）

（b）预制连梁预留纵筋在后浇段内锚固

其中，预制连梁底部纵筋锚固长度$\geqslant l_{aE}$（l_a），且≥600mm。预制连梁腰筋与墙水平分布筋搭接连接，搭接长度$\geqslant 1.2l_{aE}$（l_a）。预制连梁上部纵筋与水平后浇带纵筋或后浇圈梁上部纵筋在墙后浇段内搭接，搭接长度$\geqslant l_{lE}$（l_l）。

预制墙竖向后浇段内，按照墙体和边缘构件要求设置竖向分布钢筋、箍筋和拉结筋。顶层范围的预制连梁与墙后浇段连接时，支座范围布置连梁纵筋，可采用倒 U 形开口箍筋形式，间距≤150mm。

2）图（b）中，预制连梁纵筋在后浇段内锚固的预制连梁与墙后浇段连接构造，预制连梁端面设置键槽并预留外伸纵筋，伸入预制墙竖向后浇段内锚固或搭接，基本构造要求与预制连梁纵筋锚固采用机械连接的预制连梁和墙后浇段连接构造要求相同。

砌体结构施工图识图诀窍

4.1 砌体结构的构造

4.1.1 墙体的类型

1. 按照位置进行分类

墙体按照其所处的位置不同，可以分为外墙和内墙，外墙又可以称为外围护墙。墙体按照布置方向，又可以分为纵墙和横墙。沿建筑物长轴方向布置的墙称为纵墙，沿建筑物短轴方向布置的墙则被称为横墙，外横墙又称山墙。另外，窗与窗、窗与门之间的墙被称为窗间墙，窗洞下部的墙称为窗下墙，屋顶上部的墙称为女儿墙等，如图4-1所示。

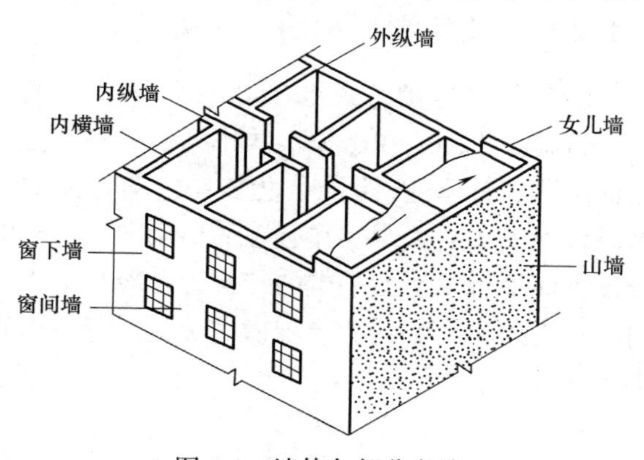

图4-1 墙体各部分名称

2. 按照受力的情况进行分类

按照墙体受力情况的不同，可以分为承重墙和非承重墙。所有直接承受楼板（梁）、屋顶等传来荷载的墙称为承重墙，不承受这些外来荷载的墙则被称为非承重墙。非承重墙有隔墙、填充墙和幕墙。

1）在非承重墙中，不承受外来荷载、仅承受自身重力并把它传至基础的墙，称为自承重墙。

2）只起分隔空间的作用，自身重力由楼板或梁来承担的墙，称为隔墙。

3）在框架结构中，填充在柱子之间的墙称为填充墙，内填充墙是隔墙的一种。

4）悬挂在建筑物外部的轻质墙称为幕墙，包括金属幕墙和玻璃幕墙等。

幕墙和外填充墙虽然无法承受楼板和屋顶的荷载，但能够承受风荷载并且把它传给骨架结构。

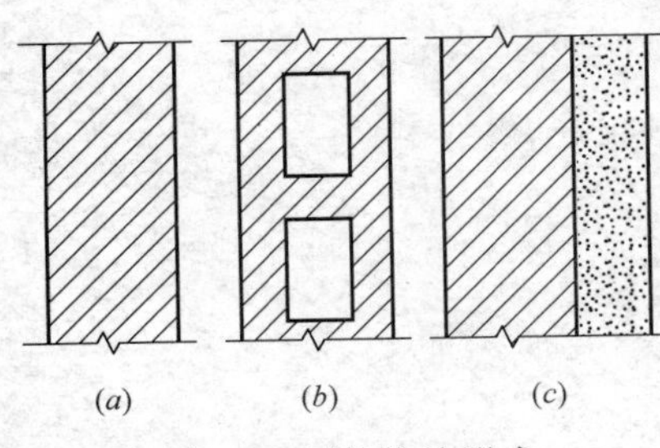

图 4-2 墙体构造形式
（a）实体墙；（b）空体墙；（c）组合墙

3. 按照材料进行分类

按照所使用材料的不同，墙体有砖和砂浆砌筑的砖墙、利用工业废料制作的各种砌块砌筑的砌块墙、现浇或者是预制的钢筋混凝土墙、石块和砂浆砌筑的石墙等。

4. 按照构造形式进行分类

按照构造形式的不同，墙体可以划分为实体墙、空体墙和组合墙三种（图 4-2）。

1）实体墙是采用烧结普通砖及其他实体砌块砌筑而成的墙。

2）空体墙内部的空腔可以靠组砌形成，例如空斗墙，也可以用本身带孔的材料组合而成，例如空心砌块墙等。

3）组合墙采用两种以上材料组合而成，例如加气混凝土复合板材墙，其中混凝土起承重作用，加气混凝土起保温、隔热作用。

5. 按照施工的方法进行分类

按照施工方法的不同，墙体可以分为砌块墙、板筑墙和板材墙三种。砌块墙是使用砂浆等胶结材料把砖、石、砌块等组砌而成的，例如实砌砖墙；板筑墙是在施工现场立模板现浇而成的墙体，例如现浇混凝土墙；板材墙是预先制墙板，在施工现场进行安装、拼接而成的墙体，例如预制混凝土大板墙。

4.1.2 砖墙的细部构造

1. 砖墙的组砌方式

组砌是指砌块在砌体中的排列，组砌的关键是错缝搭接，使上下皮砖的垂直缝交错，保证砖墙的整体性。图 4-3 为砖墙组砌名称及错缝。当墙面不抹灰作清水时，组砌还应当考虑墙面图案的美观。在砖墙的组砌中，把砖的长方向垂直于墙面砌筑的砖称为丁砖，把砖长方向平行于墙面砌筑的砖称为顺砖。上下皮之间的水平灰缝称为横缝，左右两块砖之间的垂直缝称为竖缝。要求横平竖直、灰浆饱满、上下错缝、内外搭接，上下错缝长度不小于 60mm。

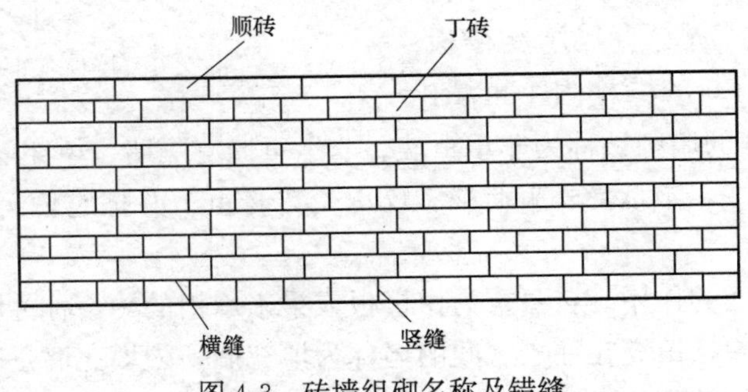

图 4-3 砖墙组砌名称及错缝

（1）实体砖墙

实体砖墙是指使用烧结普通砖砌筑的不留空隙的砖墙。其砌筑方式如图 4-4 所示。

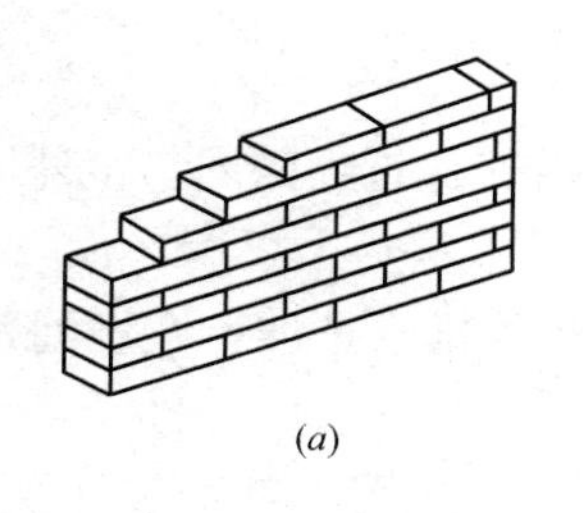

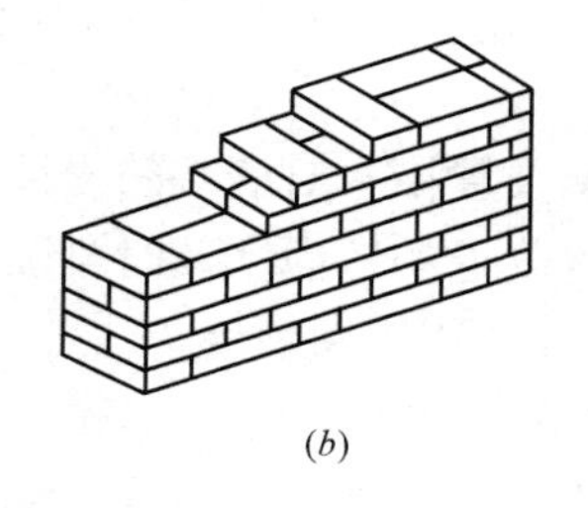

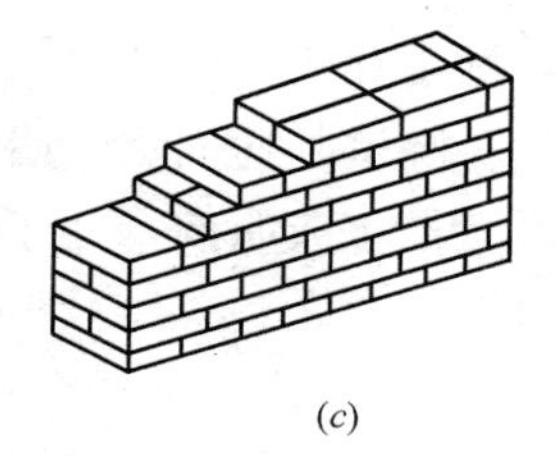

图 4-4 砖墙的组砌方式
（a）全顺式；（b）梅花丁；（c）一顺一丁

（2）空斗墙

空斗墙是使用实心烧结普通砖侧砌或者侧砌与平砌结合砌筑，使内部形成空心的墙体。通常，将侧砌的砖称为斗砖，平砌的砖称为眠砖，如图 4-5 所示。

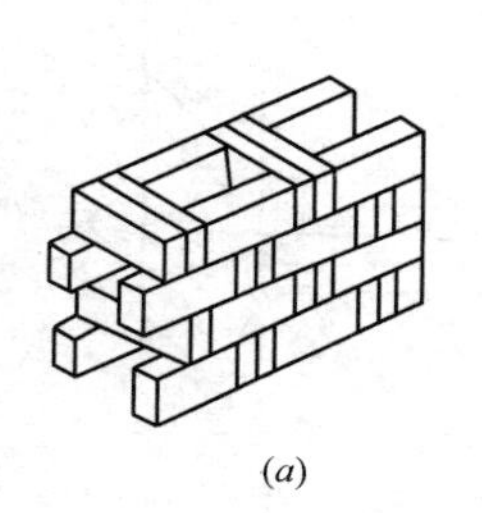

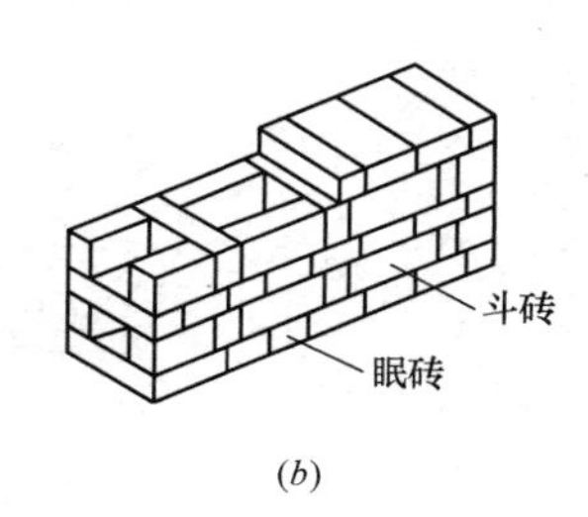

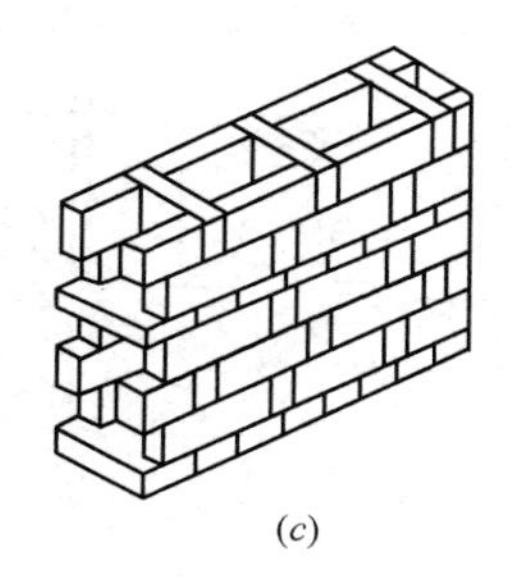

图 4-5 空斗墙的组砌方式
（a）无眠空斗；（b）一眠一斗；（c）一眠二斗

空斗墙与实体砖墙相比，用料省，自重轻，保温隔热好，适合用于炎热、非震区的低层民用建筑。

（3）组合墙

组合墙是用砖和其他保温材料组合形成的墙。这种墙可以比较好地改善普通墙的热工性能，经常应用在我国北方寒冷地区。组合墙体的做法的三种类型具体包括（图 4-6）：

1）在砖墙的中间填充保温材料；

2）在墙体的一侧附加保温材料；

3）在墙体中间留置空气间层。

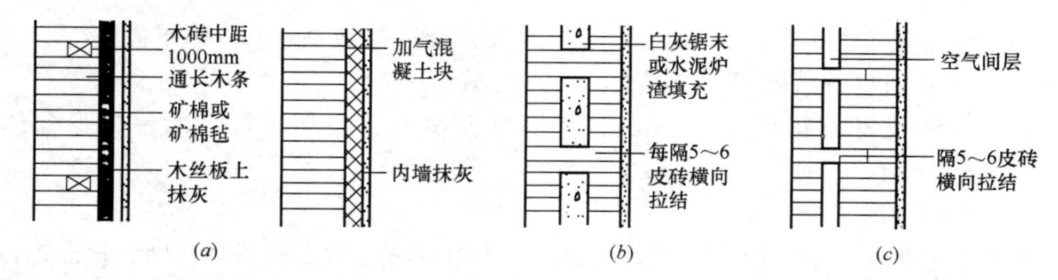

图 4-6 复合墙的构造
（a）单面敷设保温材料；（b）中间填充保温材料；（c）墙中留空气间层

2. 砖墙的细部构造

（1）散水和明沟

为了免除室外地面水、墙面水及屋檐水对墙基的侵蚀，沿着建筑物四周与室外地坪相接处宜设置散水或明沟，把建筑物附近的地面水及时排除。

1）散水。散水是沿着建筑物外墙四周做坡度为3%～5%的排水护坡，宽度通常大于或等于600mm，并且应当比屋檐挑出的宽度大200mm。

散水的做法一般包括砖铺散水、块石散水、混凝土散水等，如图4-7（*a*）示例所示。混凝土散水每隔6～12m应当设伸缩缝，与外墙之间留置沉降缝，缝内均应填充热沥青。

2）明沟。对于年降水量较大的地区，通常在散水的外缘或者是直接在建筑物外墙根部设置的排水沟，称为明沟。明沟一般采用混凝土浇筑成宽180mm、深150mm的沟槽，也可以使用砖、石砌筑，沟底应当有不少于1%的纵向排水坡度，如图4-7（*b*）所示。

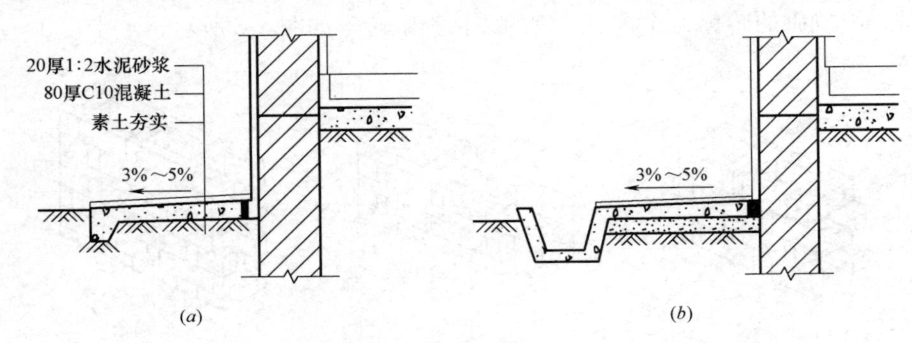

图4-7 散水与明沟

（*a*）混凝土散水；（*b*）混凝土散水与明沟

（2）勒脚

勒脚是外墙墙身与室外地面接近的部位。它的主要作用如下：

1）保护近地墙身，防止受雨雪的直接侵蚀、受冻以致破坏。

2）加固墙身，防止由于外界机械碰撞而使墙身受损。

3）装饰立面。勒脚应当坚固、防水和美观。常见的做法有下列几种：

① 在勒脚部位抹20～30mm厚1：2或1：2.5的水泥砂浆，或者做水刷石、斩假石等，如图4-8（*a*）所示。

② 在勒脚部位镶贴防水性能好的材料，例如大理石板、花岗石板、水磨石板、面砖等，如图4-8（*b*）所示。

③ 在勒脚部位将墙加厚60～120mm，再采用水泥砂浆或者水刷石等罩面。

④ 采用天然石材砌筑勒脚，如图4-8（*c*）所示。

勒脚的高度通常不得低于500mm，考虑立面美观，应与建筑物的整体形象结合而定。

（3）墙身防潮层

为了有效地防止地下土壤中的潮气沿着墙体上升和地表水对墙体的侵蚀，提高墙体的坚固性与耐久性，确保室内能够保持干燥、卫生，应当在墙身中设置防潮层。防潮层包括水平防潮层和垂直防潮层两种。

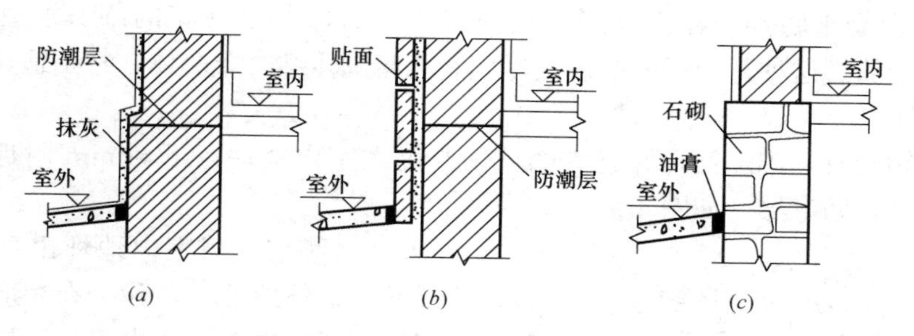

图 4-8 勒脚的构造做法

（a）抹灰；（b）贴面；（c）石材砌筑

1）水平防潮层。墙身水平防潮层应当沿着建筑物内、外墙连续交圈设置，位于室内地坪以下 60mm 处，其做法有以下四种：

① 油毡防潮：在防潮层部位抹 20mm 厚 1∶3 水泥砂浆找平层，然后在找平层上干铺一层油毡或者做一毡二油。一毡二油就是先浇热沥青，再铺油毡，最后再浇热沥青。为了确保防潮效果，油毡的宽度应当比墙宽 20mm，油毡搭接应不小于 100mm。这种做法防潮效果好，但是却破坏了墙身的整体性，所以不应在地震区采用，如图 4-9（a）所示。

② 防水砂浆防潮：在防潮层部位抹 20mm 厚 1∶2 的防水砂浆。防水砂浆是在水泥砂浆中掺入了占水泥重量 5%的防水剂，防水剂与水泥混合凝结，能填充微小孔隙和堵塞、封闭毛细孔，从而阻断毛细水。此种做法省工、省料，而且能够保证墙身的整体性，但是却容易因为砂浆开裂而降低防潮效果，如图 4-9（b）所示。

③ 防水砂浆砌砖防潮：在防潮层部位采用防水砂浆砌筑 3～5 皮砖，如图 4-9（c）所示。

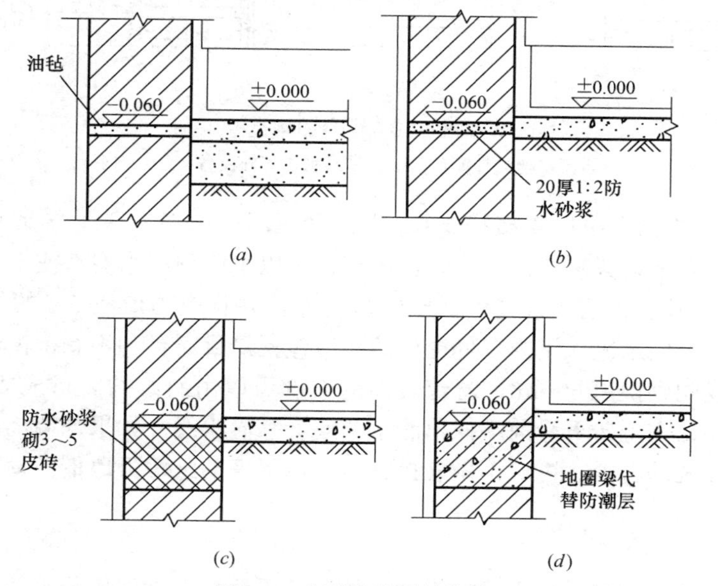

图 4-9 水平防潮层的构造

（a）油毡防潮；（b）防水砂浆防潮；（c）防水砂浆砌砖防潮；（d）细石混凝土防潮

④ 细石混凝土防潮：在防潮层部位浇筑 60mm 厚与墙等宽的细石混凝土带，内配 3ϕ6 或 3ϕ8 钢筋。这种防潮层的抗裂性好，并能与砌体结合成一体，特别适用于刚度要求较高的建筑中。

当建筑物设有基础圈梁，并且它的截面高度在室内地坪以下 60mm 附近时，可以采用基础圈梁代替防潮层，如图 4-9（*d*）所示。

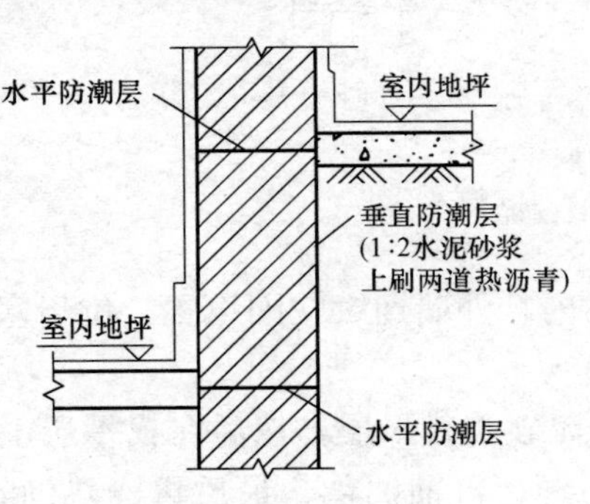

图 4-10 垂直防潮层的构造

2）垂直防潮层。当室内地坪出现高差或者是室内地坪低于室外地坪时，除了在相应位置设水平防潮层以外，还应当在两道水平防潮层之间靠土壤的垂直墙面上做垂直防潮层。具体做法是：先使用水泥砂浆将墙面抹平，然后再涂一道冷底子油（沥青用汽油、煤油等溶解后的溶液）、两道热沥青（或者是做一毡二油），如图 4-10 所示。

（4）窗台

窗台是窗洞下部的构造，是用来排除窗外侧流下的雨水和内侧的冷凝水，并且能够起到一定的装饰作用，它的构造如图 4-11 所示。位于窗外的部分称外窗台，位于室内的部分称内窗台。当墙很薄、窗框沿墙内缘安装时，也可以不设内窗台。

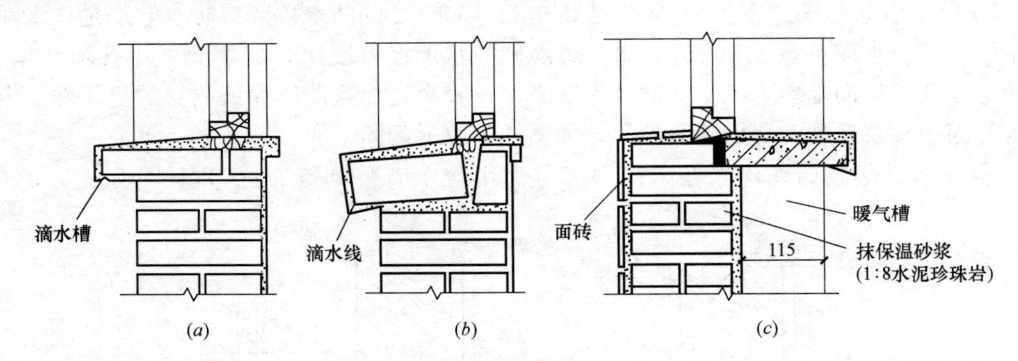

图 4-11 窗台的构造

（*a*）带滴水槽的外窗台；（*b*）带滴水线的外窗台；（*c*）内窗台

1）内窗台。内窗台可以直接抹 1∶2 水泥砂浆形成面层。在北方地区墙体厚度比较大，经常在内窗台下留置暖气槽。这时，内窗台可以采用预制水磨石或木窗台板。

2）外窗台。外窗台面通常应该低于内窗台面，并且应当形成 5% 的外倾坡度，从而有利于排水，防止雨水流入室内。外窗台的构造包括悬挑窗台和不悬挑窗台两种。悬挑窗台常用砖平砌或侧砌挑出 60mm，窗台表面的坡度可以由斜砌的砖形成或者采用 1∶2.5 水泥砂浆抹出，并在挑砖下缘前端抹出滴水槽或者是滴水线。如果外墙饰面为瓷砖、陶瓷马赛克等易于冲洗的材料，可以不做悬挑窗台，窗下墙的脏污可以借助窗上墙流下的雨水冲洗干净。

（5）过梁

过梁是指设置在门窗洞口上部的横梁，用以承受洞口上部墙体传来的荷载，并且传给窗间墙。按照过梁采用的材料和构造分，常用的有砖拱过梁、钢筋砖过梁和钢筋混凝土过梁。

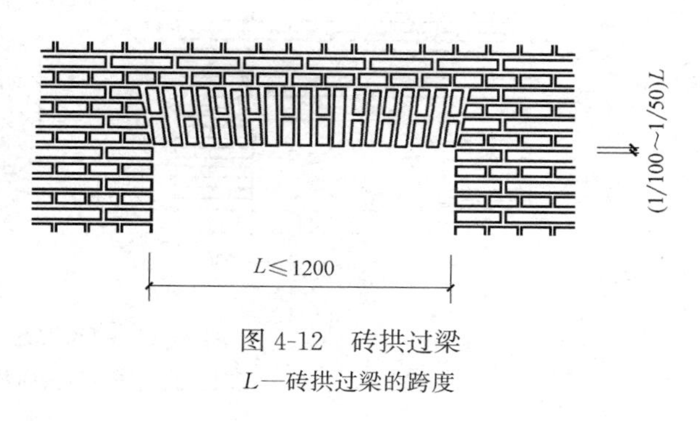

图 4-12 砖拱过梁
L—砖拱过梁的跨度

1）砖拱过梁。砖拱过梁有平拱和弧拱两种，工程中大多用平拱。平拱砖过梁采用普通砖侧砌和立砌形成，砖应当为单数并对称于中心向两边倾斜。灰缝呈上宽（≤15mm）、下窄（≥5mm）的楔形，如图 4-12 所示。平拱砖过梁的跨度不应超过 1.2m。它节约钢材和水泥，但是施工麻烦，整体性差，不宜用于上部有集中荷载、有较大振动荷载或可能产生不均匀沉降的建筑。

2）钢筋砖过梁。钢筋砖过梁是在门窗洞口上部的砂浆层内配置钢筋的平砌砖过梁。钢筋砖过梁的高度应当经过计算确定，通常不少于 5 皮砖，并且不得少于洞口跨度的 1/5。过梁范围内用不低于 MU7.5 的砖和不低于 M2.5 的砂浆砌筑，砌法与砖墙一样。在第一皮砖下设置不得小于 30mm 厚的砂浆层，并且在其中放置钢筋，钢筋的数量为每 120mm 墙厚不少于 1φ6。钢筋两端伸入墙内 250mm，并且在端部做 60mm 高的垂直弯钩，如图 4-13 所示。

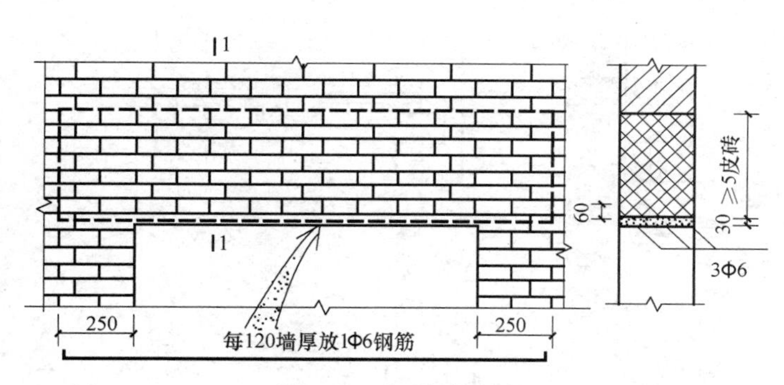

图 4-13 钢筋砖过梁

钢筋砖过梁适用于跨度不超过 1.5m，上部无集中荷载的洞口。当墙身为清水墙时，使用钢筋砖过梁，可以使建筑立面获得统一的效果。

3）钢筋混凝土过梁。当门窗洞口跨度超过 2m 或者在上部有集中荷载时，需要使用钢筋混凝土过梁。钢筋混凝土过梁有现浇和预制两种。它坚固耐久、施工简便，目前被广泛采用。

钢筋混凝土过梁的截面尺寸及配筋应当经过计算确定，并且应当是砖厚的整倍数，宽度等于墙厚，两端伸入墙内不小于 240mm。

钢筋混凝土过梁的截面形状包括矩形和 L 形两种。矩形多见用于内墙和外混水墙中；L 形多用于外清水墙和有保温要求的墙体中。此时，应当注意 L 口朝向室外，如图 4-14 所示。

（6）圈梁和构造柱

1）圈梁。圈梁是沿建筑物外墙、内纵墙和部分横墙设置的连续封闭的梁。它是用来

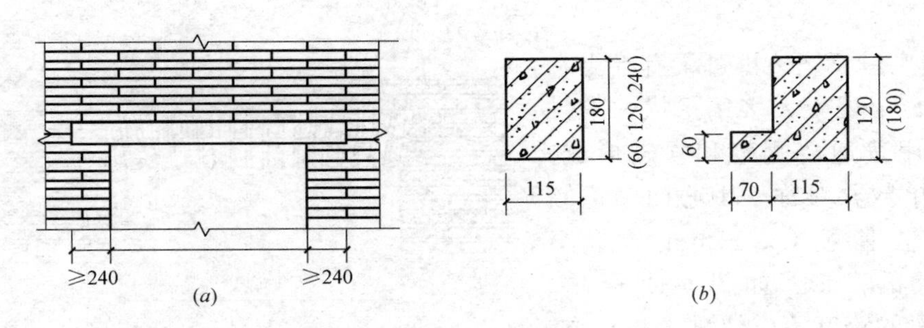

图 4-14 钢筋混凝土过梁

（a）过梁立面；（b）过梁的断面形状和尺寸

加强房屋的空间刚度和整体性，防止由于基础不均匀沉降、振动荷载等引起的墙体开裂。

圈梁的数量与建筑物的高度、层数、地基状况和地震烈度都有关；圈梁设置的位置与其数量也有一定关系。如果只是设一道圈梁时，应通过屋盖处；增设时，应通过相应的楼盖处或门洞口上方。

圈梁一般位于屋（楼）盖结构层的下面，如图 4-15（a）所示。对空间较大的房间和地震烈度 8 度以上地区的建筑，必须把外墙圈梁外侧加高，以免楼板水平位移，如图 4-15（b）所示。当门窗过梁与屋盖、楼盖靠近时，圈梁可以通过洞口顶部兼作过梁。

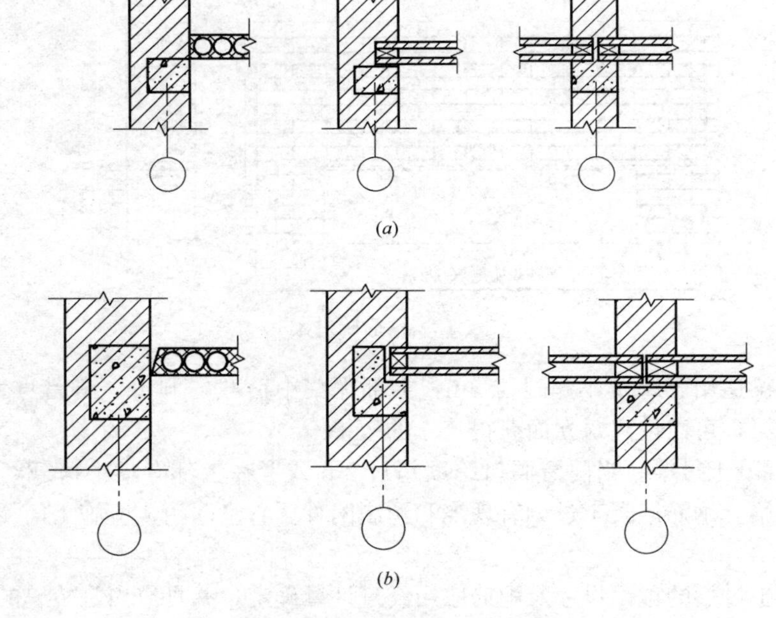

图 4-15 圈梁在墙中的位置

（a）圈梁位于屋（楼）盖结构层下面——板底圈梁；（b）圈梁顶面与屋（楼）盖结构层顶面相平——板面圈梁

圈梁有钢筋混凝土圈梁和钢筋砖圈梁两种，如图 4-16 所示。钢筋混凝土圈梁的宽度宜与墙厚相同。当墙厚大于 240mm 时，允许其宽度减小，但是不应当小于墙厚的三分之二。圈梁高度应大于 120mm，并且在其中设置纵向钢筋和箍筋，例如为 8 度抗震设防时，纵筋为 4ϕ10，箍筋为 ϕ6@200。钢筋砖圈梁应采用不低于 M5 的砂浆砌筑，高度为 4～6

皮砖。纵向钢筋最好不少于 6ϕ6，水平间距最好不大于 120mm，分上、下两层设在圈梁顶部和底部的灰缝内。

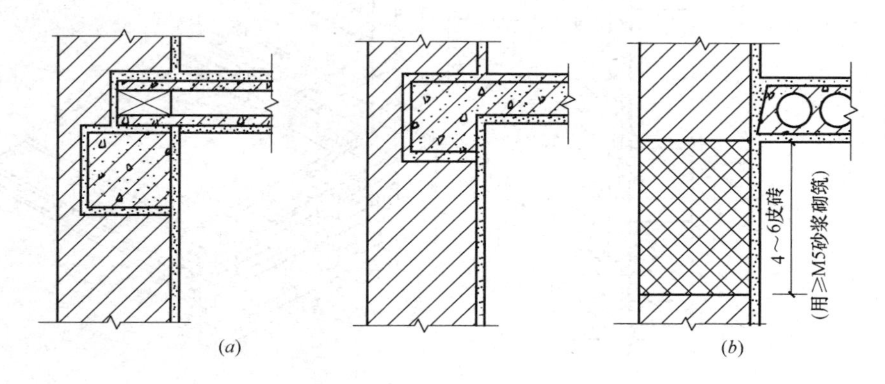

图 4-16 圈梁的构造

（a）钢筋混凝土圈梁；（b）钢筋砖圈梁

圈梁应连续地设在同一水平面上，并且形成封闭状。当圈梁被门窗洞口截断时，应在洞口上部增设一道附加圈梁。附加圈梁的构造如图 4-17 所示。附加圈梁的断面和配筋不应小于圈梁的断面与配筋。

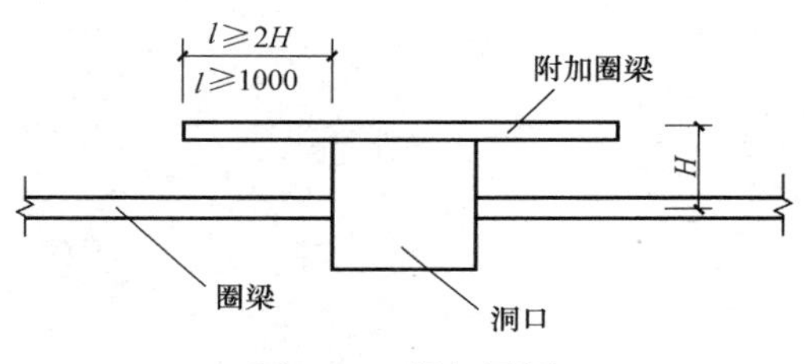

图 4-17 附加圈梁

l—附加圈梁与圈梁搭接长度；H—垂直间距

2）构造柱。构造柱是从构造角度考虑设置的，一般是设在建筑物的四角、外墙交接处、楼梯间、电梯间的四角以及某些较长墙体的中部。它是用来从竖向加强层间墙体的连接，与圈梁一起组成空间骨架，加强建筑物的整体刚度，提高墙体抗变形的能力，约束墙体裂缝的开展。

构造柱的截面以不小于 240mm×180mm 为宜，常用 240mm×240mm。纵向钢筋宜采用 4ϕ12，箍筋不少于 ϕ6@250，并且在柱的上下端适当加密。构造柱应当先砌墙后浇柱，墙与柱的连接处宜留出五进五出的大马牙槎，进出 60mm 并且沿墙高每隔 500mm 设 2ϕ6 的拉结钢筋，每边伸入墙内不少于 1000mm 为宜，如图 4-18 所示。

构造柱可不单独做基础，下端可伸入室外地面下 500mm 或锚入浅于 500mm 的地圈梁内。

（7）烟道、垃圾道、通风道

1）烟道。在设有燃煤炉灶的建筑中，为了有效排除炉灶内的煤烟，一般在墙内设置烟道。在气候寒冷地区，烟道一般应设在内墙中；如果必须设在外墙内，烟道边缘与墙外缘的距离不宜小于 370mm。烟道有砖砌和预制拼装两种做法。

在多层建筑中，很难做到每个炉灶都有独立的烟道，往往把烟道设置成子母烟道，以防相互窜烟，如图 4-19 所示。

烟道应砌筑密实，并且随砌随用砂浆将内壁抹平。上端应高出屋面，以防被雪掩埋或受风压影响使排气不畅。母烟道下部，即靠近地面处设有出灰口，平时用砖堵住。

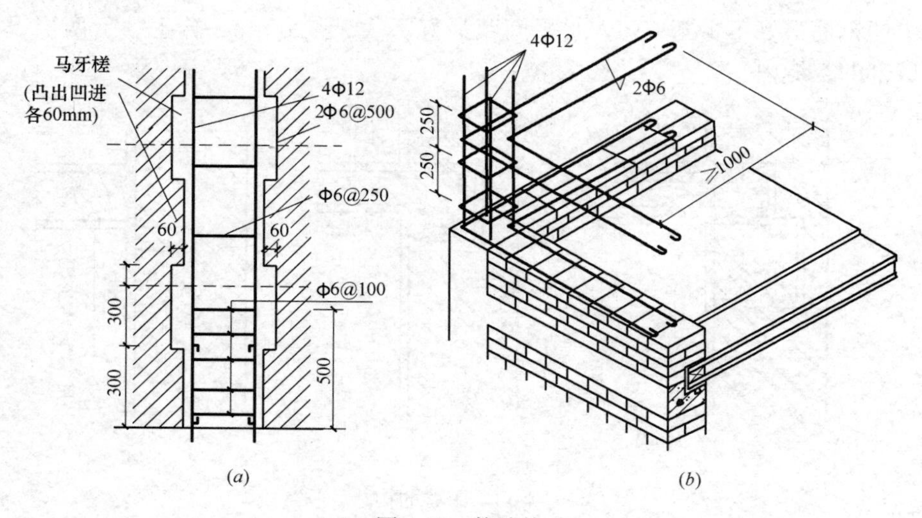

图 4-18 构造柱

（*a*）平直墙面处的构造柱；（*b*）转角处的构造柱

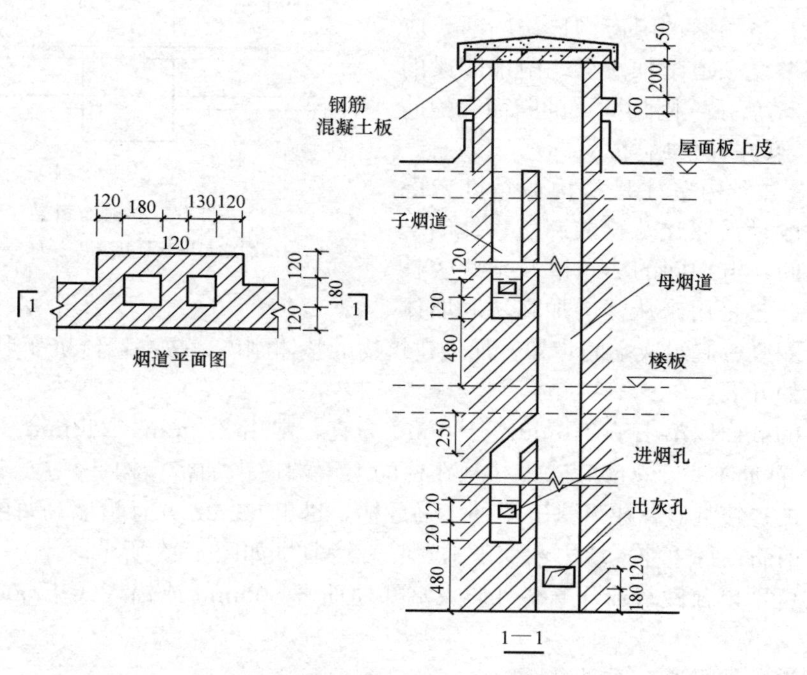

图 4-19 砖砌烟道的构造

2）垃圾道。一般来说，多层和高层建筑中为了能够轻松地排除垃圾，有时需要设垃圾道。垃圾道通常布置在楼梯间靠外墙周围，或在走道的尽端，包括砖砌垃圾道和混凝土垃圾道两种。

垃圾道包括孔道、垃圾进口以及通气孔、垃圾斗和垃圾出口等。一般每层都应当设垃圾进口，垃圾出口和底层外侧的垃圾箱或垃圾间相连。通气孔位于垃圾道上部，与室外连通，如图 4-20 所示。

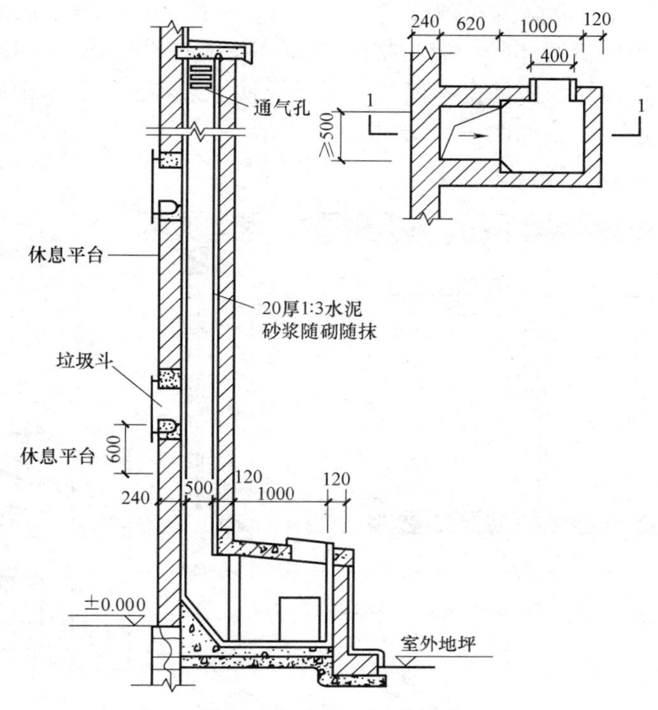

图 4-20　砖砌垃圾道构造

随着人们环保意识的加强，每座楼均设垃圾道的做法已经越来越少，转而采用集中设垃圾箱的做法，将垃圾进行集中管理、分类管理。

3）通风道。在人数较多且产生烟气和空气污浊的房间，如厨房、会议室、卫生间和厕所等，应当设置通风道。

通风道的断面尺寸、构造要求及施工方法均与烟道相同，但是通风道的进气口应位于顶棚下 300mm 左右，并且使用铁箅子遮盖。

现代工程中，多采用预制装配式通风道。预制装配式通风道用钢丝网水泥或不燃材料制作，可以分为双孔和三孔两种结构形式。各种结构形式有其不同的截面尺寸，用以满足各种使用要求。

4.1.3　隔墙的构造

1. 块材隔墙

块材隔墙是采用空心砖、普通砖、加气混凝土砌块等块材砌筑而成的，经常采用的有普通砖隔墙、砌块隔墙。块材隔墙具有取材方便、造价较低、隔声效果好的优点，但是也具有湿作业多、自重大、墙体厚、拆移不便等缺点。

（1）普通砖隔墙

用普通砖砌筑隔墙的厚度包括 1/4 砖和 1/2 砖两种，1/4 砖厚隔墙稳定性差、对抗震不利，1/2 砖厚隔墙坚固耐久、有一定的隔声能力，因此一般采用 1/2 砖隔墙。

1/2 砖隔墙即半砖隔墙，砌筑砂浆强度等级不应低于 M2.5。为了让隔墙与墙柱之间连接牢固，在隔墙两端的墙柱沿高度每隔 500mm 预埋 2ϕ6 的拉结筋，伸入墙体的长度为

1000mm，还应当沿着隔墙高度每隔 1.2～1.5m 设一道 30mm 厚水泥砂浆层，内放 2ϕ6 的钢筋。在隔墙砌到楼板底部时，应当把砖斜砌一皮或者是留出 30mm 的空隙使用木楔塞牢，然后再用砂浆填缝。隔墙上有门时，用预埋铁件或者把带有木楔的混凝土预制块砌入隔墙中，以便固定门框，如图 4-21 所示。

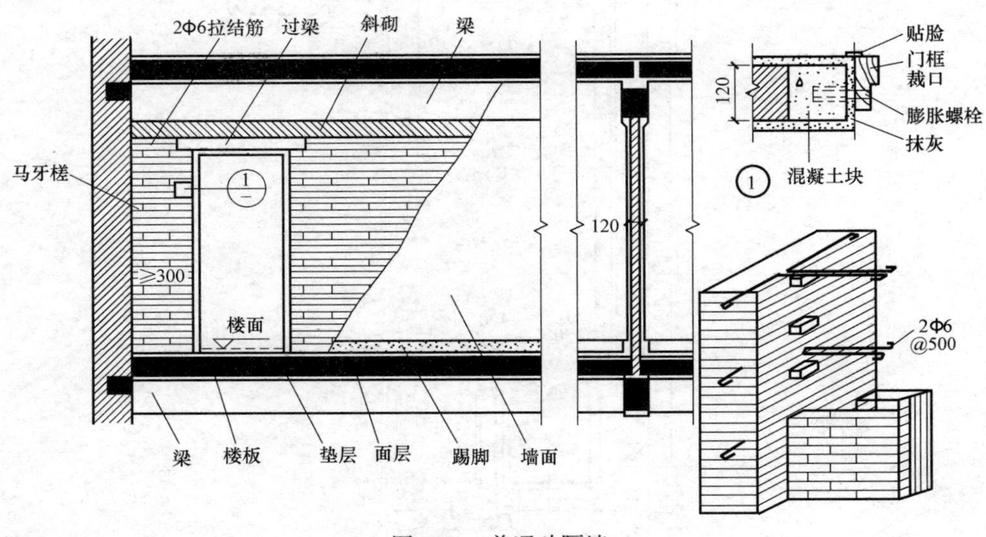

图 4-21 普通砖隔墙

（2）加气混凝土砌块隔墙

加气混凝土砌块隔墙具有吸声好、质轻、保温性能好、便于操作等优点，现在在隔墙工程中应用比较广泛。但是，加气混凝土砌块吸湿性大，因此不宜用于浴室、厨房、厕所等处，如果使用需要另作防水层。

加气混凝土砌块隔墙的底部宜砌筑 2～3 皮普通砖，以利于踢脚砂浆的粘结。砌筑加气混凝土砌块时，应采用 1∶3 水泥砂浆砌筑。为了保证加气混凝土砌块隔墙的稳定性，沿墙高每隔 900～1000mm 设置 2ϕ6 的配筋带，门窗洞口上方也要设 2ϕ6 的钢筋，如图 4-22 所示。墙面抹灰可以直接抹在砌块上，为了防止灰皮脱落，可先采用细钢丝网钉在砌块墙上，再作抹灰。

2. 板材隔墙

板材隔墙是指把各种轻质、竖向、通长的预制薄型板材采用各种胶粘剂拼合在一起形成的隔墙。它的单板高度相当于房间净高，面积较大且不依赖骨架，直接装配而成。目前，采用的大多数都是条板，例如加气混凝土条板、石膏条板等。

（1）加气混凝土条板隔墙

加气混凝土条板规格有长 2700～3000mm，宽 600～800mm，厚 80～100mm。隔墙板之间采用水玻璃砂浆或者是 108 胶砂浆粘结。加气混凝土条板具有自重轻、节省水泥、运输方便、施工简单，可锯、刨、钉等优点，但是却有吸水性大、耐腐蚀性差、强度较低，运输、施工过程中易损坏等缺点，不宜用于具有高温、高湿或者含有化学及有害空气介质的建筑中。

（2）增强石膏空心板隔墙

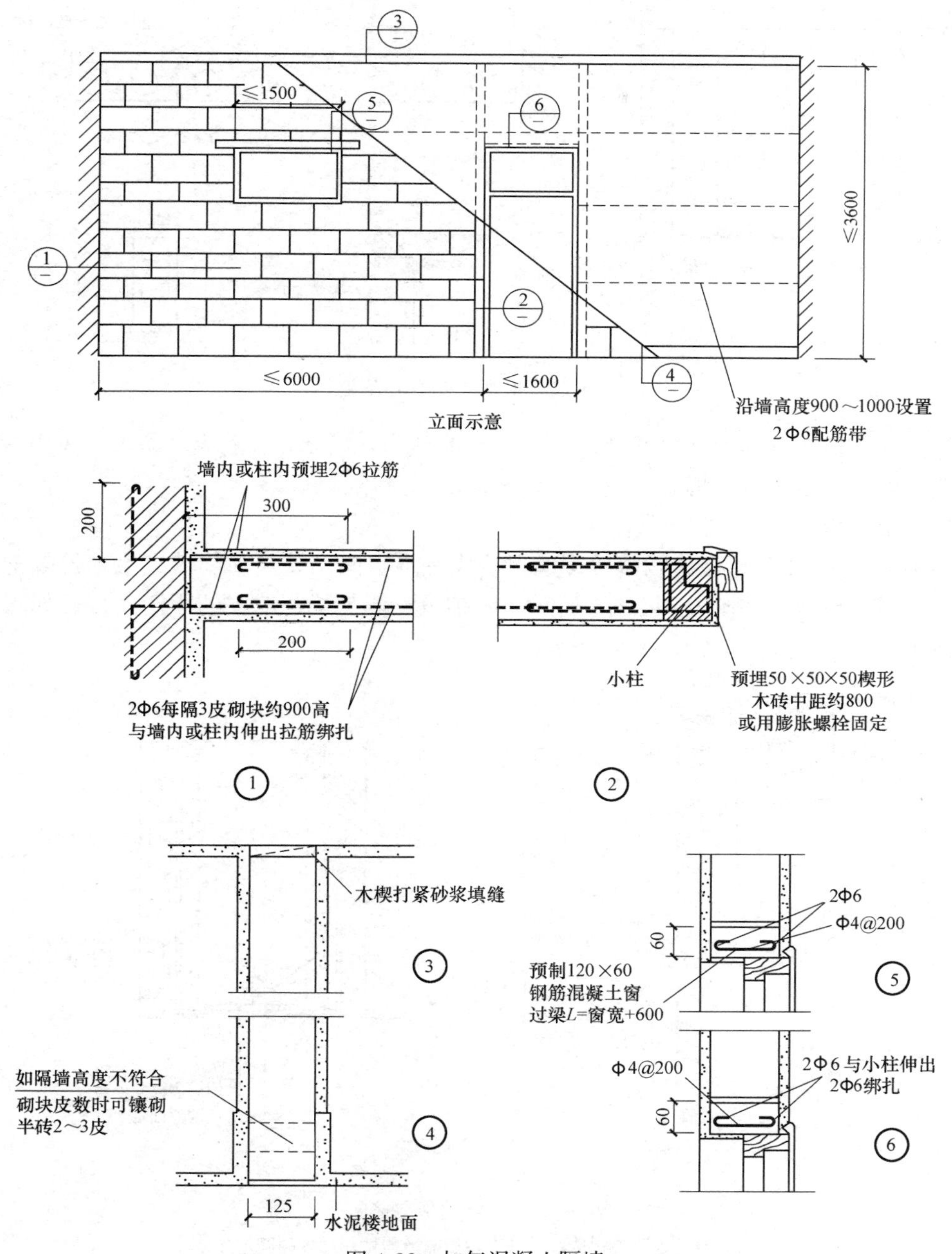

图 4-22　加气混凝土隔墙

增强石膏空心板分为普通条板、钢木窗框条板和防水条板三类，规格为长 2400～3000mm，宽 600mm，厚 60mm，9 个孔，孔径 38mm，能够满足防火、隔声及抗撞击的要求，如图 4-23 所示。

(3) 复合板隔墙

用几种材料制成的多层板为复合板。复合板的面层有铝板、树脂板、石棉水泥板、石膏板、硬质纤维板、压型钢板等。夹心材料可以采用矿棉、木质纤维、泡沫塑料和蜂窝状

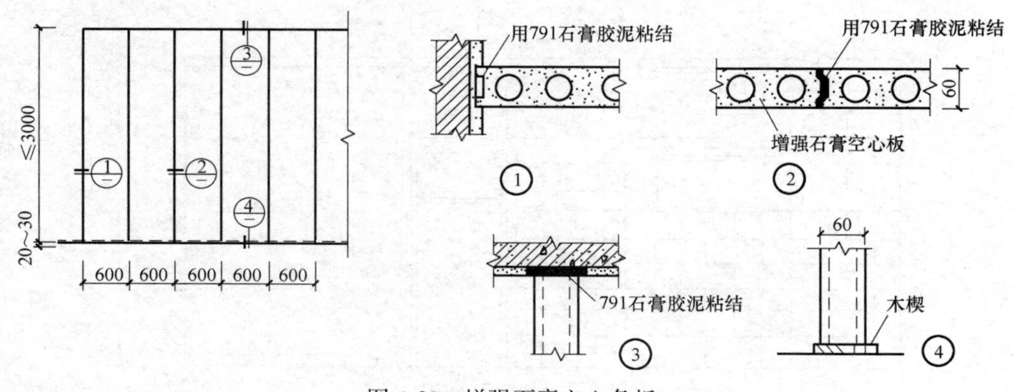

图 4-23　增强石膏空心条板

材料等。复合板充分利用材料的性能，大多数都是具有强度高、耐火、防水、隔声性能好等优点，而且安装方便、拆卸简单，有利于建筑工业化。

（4）泰柏板

泰柏板是由 14 号低碳冷拔镀锌钢丝焊接成三维空间网笼，中间填充聚苯乙烯泡沫塑料构成的轻制板材，如图 4-24（*a*）所示。泰柏板隔墙与楼、地坪的固定连接，如图 4-24（*b*）所示。

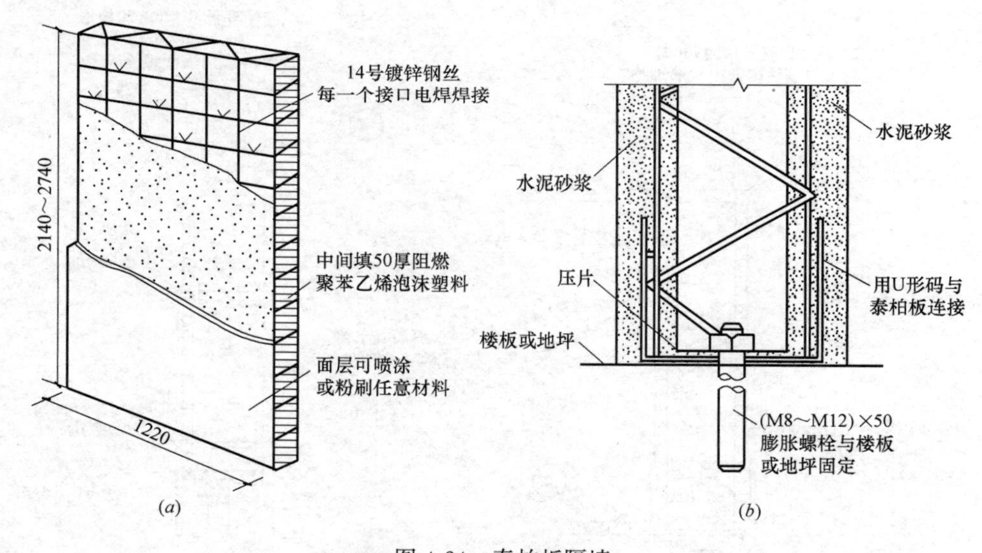

图 4-24　泰柏板隔墙

（*a*）泰柏板隔墙构造；（*b*）泰柏板隔墙与楼、地坪的固定连接

3. 轻骨架隔墙

轻骨架隔墙是使用木材或者是金属材料构成骨架，在骨架两侧制作面层形成的隔墙。这一类隔墙自重轻，一般可以直接放置在楼板上，因为墙中有空气夹层、隔声效果好，所以应当用较广。比较代表性的有木骨架隔墙和轻钢龙骨石膏板隔墙。

（1）木骨架隔墙

是由上槛、下槛、立柱、横档等组成骨架，面层材料传统的做法是钉木板条抹灰，因为它的施工工艺落后，现已不多用，目前普遍做法是在木骨架上钉各种成品板材，例如石膏板、纤维板、胶合板等，并且在骨架、木基层板背面刷两遍防火涂料，提高其防火性能，如图 4-25 所示。

(2) 轻钢龙骨石膏板隔墙

是采用轻钢龙骨作骨架，纸面石膏板作面板的隔墙，它的特点是刚度大、耐火、隔声。

轻钢龙骨一般用沿顶龙骨、沿地龙骨、竖向龙骨、横撑龙骨、加强龙骨和各种配套件组成，然后使用自攻螺钉把石膏板钉在龙骨上，用 50mm 宽玻璃纤维带粘贴板缝后再进行饰面处理，如图 4-26 所示。

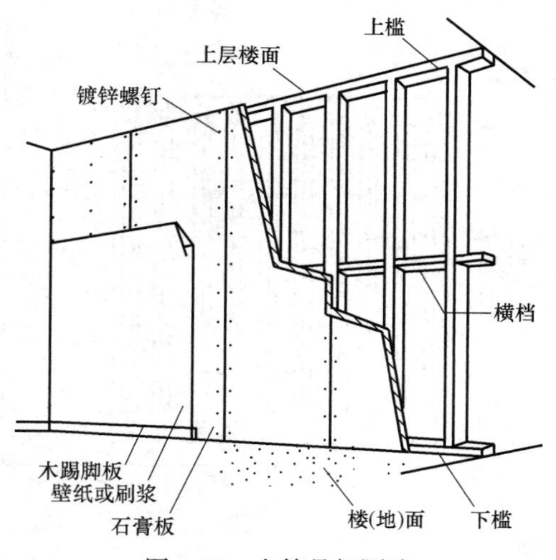

图 4-25 木筋骨架隔墙

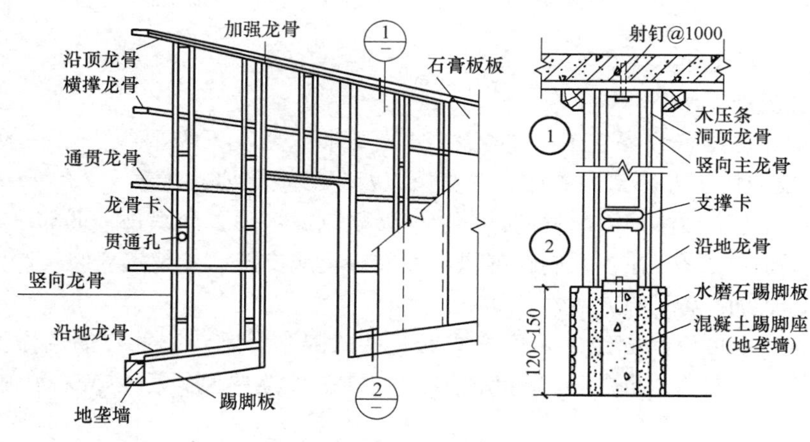

图 4-26 轻钢龙骨隔墙

4.1.4 隔断的构造

按照隔断的外部形式和构造方式，通常可以把它分为花格式、移动式、屏风式、帷幕式和家具式等。

1. 花格式隔断

花格式隔断主要是划分与限定空间，却并不能完全遮挡视线和隔声，主要用于分隔和沟通在功能要求上不仅需要隔离，还需要保持一定联系的两个相邻空间，具有很强的装饰性，广泛应用于宾馆、商店、展览馆等公共建筑及住宅建筑中。

花格式隔断有木制、金属、混凝土等各种材质的制品，形式多种多样，如图 4-27 所示。

2. 移动式隔断

移动式隔断可随意闭合或者打开，使相邻的空间随之独立或者合并成一个大空间。这种隔断使用灵活，在关闭时能够起到限定空间、隔声和遮挡视线的作用。

移动式隔断的类型很多，根据它的启闭的方式分为以下几种：拼装式、滑动式、折叠

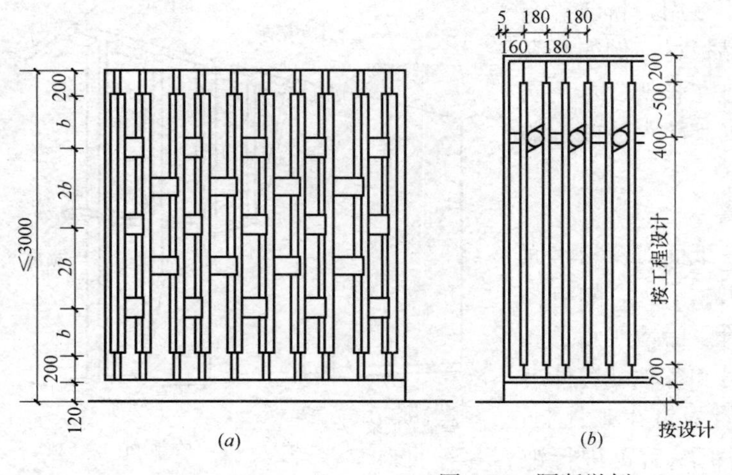

图 4-27 隔断举例
（a）木花格隔断；（b）金属花格隔断；（c）混凝土制品隔断

式、卷帘式、起落式等。

3. 屏风式隔断

屏风式隔断只具有分隔空间和遮挡视线的要求，高度不需要很大，一般为 1100～1800mm，主要应用于办公室、餐厅、展览馆以及门诊室等公共建筑。

屏风隔断的传统做法是用木材制作，表面做雕刻或裱书画和织物，下部设支架，也有铝合金镶玻璃制作的。现在，人们在屏风下面安装金属支架，支架上安装橡胶滚动轮或者是滑动轮，增加分隔空间的灵活性。

屏风式隔断也可以是固定的，例如立筋骨架式隔断，它与立筋隔墙的做法类似，即用螺栓或者其他连接件在地板上固定骨架，然后在骨架两侧钉面板或者在中间镶板或玻璃。

4.2 结构布置图识图

1. 结构布置图的形成

通过假想用一个水平的剖切平面沿楼板面将房屋各层水平剖开后所作的水平投影图，用来表示各层的承重构件（如梁、板、柱、墙等）布置的图样，通常有楼层结构平面图和屋面结构平面图。

2. 结构布置图的内容

（1）图名、比例

（2）详图索引符号以及剖切符号

（3）预制板的跨度方向、数量、型号或者编号和预留洞的大小和位置

（4）标注墙、柱、梁、板等构件的位置以及代号和编号

（5）轴线尺寸及构件的定位尺寸

（6）标注轴线网、编号和尺寸

（7）文字说明

3. 结构布置图的表示方法

（1）定位轴线

结构布置图应当注出与建筑平面图相一致的定位轴线编号和轴线尺寸。

（2）图线

在楼层、屋顶的结构平面图中通常采用中实线剖切到或者是可见的构件轮廓线，图中虚线表示不可见构件的轮廓线（如被遮盖的墙体、柱子等），门窗洞口通常可不画。图中，梁、板、柱等的表示方法为：

1）预制板：可以用细实线分块画板的铺设方向。例如，板的数量太多，可以采用简化画法，就是采用一条对角线（细实线）表示楼板的布置范围，并在对角线上或者是下标注预制楼板的数量及型号。当若干房间布板相同时，可只画出一间的实际铺板，其他用代号表示。预制板的标注方法各地区都有不同，图 4-28 为西南地区的标注说明。

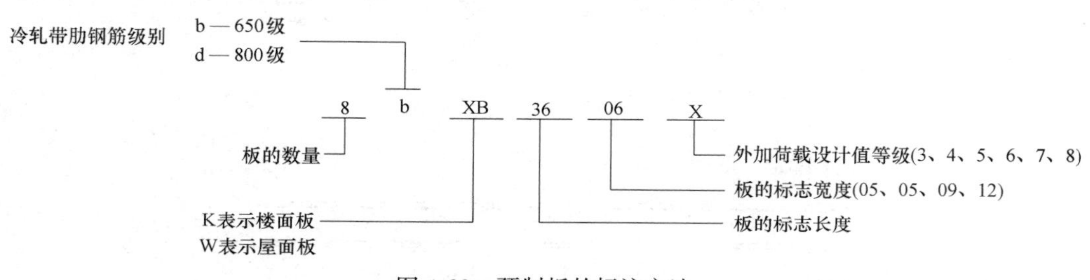

图 4-28　预制板的标注方法

2）柱：被剖到的柱均涂黑并标注代号，例如 Z_1、Z_2、Z_3 等。

3）梁、屋架、支撑、过梁：一般用粗点画线表示其中心位置，并且要注写代号，例如梁为 L-1、L-2、L-3。

4）现浇板：在现浇板配筋简单时，直接在结构平面图中表明钢筋的弯曲以及配置情况，注明编号、规格、直径、间距。当配筋复杂或不便表示时，可以采用对角线表示现浇板的范围，注写代号如 XB_1、XB_2 等，然后再另外画详图。配筋相同的板，只需将其中一块的配筋画出，其余的使用代号表示。

5）圈梁：当圈梁在楼层结构平面图中没法表达清楚，可以单独画出它的圈梁布置平面图。圈梁使用粗实线表示，并且在适当位置画出断面的剖切符号。圈梁平面图的比例可以采用小比例，如 1∶200，图中要求注出定位轴线的距离和尺寸。

（3）尺寸标注

结构平面布置图的尺寸，通常只注写开间、进深、总尺寸及个别地方容易弄错的尺寸。

（4）比例和图名

楼层和屋顶结构平面图的比例同建筑平面图，一般都是采用 1∶100 或 1∶200 的比例绘制。

4.3　构件结构详图识图

1. 构件详图的形成

各类钢筋混凝土制成的构件，例如梁、板、柱、基础等，都用详图表示，这种图称为构件详图。包括模板图、配筋图等。

（1）模板图

模板图也叫外形图。主要表明钢筋混凝土结构构件的外部形状、尺寸、标高和预埋件、预留孔、预留插筋的位置，作为比较复杂构件的模板制作、安装和预埋件的具体依据。

（2）配筋图

配筋图主要表明构件中钢筋的形状、直径、数量及布置情况等，有立面图、剖面图和钢筋详图等图样，如图 4-29 所示。

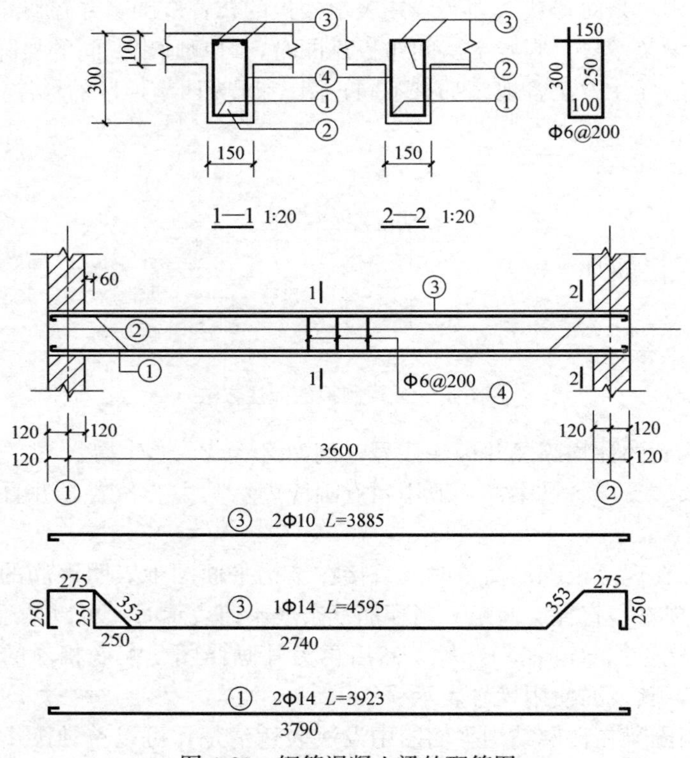

图 4-29　钢筋混凝土梁的配筋图

配筋图中的立面图是通过假想构件为一透明体而画出的一个纵向正投影图，它主要表明钢筋的立面形状以及其上下排列的情况。

配筋图中的断面图是构件的横向剖切投影图，它能表示钢筋的上下和前后的排列、箍筋的形状以及与其他钢筋的连接关系。

2. 构件详图的内容

（1）构件的名称或者代号、比例

（2）构件的定位轴线以及其编号

（3）构件的形状、尺寸和预埋件代号及布置

（4）构件的外形尺寸、钢筋规格、构造尺寸及构件底面标高

（5）构件内部钢筋的布置

（6）施工说明

3. 构件详图的表示方法

1）钢筋使用粗实线表示，构件轮廓线使用细实线表示。

2）断面图的数量应当根据钢筋的配置而定，只要是钢筋排列有变化的地方，都应该画出其断面图，图中钢筋的横断面用黑圆点表示。

3）根钢筋详图按照它在立面图中的位置由上而下，采用同一比例排列在梁立面图的下方，并且与它对齐。

4）为防止混淆、方便识图，构件中的钢筋都要统一编号，在立面图和断面图中要注出一致的钢筋编号、直径、数量、间距等，并且应留出规定的保护层厚度。

结构施工图识图实例

5.1 钢筋混凝土结构施工图识图实例

实例1：钢筋混凝土梁配筋图识图

钢筋混凝土梁配筋图如图5-1所示，从图中可以看出：

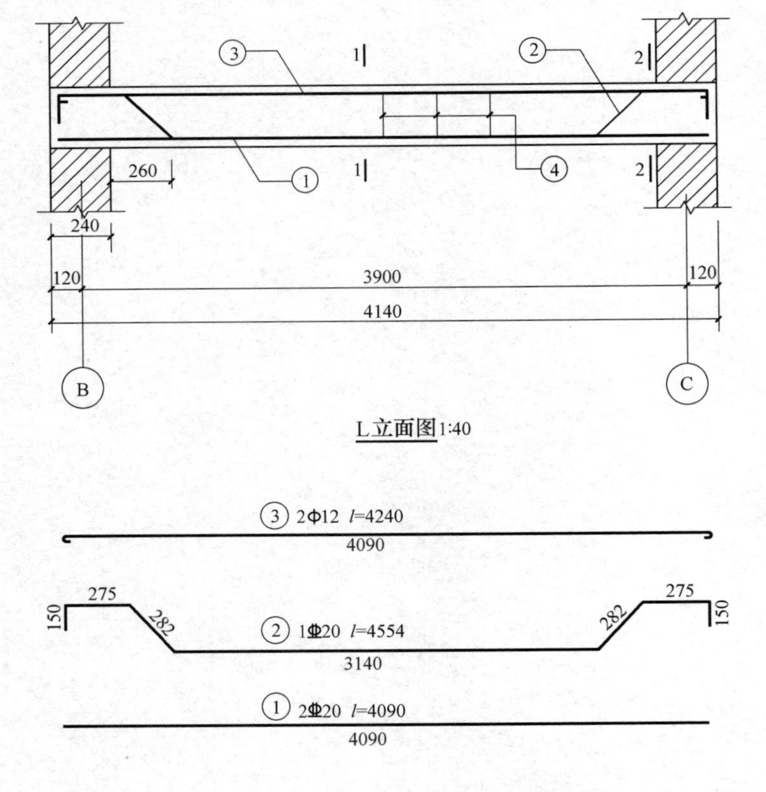

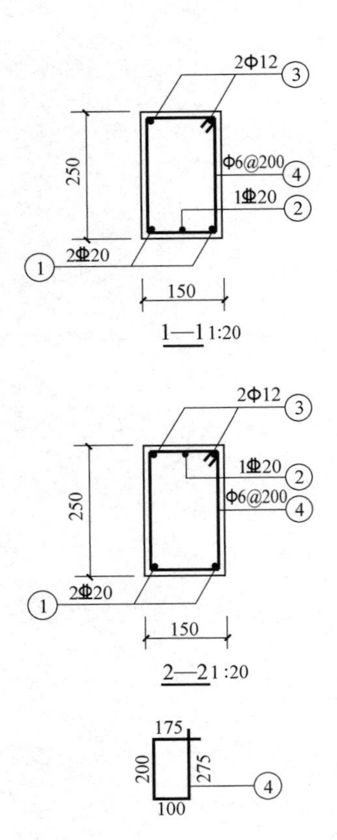

图5-1 钢筋混凝土梁配筋图（一）

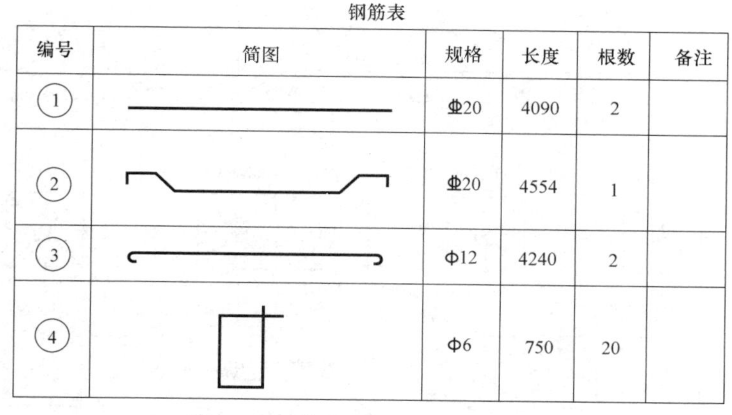

钢筋表

编号	简图	规格	长度	根数	备注
①		Φ20	4090	2	
②		Φ20	4554	1	
③		Φ12	4240	2	
④		Φ6	750	20	

图 5-1 钢筋混凝土梁配筋图（二）

（1）配筋立面图

由立面图可知梁的外形尺寸，梁的两端搁置在砖墙上，该梁共配置四种钢筋：①、②号钢筋为受力筋，位于梁下部，通长配置，其中②号钢筋为弯起钢筋，其中间段位于梁下部，在两端支座处弯起到梁上部，图中注出了弯起点的位置；③号钢筋为架立筋，位于梁上部，通长配置；④号钢筋为箍筋，沿梁全长均匀布置，在立面图中箍筋采用了简化画法，在适当位置画出三至四根即可。

（2）配筋断面图

断面图表达了梁的断面形状尺寸，注明了各种钢筋的编号、根数、强度等级、直径、间距等。1-1 断面表达了梁跨中的配筋情况，该处梁下部有三根受力筋，直径 20mm，均为 HRB400 级钢筋，两根①号钢筋在外侧，中间一根为②号弯起钢筋；梁上部是两根③号架立筋，直径 12mm，为 HPB300 级钢筋；箍筋为 HPB300 级钢筋，直径 6mm，中心间距为 200mm。2-2 断面表达了梁两端支座处的配筋情况。可以看出，梁下部只有两根①号钢筋，②号钢筋弯起到梁上部，其他钢筋没有变化。

（3）钢筋大样图

钢筋大样图画在与立面图相对应的位置，比例与立面图一致。每个编号只画出一根钢筋，标注编号、根数、强度等级、直径和钢筋上各段长度及单根长度。计算各段长度时，箍筋尺寸为内皮尺寸，弯起钢筋的高度尺寸为外皮尺寸。

（4）钢筋表

为了便于钢筋用量的统计、下料和加工，要列出钢筋表，钢筋表的内容如图所示。简单构件可不画钢筋大样图和钢筋表。

实例 2：某建筑独立基础平法施工图识图

某建筑独立基础平法施工图如图 5-2 所示，从图中可以看出：

1）该建筑基础为普通独立基础，坡形截面普通独立基础有三种编号，分别为 DJ_P01、DJ_P02、DJ_P03；阶形截面普通独立基础有一种编号，为 DJ_J01。每种编号的基础选择了其中一个进行集中标注和原位标注。

2）以 DJ_P01 为例进行识读。从标注中可以看出，该基础平面尺寸为 2500mm×

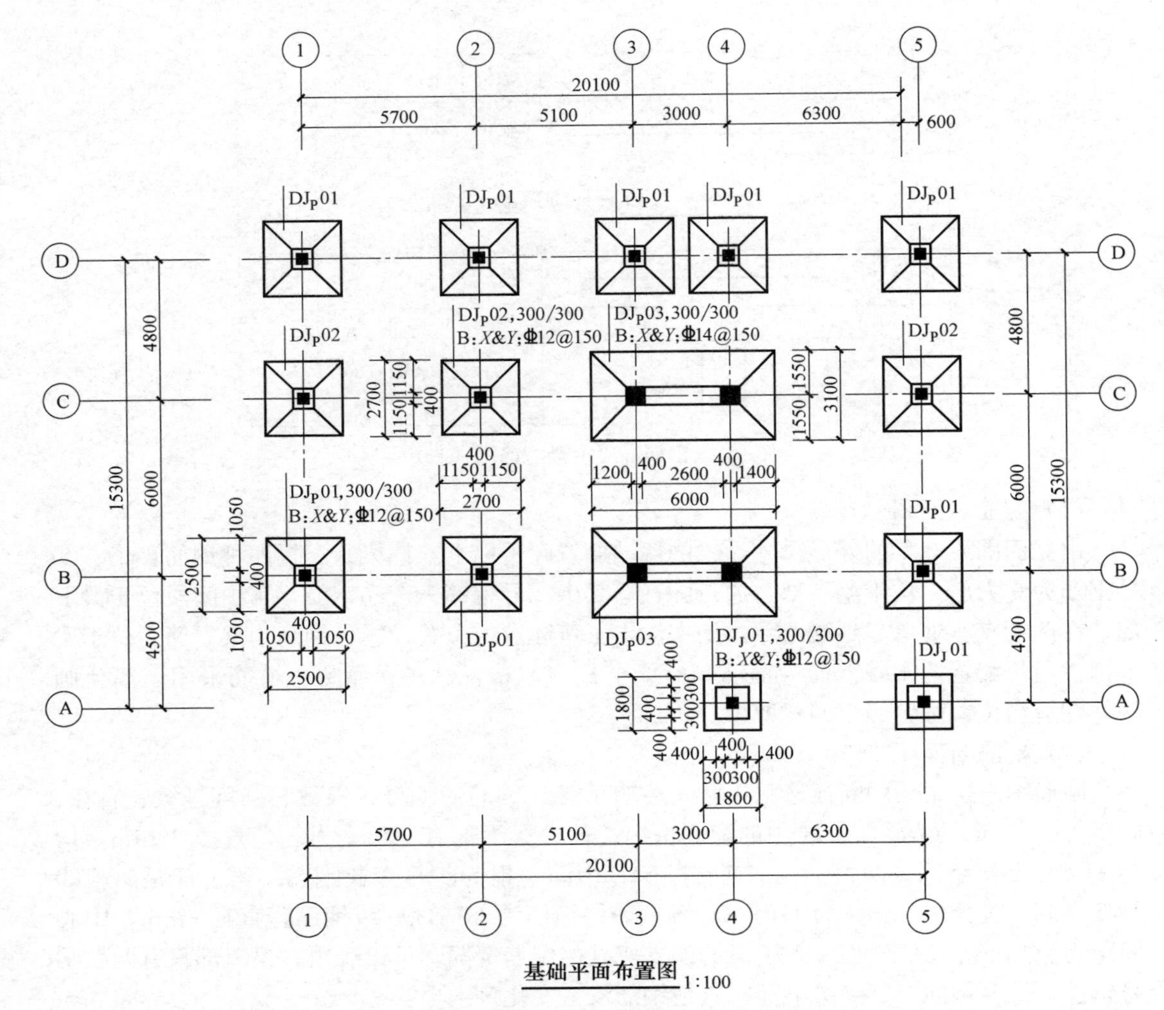

基础平面布置图 1:100

图 5-2 某建筑独立基础平法施工图

2500mm，竖向尺寸第一阶为 300mm，第二阶尺寸为 300mm，基础底板总厚度为 600mm。柱子截面尺寸为 400mm×400mm。基础底板双向均配置直径 12mm 的 HRB335 级钢筋，分布间距均为 150mm。各轴线编号以及定位轴线间距，图中都已标出。

实例 3：某建筑条形基础平法施工图识图

某建筑条形基础平法施工图如图 5-3 所示，从图中可以看出：

1）该建筑的基础为梁板式条形基础。

2）基础梁有五种编号，分别为 JL01、JL02、JL03、JL04、JL05。下面以 JL01 为例进行识读。从集中标注中可看出，该梁为两跨两端有外伸，截面尺寸为 800mm×1200mm。箍筋为直径 10mm 的 HPB300 钢筋，间距 200mm，四肢箍。梁底部配置的贯通纵筋为 4 根直径 25mm 的 HRB335 级钢筋，梁顶部配置的贯通纵筋为 2 根直径 20mm 和 6 根直径 18mm 的 HRB335 级钢筋。梁的侧面共配置 6 根直径 18mm 的 HRB335 级抗扭钢筋，每侧配置 3 根，抗扭钢筋的拉筋为直径 8mm 的 HPB300 级钢筋，间距 400mm。

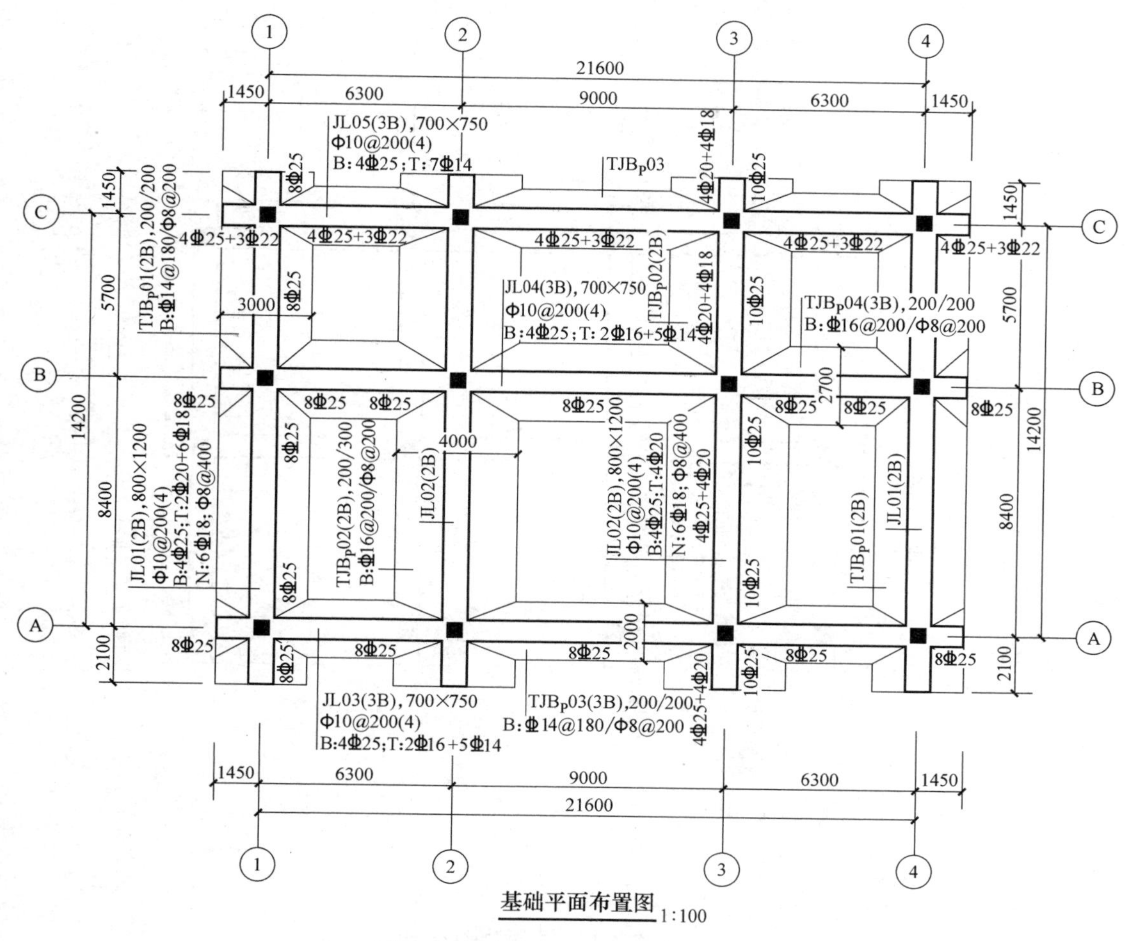

图 5-3 某建筑条形基础平法施工图

从原位标注中可看出，在Ⓐ、Ⓑ轴线之间的一跨，梁底部支座两侧（包括外伸部位）均配置 8 根直径 25mm 的 HRB335 级钢筋，其中 4 根为集中标注中注写的贯通纵筋，另外 4 根为非贯通纵筋。在Ⓑ、Ⓒ轴线之间的一跨，梁底部通长配置了 8 根直径 25mm 的 HRB335 级钢筋（包括集中标注中注写的 4 根贯通纵筋）。

3）基础底板有四种编号，分别为 TJB$_P$01、TJB$_P$02、TJB$_P$03、TJB$_P$04。下面以 TJB$_P$01 为例进行识读。该条形基础底板为坡形底板，两跨两端有外伸。底板底部竖直高度为 200mm，坡形部分高度为 200mm，基础底板总厚度为 400mm。基础底板底部横向受力筋为直径 14mm 的 HRB335 级钢筋，间距 180mm；底部构造筋为直径 8mm 的 HPB300 级钢筋，间距 200mm。基础底板宽度为 3000mm，以轴线对称布置。各轴线间的尺寸和基础外伸部位的尺寸，图中都已标出。

实例 4：某建筑梁板式筏形基础主梁平法施工图识图

某建筑梁板式筏形基础梁平法施工图如图 5-4 所示，从图中可以看出：

1）该基础的基础主梁有四种编号，分别为 JL01、JL02、JL03、JL04。

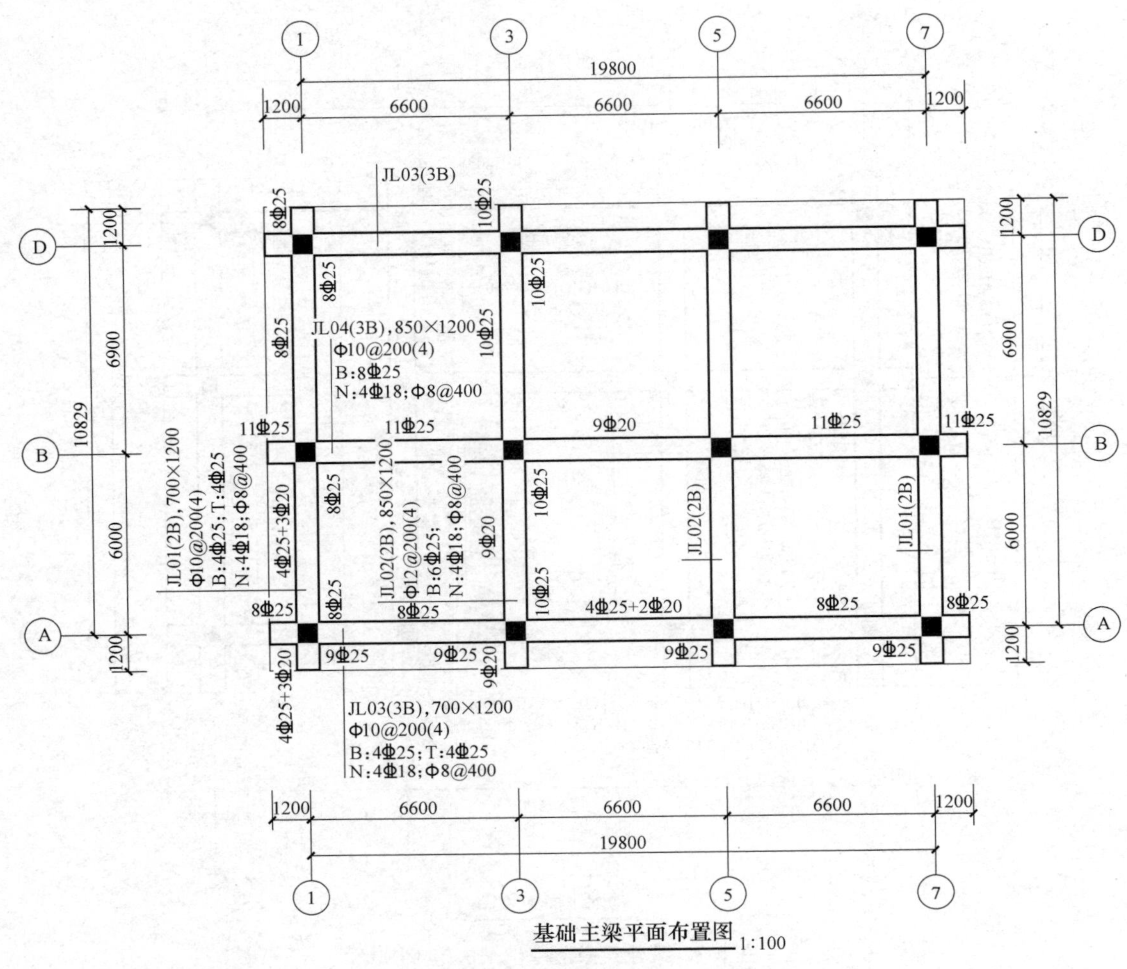

图 5-4 某建筑梁板式筏形基础主梁平法施工图

2）识读 JL01。JL01 共有两根，①轴位置的 JL01 进行了详细标注，⑦轴位置的 JL01 只标注了编号。

先识读集中标注。从集中标注中可看出，该梁为两跨两端有外伸，截面尺寸为 700mm×1200mm。箍筋为直径 10mm 的 HPB300 级钢筋，间距 200mm，四肢箍。梁的底部和顶部均配置了 4 根直径为 25mm 的 HRB400 级贯通纵筋。梁的侧面共配置了 4 根直径 18mm 的 HRB400 级抗扭钢筋，每侧配置 2 根，抗扭钢筋的拉筋为直径 8mm、间距 400mm 的 HPB300 级钢筋。

再识读原位标注。从原位标注中可看出，在Ⓐ、Ⓑ轴线之间的第一跨及外伸部位，标注了顶部贯通纵筋修正值，梁顶部共配置了 7 根贯通纵筋，有 4 根为集中标注中的 4Φ25，另外 3 根为 3Φ20，梁底部支座两侧（包括外伸部位）均配置 8 根直径 25mm 的 HRB400 级钢筋。其中，4 根为集中标注中注写的贯通纵筋，另外 4 根为非贯通纵筋。在Ⓑ、Ⓓ轴线之间的第二跨及外伸部位，梁顶部通长配置了 8 根直径 25mm 的 HRB400 级钢筋（包括集中标注中注写的 4 根贯通纵筋），梁底部支座处配筋同第一跨。

3）识读 JL04。从集中标注中可看出，基础梁 JL04 为 3 跨两端有外伸，截面尺寸为

850mm×1200mm。箍筋为直径 10mm 的 HPB300 级钢筋，间距 200mm，四肢箍。梁底部配置了 8 根直径为 25mm 的 HRB400 级贯通纵筋，顶部无贯通纵筋。梁的侧面共配置了 4 根直径 18mm 的 HRB400 级抗扭钢筋，每侧配置 2 根，抗扭钢筋的拉筋为直径 8mm 间距 400mm 的 HPB300 级钢筋。

从原位标注中可知，梁各跨底部支座处均未设置非贯通纵筋。对于梁顶部的纵筋，第一跨、第三跨及两端外伸部位顶部配置了 11Φ25，第二跨顶部配置了 9Φ20。

实例 5：某建筑梁板式筏形基础平板平法施工图识图

某建筑梁板式筏形基础平板平法施工图如图 5-5 所示，从图中可以看出：

1）图 5-5 是与图 5-4 对应的梁板式筏形基础平板的平面布置图及外墙基础详图。从图中基础平板 LPB 的集中标注可以看出，整个基础底板为一个板区，厚度为 550mm。基础平板 *X* 方向上底部与顶部均配置直径为 16mm 的 HRB400 级贯通纵筋，间距 200mm；贯通纵筋纵向总长度为 3 跨两端有外伸。基础平板 *Y* 方向上底部与顶部也均配置直径为 16mm 的 HRB400 级贯通纵筋，间距 200mm；贯通纵筋纵向总长度为两跨两端有外伸。

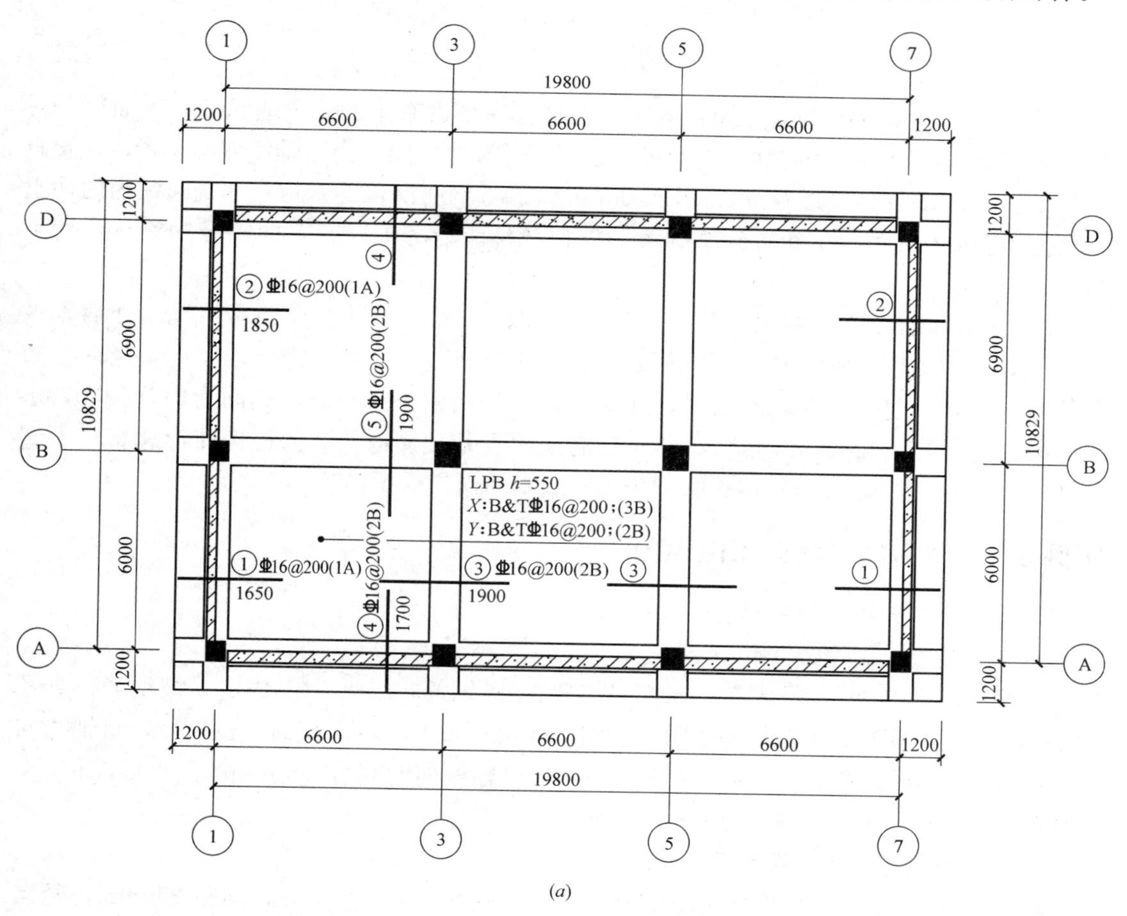

图 5-5 某建筑梁板式筏形基础平板平法施工图（一）
（*a*）基础平板平面布置图（1：100）

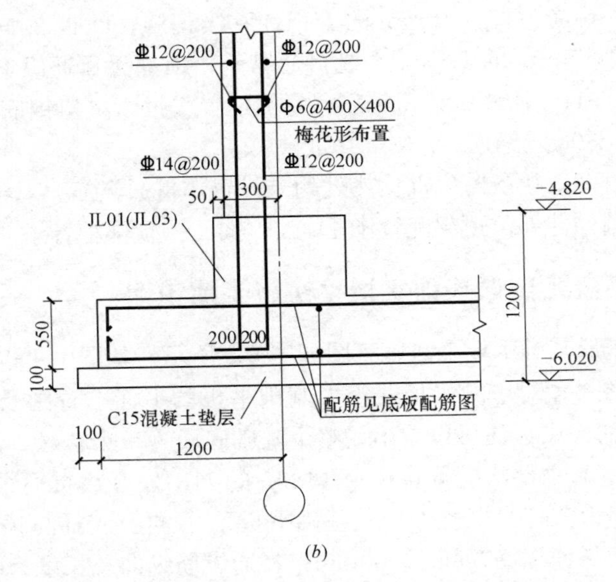

(b)

图 5-5 某建筑梁板式筏形基础平板平法施工图（二）

（b）外墙基础详图（1：20）

2）从基础平板的原位标注可以看出，在平板底部设有附加非贯通纵筋。下面以①号钢筋为例进行识读。①号附加非贯通纵筋在Ⓐ、Ⓑ轴线之间，沿①轴线方向布置，配置直径为 16mm 的 HRB400 级钢筋，间距 200mm。①号钢筋仅布置 1 跨，一端向跨内的伸出长度为 1650mm；另一端布置到基础梁的外伸部位。沿⑦轴线布置的①号钢筋只注写了编号。

3）外墙基础详图主要表示钢筋混凝土外墙的位置、尺寸、配筋等情况。外墙厚度 300mm，墙内皮位于轴线上。墙身内配置了两排钢筋网，内侧一排钢筋网中，竖向分布钢筋和水平分布钢筋均为Φ12@200；外侧一排钢筋网中，竖向分布钢筋为Φ14@200，水平分布钢筋为Φ12@200，两侧竖向分布钢筋锚固入基础底部。墙内还梅花形地布置了直径 6mm、间距 400mm×400mm 的 HPB300 级钢筋作为受拉箍筋。

实例 6：某剪力墙平法施工图识图

某剪力墙平法施工图如图 5-6 所示，从图中可以看出：

（1）构造边缘端柱 2

纵筋全部为 22 根直径为 20mm 的 HRB400 级钢筋；箍筋为 HPB300 级钢筋，直径 10mm，加密区间距 100mm、非加密区间距 200mm 布置；X 向截面定位尺寸，自轴线向左 900mm；凸出墙部位，X 向截面定位尺寸，自轴线向两侧各 300mm；凸出墙部位，Y 向截面定位尺寸，自轴线向上 150mm，向下 450mm。

（2）剪力墙身 1 号（设置两排钢筋）

墙身厚度 300mm；水平分布筋用 HPB300 级钢筋，直径 12mm，间距 250mm；竖向分布筋用 HPB300 级钢筋，直径 12mm，间距 250mm；墙身拉筋是 HPB300 级钢筋，直径 6mm，间距 250mm（图纸说明中会注明布置方式）。

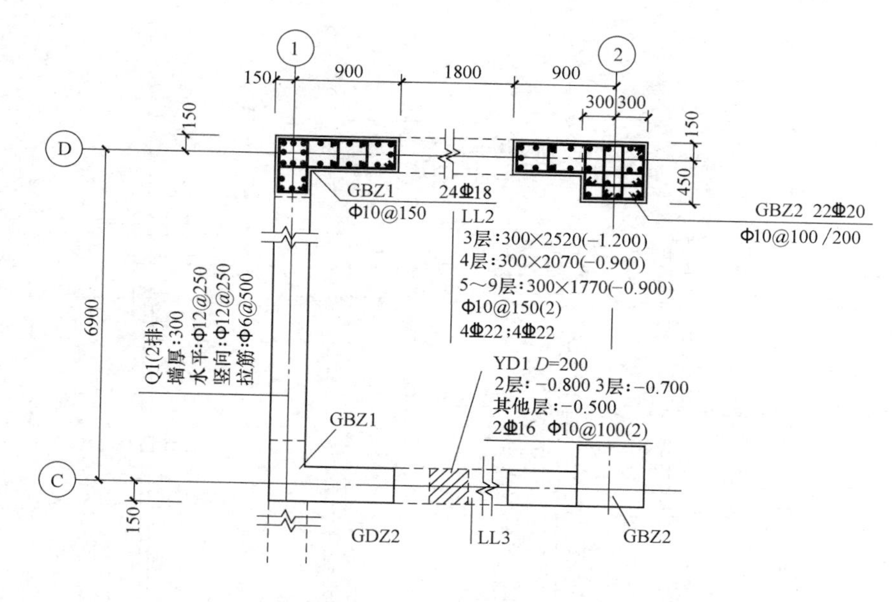

图 5-6 某剪力墙平法施工图

（3）连梁 2

3 层连梁截面宽为 300mm，高为 2520mm，梁顶低于 3 层结构层标高 1.200m；4 层连梁截面宽为 300mm，高为 2070mm，梁顶低于 4 层结构层标高 0.900m；5～9 层连梁截面宽为 300mm，高为 1770mm，梁顶低于对应结构层标高 0.900m；箍筋是 HPB300 级钢筋，直径 10mm，间距 150mm（双肢箍）；梁上部纵筋使用 4 根 HRB400 级钢筋，直径 22mm；下部纵筋用 4 根 HRB400 级钢筋，直径 22mm。

实例 7：承台平面布置图和承台详图识图

承台布置平面图和承台详图如图 5-7 所示，从图中可以看出：

1）图名为基础结构布置图，绘图比例为 1∶100，以及后面的承台详图和地梁剖面图。

2）CT 为独立承台的代号，图中出现的此类代号有“CT-1a、CT-1、CT-2、CT-3”，表示四种类型的独立承台。承台周边的尺寸可以表达出承台中心线偏离定位轴线的距离以及承台外形几何尺寸。如图中定位轴线①号与Ⓑ号交叉处的独立承台，尺寸数字“420”和“580”表示承台中心向右偏移出①号定位轴线 80mm，承台该边边长为 1000mm；从尺寸数字“445”和“555”中，可以看出该独立承台中心向上偏移出Ⓑ号轴线 55mm，承台该边边长为 1000mm。

3）“JL1、JL2”代表两种类型的地梁，从 JL1 剖面图下附注的说明可知，基础结构平面图中未注明地梁均为 JL1，所有主次梁相交处附加吊筋 2ϕ14，垫层同垫台。地梁连接各个独立承台，并把它们形成一个整体，地梁一般沿轴线方向布置，偏移轴线的地梁标有位移大小。剖切符号 1-1、2-2、3-3 表示承台详图中，承台在基础结构平面布置图上的剖切位置。

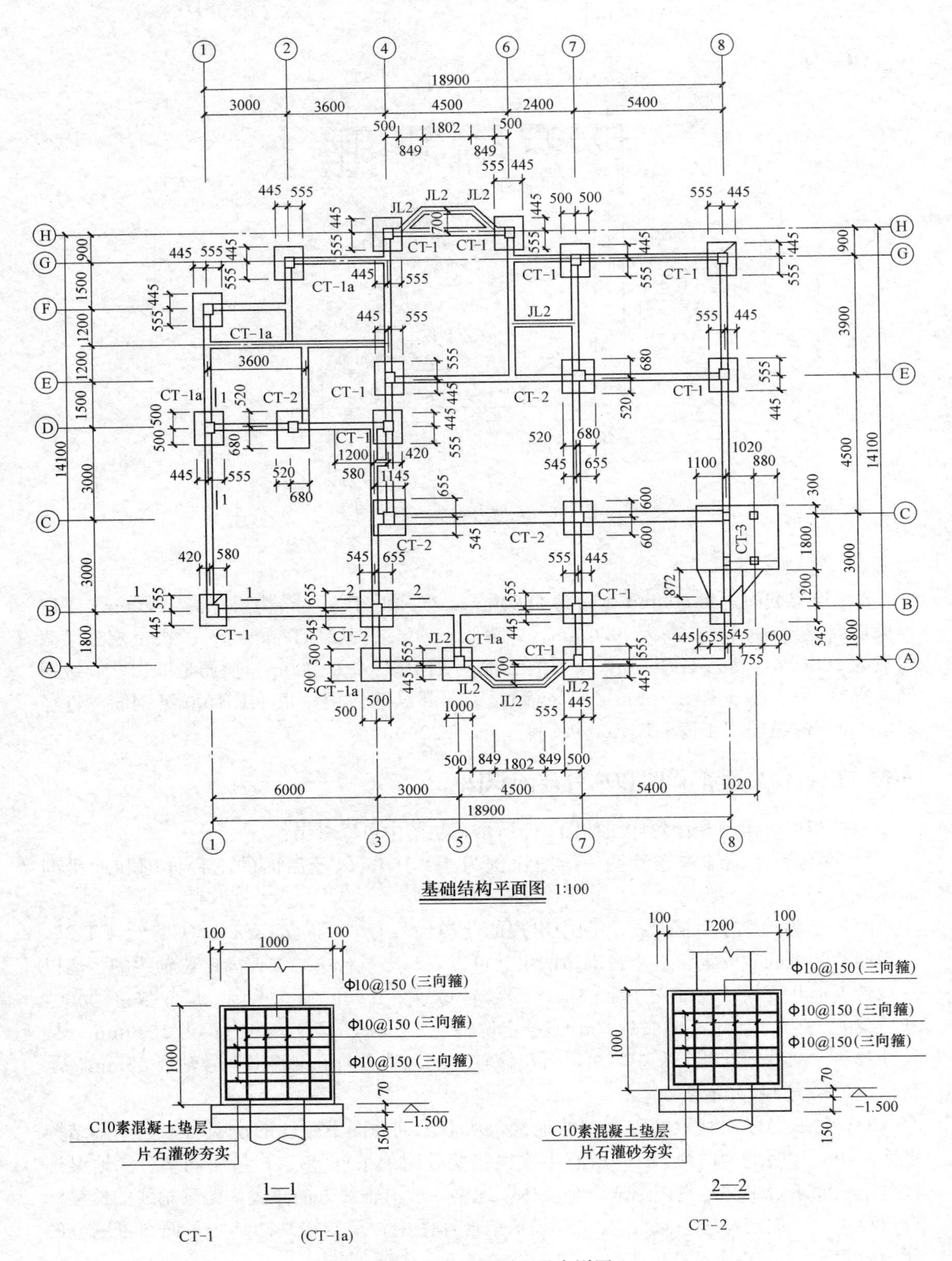

图 5-7 承台布置平面图和承台详图（一）

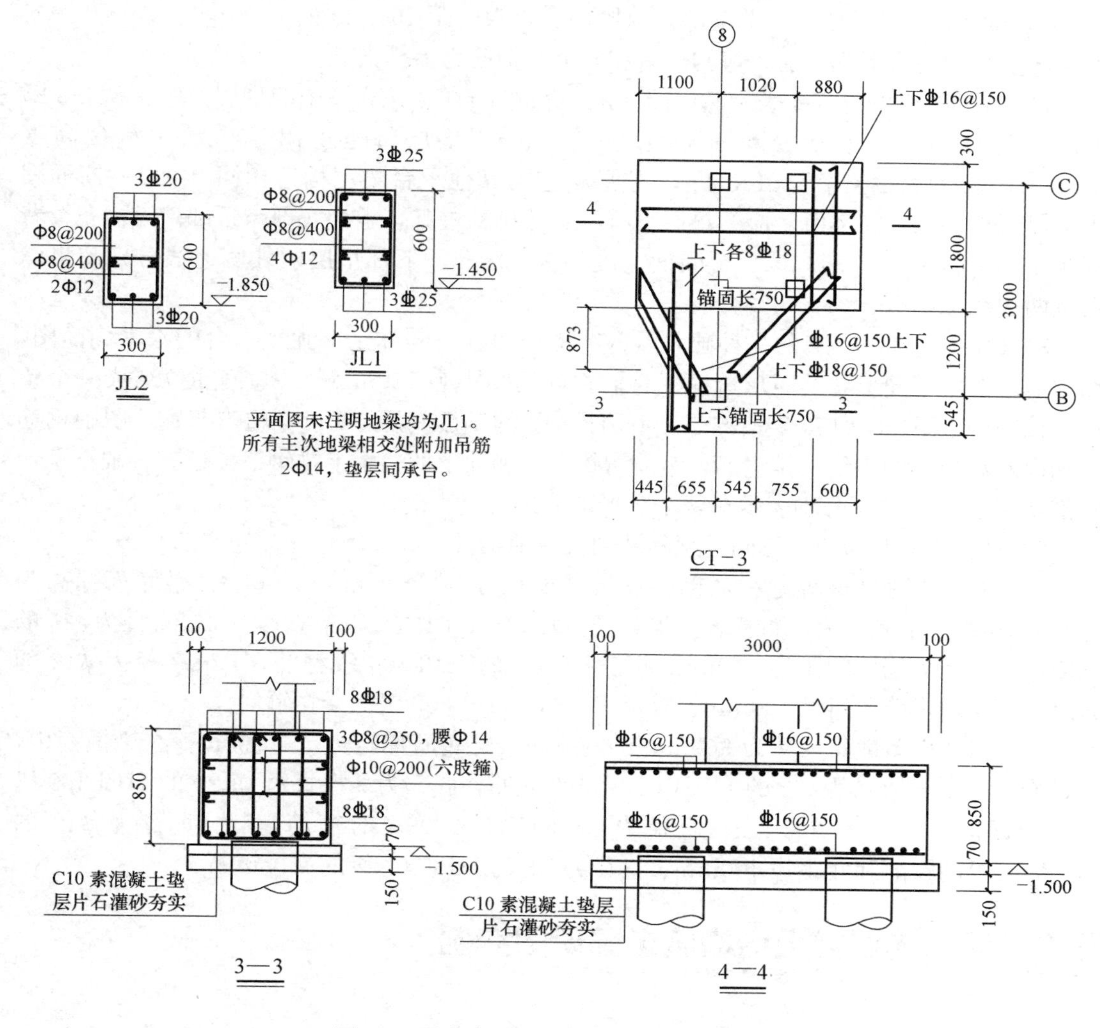

图 5-7 承台布置平面图和承台详图（二）

4）图 1-1、图 2-2 分别为独立承台 CT-1、CT-1a、CT-2 的剖面图。图 JL1、JL2 分别为 JL1、JL2 的断面图。图 CT-3 为独立承台 CT-3 的平面详图，图 3-3、图 4-4 为独立承台 CT-3 的剖面图。

5）从 1-1 剖面图中，可知承台高度为 1000mm，承台底面即垫层顶面标高为 −1.500m。垫层分上、下两层，上层为 70mm 厚的 C10 素混凝土垫层，下层用片石灌砂夯实。由于承台 CT-1 与取右 CT-1a 的剖面形状、尺寸相同，只是承台内部配置有所差别，如图中 ϕ10@150 为承台 CT-1 的配筋，其旁边括号内注写的三向箍为承台 CT-1a 的内部配筋，所以当选用括号内的配筋时，图 1-1 表示的为承台 CT-1a 的剖面图。

6）从平面详图 CT-3 中，可以看出该独立承台由两个不同形状的矩形截面组成，一个是边长为 1200mm 的正方形独立承台；另一个为截面尺寸为 2100mm×3000mm 的矩形双柱独立承台。两个矩形部分之间用间距为 150mm 的 ϕ8 钢筋拉结成一个整体。图中，

“上下 ϕ6@150” 表示该部分上下部分两排钢筋均为间距 150mm 的 ϕ6 钢筋，其中弯钩向左和向上的钢筋为下排钢筋，弯钩向右和向下的钢筋为上排钢筋。

7）剖切符号 3-3、4-4 表示断面图 3-3、断面图 4-4 在该详图中的剖切位置。从 3-3 断面图中可以看出，该承台断面宽度为 1200mm，垫层每边多出 100mm，承台高度 850mm，承台底面标高为－1.500m，垫层构造与其他承台垫层构造相同。从 4-4 断面图中可以看出，承台底部所对应的垫层下有两个并排的桩基，承台底部与顶部均纵横布置着间距 150mm 的 ϕ6 钢筋，该承台断面宽度为 3000mm，下部垫层两外侧边线分别超出承台宽两边线 100mm。

8）CT-3 为编号为 3 的一种独立承台结构详图。A 实际是该独立承台的水平剖面图，图中显示两个不同形状的矩形截面。它们之间用间距为 150mm 的 ϕ8 钢筋拉结成一个整体。该图中上下 ϕ6@150 表达的是上下两排Φ16 的钢筋间距 150mm 均匀布置，图中钢筋弯钩向左和向上的表示下排钢筋，钢筋弯钩向右和向下的表示上排钢筋。还有，独立承台的剖切符号 3-3、4-4 分别表示对两个矩形部分进行竖直剖切。

9）JL1 和 JL2 为两种不同类型的基础梁或地梁。

10）JL1 详图是该种地梁的断面图，截面尺寸为 300mm×600mm，梁底面标高为－1.450m；在梁截面内，布置着 3 根直径为Φ25 的 HRB400 级架立筋，3 根直径为Φ25 的 HRB400 级受力筋，间距为 200mm、直径为 ϕ8 的 HPB300 级箍筋，4 根直径为 ϕ12 的 HPB300 级的腰筋和间距 100mm、直径为 ϕ8 的 HPB300 级的受拉箍筋。

11）JL2 详图截面尺寸为 300mm×600mm，梁底面标高为－1.850m；在梁截面内，上部布置着 3 根直径为Φ20 的 HRB400 级的架立筋，底部为 3 根直径为Φ20 的 HRB400 级的受力钢筋，间距为 200mm、直径为 ϕ8 的 HPB300 级的箍筋，2 根直径为 ϕ12 的 HPB300 级的腰筋和间距为 400mm、直径为 ϕ8 的 HPB300 级的受拉箍筋。

5.2 装配式混凝土结构施工图识图实例

实例 8：某住宅楼现浇楼板楼层结构平面图识图

某住宅楼现浇楼板楼层结构平面图如图 5-8 所示，从图中可以看出：

（1）绘图比例

本图采用 1∶100。

（2）定位轴线

轴线编号必须和建筑施工图中平面图的轴线编号完全一致，图中标注了定位轴线间距。

（3）现浇楼板

楼板均采用现浇钢筋混凝土板，不同尺寸和配筋的楼板要进行编号，即在楼板的总范围内用细实线画一条对角线并在其上标注编号，如图 5-8 所示。现浇楼板的钢筋配置采用将钢筋直接画在平面图中的表示方法，如④-⑥轴之间的楼板 B-8，板厚为 110mm，板底配置双向受力钢筋，HPB300 级，直径 8mm，间距 150mm；四周支座顶部配置直径 8mm、间距 200mm 和直径 12mm、间距 200mm 的 HPB300 级钢筋。

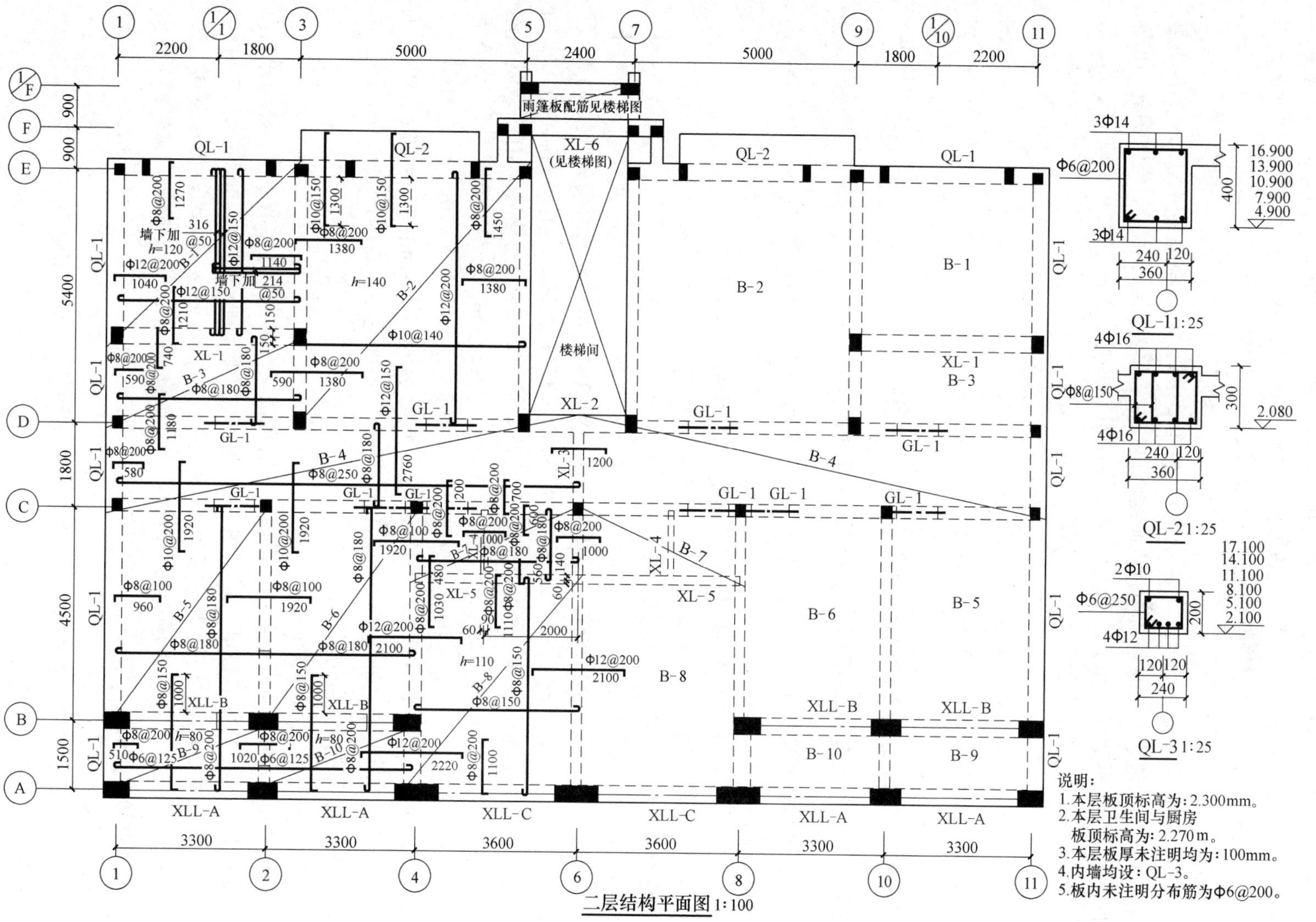

图 5-8 某住宅现浇楼板楼层结构平面图

每一种编号的楼板，钢筋布置只需详细地画出一处，其他相同的楼板可简化表示，仅标注编号即可。从图 5-8 中可看出，该层结构平面布置左右对称，因此，左半部分楼板表达详尽，右半部分只标注了每块楼板相应的编号。

（4）梁

图中，标注了圈梁（QL）、过梁（GL）、现浇梁（XL）、现浇连梁（XLL）的位置及编号。为了图面清晰，只有过梁用粗点画线画出其中心位置。对于圈梁，常需另外画出圈梁布置简图。各种梁的断面大小和配筋情况由详图来表明，本例中给出了 QL-1、QL-2、QL-3 的断面图，可知其尺寸、配筋、梁底标高等。

（5）柱

图中，涂黑的小方块为剖切到的柱子。

（6）楼梯间的结构布置另有详图表示

（7）文字说明

图样中，未表达清楚的内容可用文字进行补充说明。

实例 9：某住宅楼预制楼板楼层结构平面图识图

某住宅楼预制楼板楼层结构平面图如图 5-9 所示，从图中可以看出：

（1）看图名、比例

该图为某住宅楼标准层结构平面布置图，绘图比例为 1∶100。

（2）看轴网及构件的整体布置

注意与其他层结构平面图对照。

（3）看预制板的平面布置

如图中①-②轴房间的预制板都是垂直于横墙铺设的，预制板的两端分别搭在①、②轴横墙上，该房间详细画出各块预制板的实际布置情况，注有 6YKBL33-42d 和 1YKBL21-42d，表明该块编号为甲的楼板上共铺设了 7 块预制板。其中，有 6 块是相同的预应力空心楼板，板长 3300mm。实际制作板长为 3280mm，活荷载等级为 4 级，板宽为 600mm，板上有 50mm 厚细石混凝土垫层，另外 1 块预应力空心楼板板长 2100mm。该标准层结构平面图中，其他房间的楼板布置情况分别标注了不同的编号，如乙、丙、丁等。其他编号房间楼板的布置情况请读者自行分析。该住宅楼左右两户的户型完全一样，故左边住户楼板采用了简化标注。

（4）看现浇板

由图 5-9 中可见，该楼层结构平面图中还有现浇板。图中，凡带有 XB 字样的楼板全部为现浇板，其配筋另有详图表示。图 5-10 所示为 XB-2 配筋详图。由图 5-10 中可知，该现浇板中配置了双层钢筋，底层受力筋为三种：①号钢筋 ϕ6@200；②号钢筋 ϕ8@130；③号钢筋 ϕ6@200。顶层钢筋为两种：④号钢筋 ϕ8@180；⑤号钢筋 ϕ6@200。另外，还有负筋分布筋 ϕ6@200。

（5）看墙、柱

主要表明墙、柱的平面布置，图中涂黑的小方块为剖切到的构造柱。

（6）梁的位置与配筋

为加强房屋的整体性，在墙内设置有圈梁，图中注明圈梁编号，如 QL-3、QL-4 等。

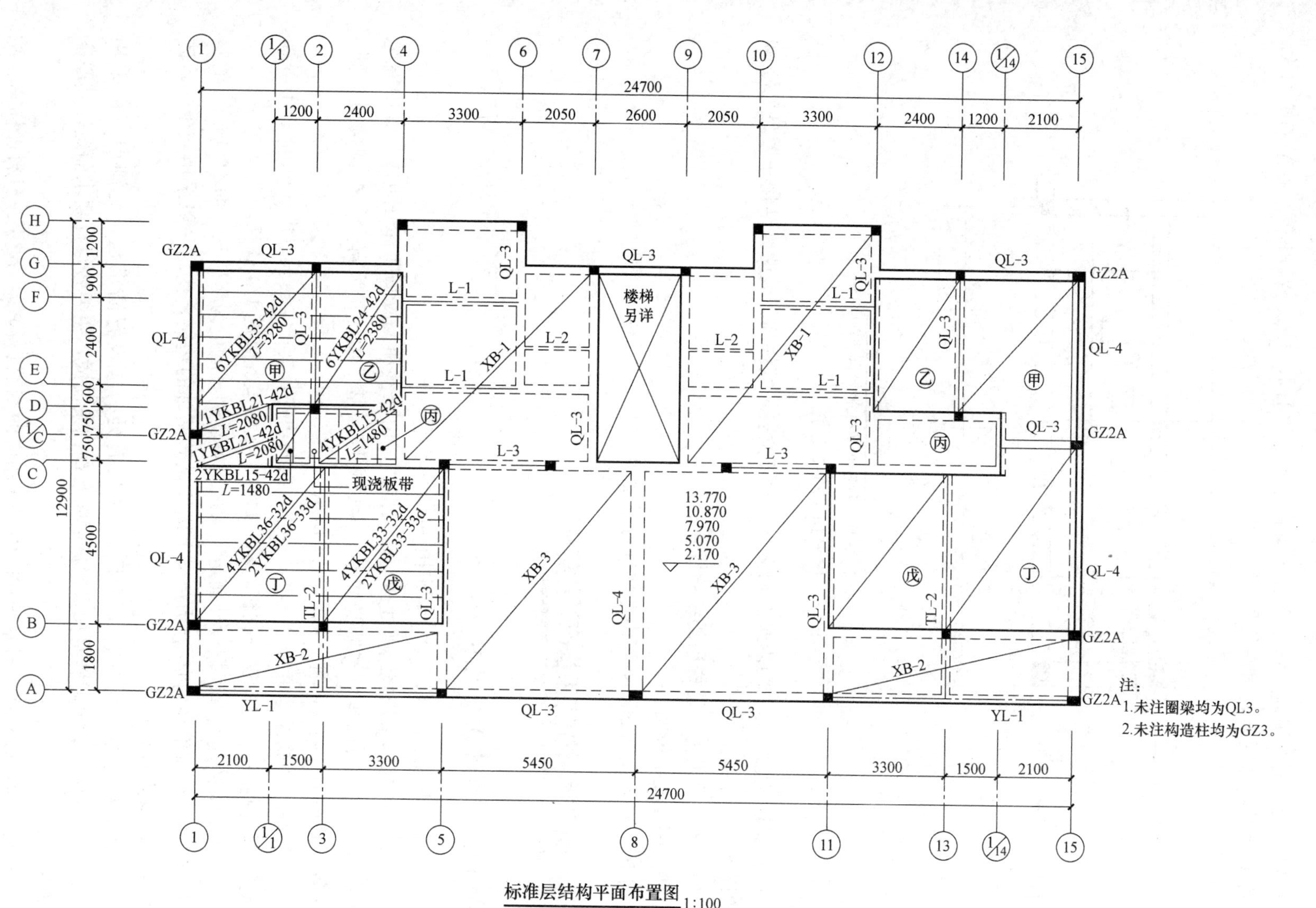

标准层结构平面布置图 1:100

图 5-9 某住宅楼预制楼板楼层结构平面图

其他位置的梁在图中用粗点画线画出并均有标注，如 L-1、L-2、YL-1 等。各梁的断面大小和配筋情况由详图来表明。

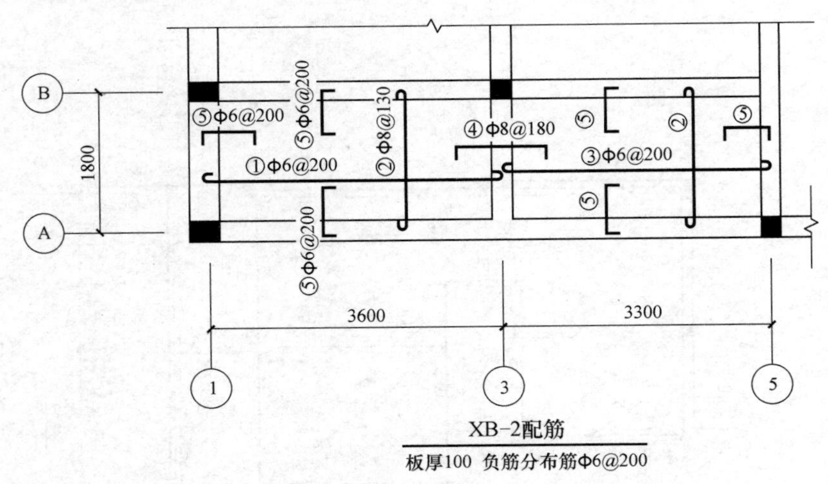

图 5-10 XB-2 配筋

（7）在轴线⑦、⑨开间内画有相交直线的部位表示楼梯间，表明其结构布置另见楼梯结构详图

（8）图中给出了各结构层的结构标高

（9）阅读文字说明

本图中对未注明的圈梁与构造柱进行了说明。

5.3 砌体结构施工图识图实例

实例 10：砖基础详图识图

砖基础详图如图 5-11 所示，从图中可以看出：

1）普通砖基础采用烧结普通砖与砂浆砌成，由墙基和大放脚两部分组成，其中墙基（即±0.000 以下的砌体）与墙身同厚，大放脚即墙基下面的扩大部分，按其构造不同，分为等高式和不等高式两种，如图 5-11 所示。

2）等高式大放样是每两皮一收，每收一次两边各收进 1/4 砖长（即 60mm）；不等高式大放脚是两皮一收与一皮一收相间隔，每收一次两边各收进 1/4 砖长。

3）大放脚的底宽应根据设计而定。大放脚各皮的宽度应为半砖长（即 120mm）的整倍数（包括灰缝宽度在内）。在大放脚下面应做砖基础的垫层，垫层一般采用灰土、碎砖三合土或混凝土等材料。

4）在墙基上部（室内地面以下 1～2 层砖处）应设置防潮层，防潮层一般采用 1：2.5（质量比）的水泥砂浆加入适量的防水剂铺浆而成，主要按设计要求而定，其厚度一般为 20mm。

5）从图中可以看到，砖基础详图中有其相应的图名、构造、尺寸、材料、标高、防

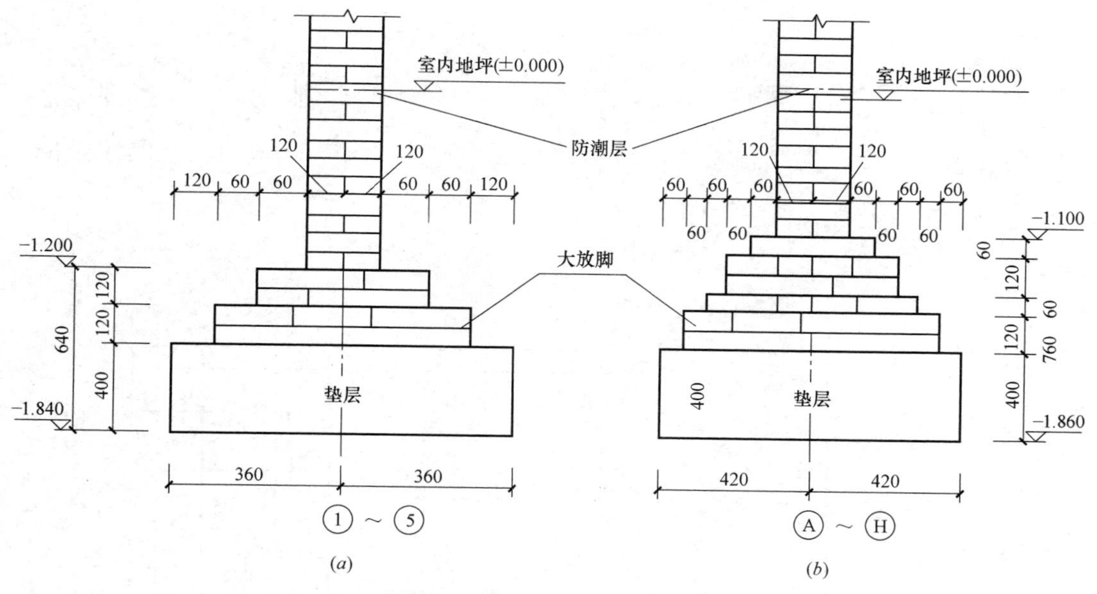

图 5-11 砖基础详图大样（标高单位为 m）

（*a*）等高式；（*b*）不等高式

潮层、轴线及其编号。当遇见详图中只有轴线而没有编号时，表示该详图对于几个轴线而言均为适合；当其编号为Ⓐ-Ⓗ，表明该详图在Ⓐ-Ⓗ轴之间各轴上均有该详图。

实例 11：板式楼梯详图识图

板式楼梯详图如图 5-12 所示，从图中可以看出：

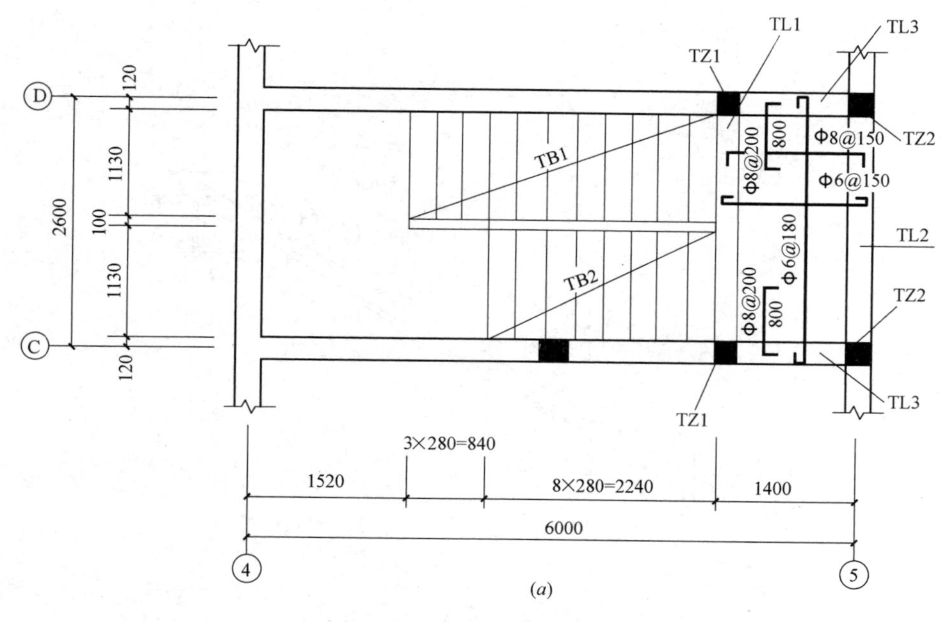

图 5-12 板式楼梯详图（一）

（*a*）底层楼梯（甲）结构平面图

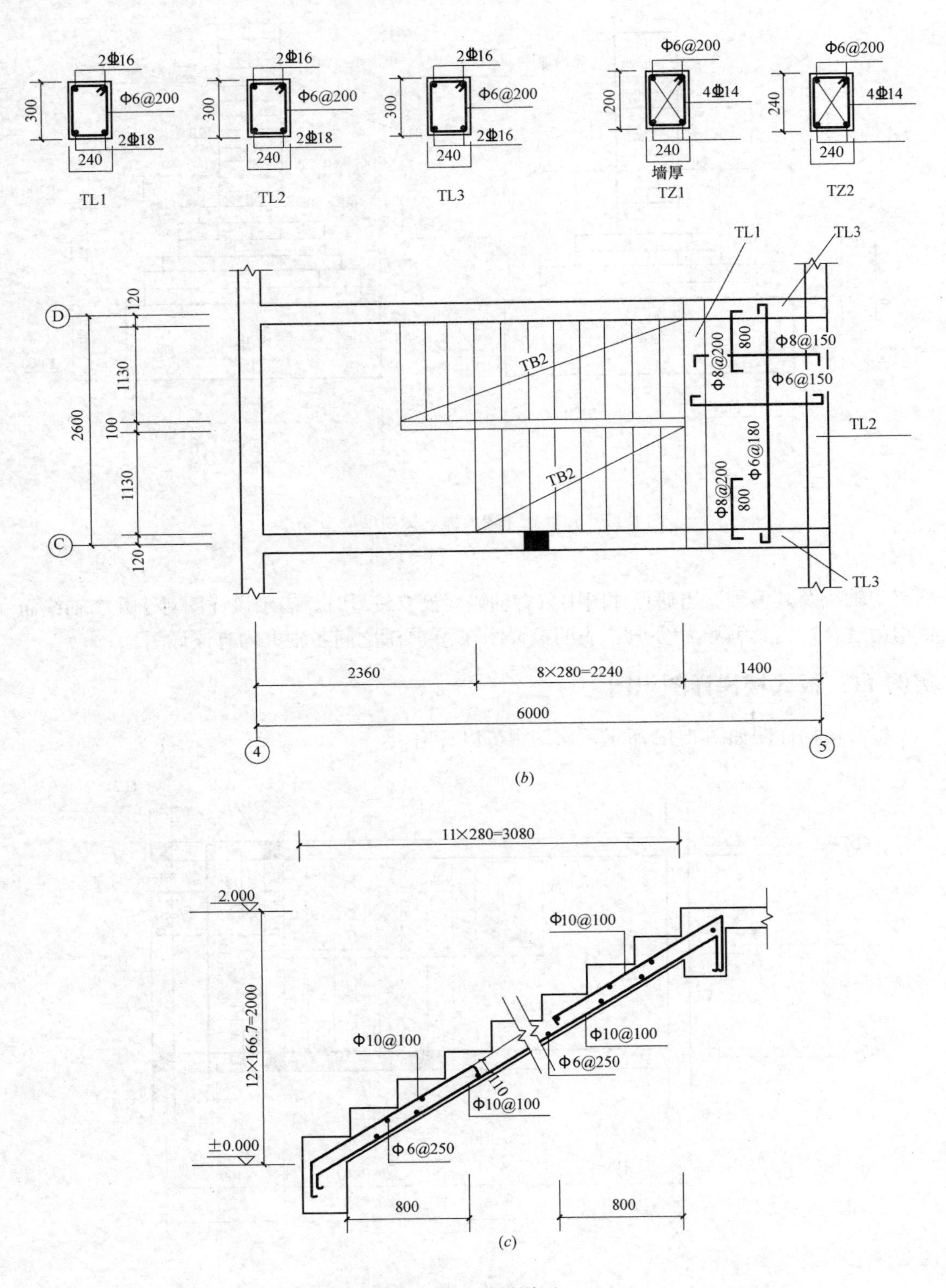

图 5-12 板式楼梯详图（二）

（b）二层楼梯（甲）结构平面图；（c）TB1

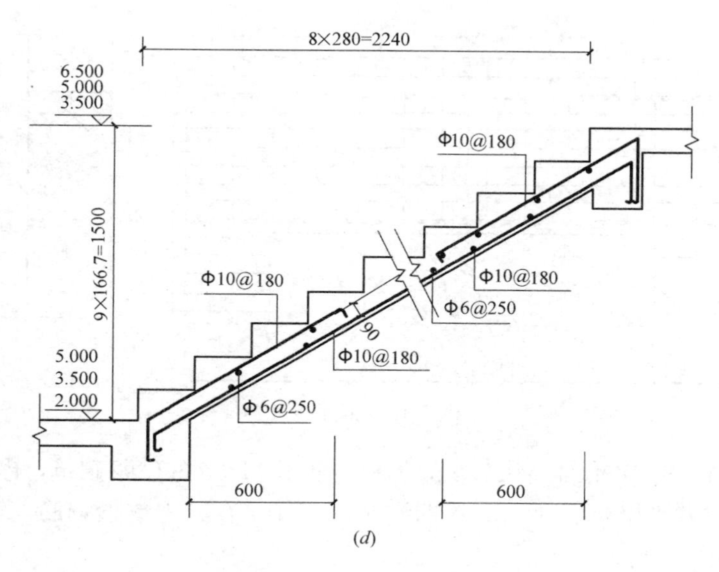

图 5-12 板式楼梯详图（三）

（*d*）TB2

1）如图所示，表示某砌体结构工程中的一部楼梯，名为楼梯甲，该建筑物只有三层。

2）从图中可见，该梯位于建筑平面中Ⓒ-Ⓓ和④-⑤轴之间，楼梯的开间尺寸为2600mm，进深为6000mm，梯段板编号为TB1、TB2两种；平台梁有三种，它们的代号分别为TL1、TL2和TL3三种，平台梁支于梯间的构造柱上，它们的代号为TZ1和TZ2两种；两梯段板之间的间距为100mm，因此每个梯段板的净宽为1130mm；平台板宽度为1400mm减去半墙厚度，即为1280mm；平台板四周均有支座；配筋分别为短向上层为ϕ8@150，下层为ϕ6@150；长向上层只有支座负筋，即配ϕ8@200，下层为ϕ6@180；板厚归入一般板型的厚度由设计总说明表述，即为90mm；标高同梯段两端的对应标高。

3）平台梁的长度为“2600＋2×120＝2840（mm）”，它们配筋及断面形状和尺寸如TL1、TL2和TL3的断面图所示，即TL1为矩形断面，尺寸为200mm×300mm，顶筋为2Φ16，底筋为2Φ18，箍筋为ϕ6@200，其余平台梁仿此而读。

4）楼梯中的构造柱的断面形状及配筋情况详见TZ1和TZ2断面图，即TZ1的断面尺寸为200mm×240mm，其中“240mm”对的边长即为梯间墙体的厚度，该柱纵向钢筋为4Φ14，箍筋为ϕ6@200。TZ1仿此而读。

5）梯段板TB1两端支于平台梁上，共12级踏步，踢面高度166.7mm，踏面宽度280mm，水平踏面11个。该板的板厚为110mm，底部受力筋为ϕ10@100；两端支座配筋均为ϕ10@100，其长度的水平投影长为800mm；板中分布筋为ϕ6@250。TB2仿此而读。

实例12：钢筋砖过梁图识图

钢筋砖过梁如图5-13所示，从图中可以看出：

1）钢筋砖过梁的高度应当经过计算确定，通常不少于5皮砖，并且不得少于洞口跨度的1/5。

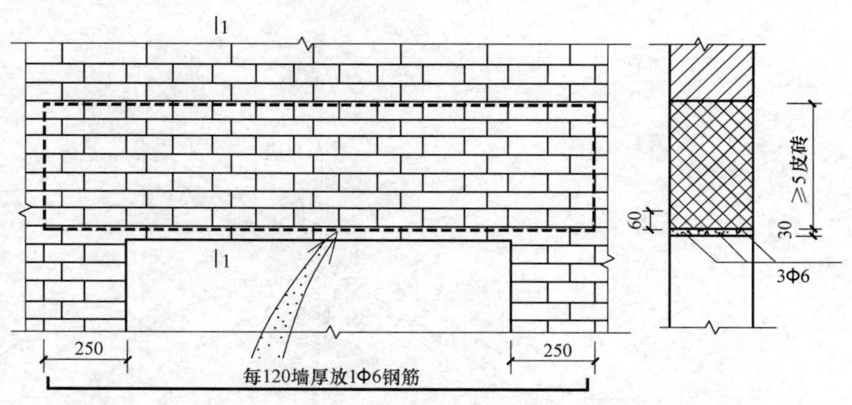

图 5-13 钢筋砖过梁

2）过梁范围内用不低于 MU7.5 的砖和不低于 M2.5 的砂浆砌筑，砌法与砖墙一样。在第一皮砖下设置不得小于 30mm 厚的砂浆层，并且在其中放置钢筋，钢筋的数量为每 120mm 墙厚不少于 1ϕ6。

3）钢筋两端伸入墙内 250mm，并且在端部做 60mm 高的垂直弯钩。

实例 13：加气混凝土隔墙结构图识图

加气混凝土隔墙如图 5-14 所示，从图中可以看出：

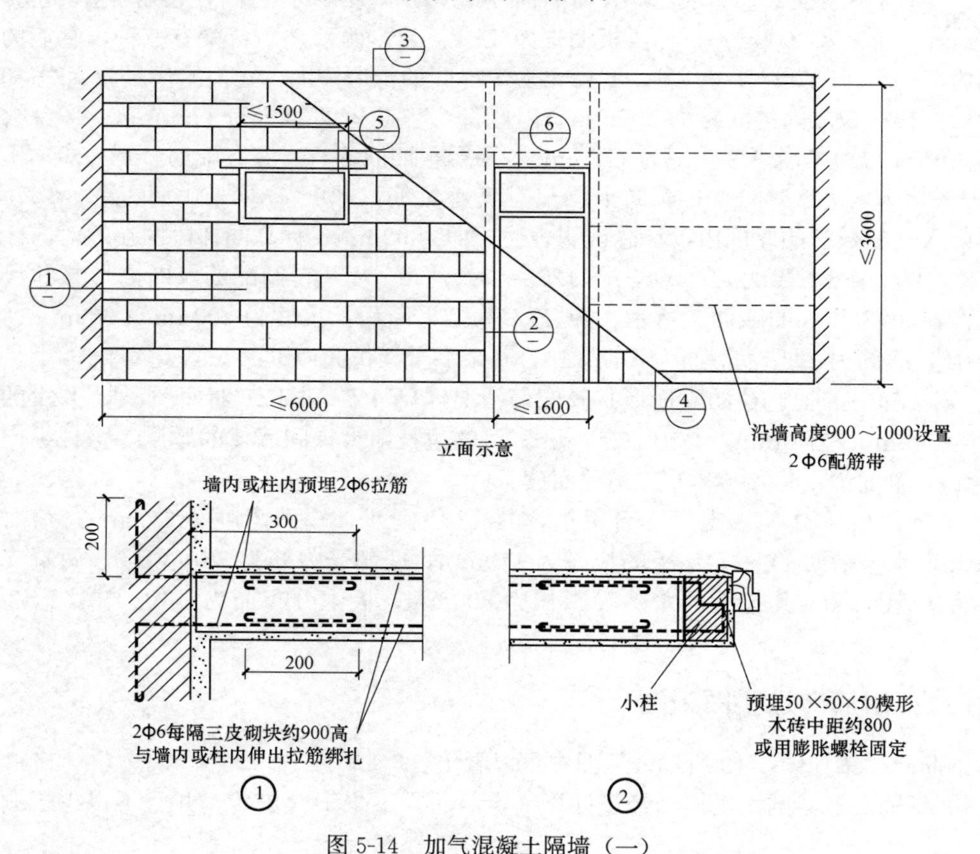

图 5-14 加气混凝土隔墙（一）

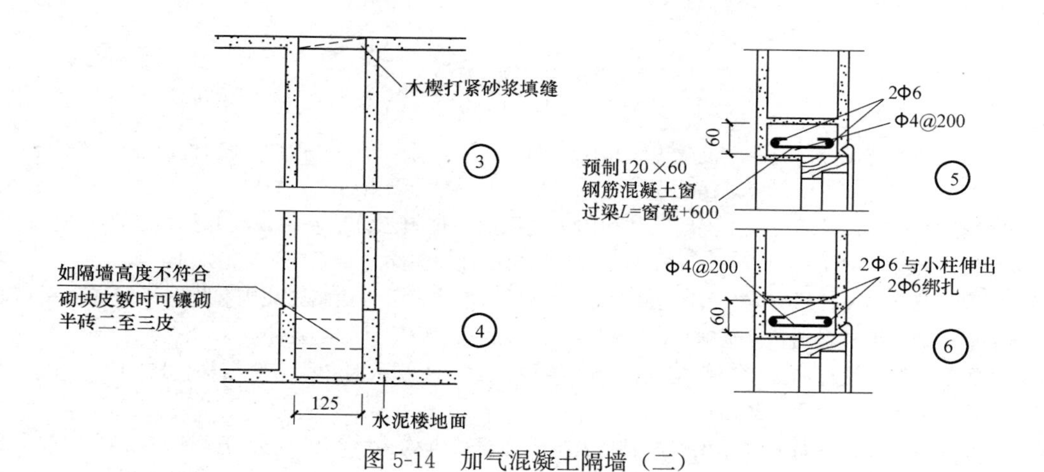

图 5-14 加气混凝土隔墙（二）

1）加气混凝土砌块隔墙的底部宜砌筑 2～3 皮烧结普通砖，以利于踢脚砂浆的粘结。砌筑加气混凝土砌块时，应采用 1∶3 水泥砂浆砌筑。为了保证加气混凝土砌块隔墙的稳定性，沿墙高每隔 900～1000mm 设置 2ϕ6 的配筋带，门窗洞口上方也要设 2ϕ6 的钢筋。

2）墙面抹灰可以直接抹在砌块上，为了防止灰皮脱落，可先采用细钢丝网钉在砌块墙上，再作抹灰。

参 考 文 献

［1］ 中国建筑标准设计研究院．混凝土结构施工图平面整体表示方法制图规则和构造详图（现浇混凝土框架、剪力墙、梁、板）16G101-1［S］．北京：中国计划出版社，2016.

［2］ 中国建筑标准设计研究院．混凝土结构施工图平面整体表示方法制图规则和构造详图（现浇混凝土板式楼梯）16G101-2［S］．北京：中国计划出版社，2016.

［3］ 中国建筑标准设计研究院．混凝土结构施工图平面整体表示方法制图规则和构造详图（独立基础、条形基础、筏形基础、桩基础）16G101-3［S］．北京：中国计划出版社，2016.

［4］ 中国建筑标准设计研究院．装配式混凝土结构表示方法及示例（剪力墙结构）15G107-1［S］．北京：中国计划出版社，2015.

［5］ 中国建筑标准设计研究院．装配式混凝土结构连接节点构造（2015 年合订本）15G310-1～2［S］．北京：中国计划出版社，2015.

［6］ 中国建筑标准设计研究院．预制混凝土剪力墙外墙板 15G365-1［S］．北京：中国计划出版社，2015.

［7］ 中国建筑标准设计研究院．预制混凝土剪力墙内墙板 15G365-2［S］．北京：中国计划出版社，2015.

［8］ 中华人民共和国住房和城乡建设部．房屋建筑制图统一标准 GB/T 50001—2017［S］．北京：中国建筑工业出版社，2018.

［9］ 中华人民共和国住房和城乡建设部．总图制图标准 GB/T 50103—2010［S］．北京：中国计划出版社，2011.

［10］ 中华人民共和国住房和城乡建设部．建筑结构制图标准 GB/T 50105—2010［S］．北京：中国建筑工业出版社，2010.

［11］ 张军．平法钢筋识图与算量实例教程［M］．南京：江苏科学技术出版社，2013.

［12］ 刘镇．结构工程快速识图技巧［M］．北京：化学工业出版社，2012.